广联达BIM系列实训教程

BIM建筑CAD设计实训教程

张国帅　王全杰　张小林　主编

化学工业出版社
·北京·

本书基于应用型人才培养目标，对传统的教学体系进行完善，在传统CAD教学内容的基础上，增加了建筑专业模块的内容，更贴近当今企业应用实际情况，更好地促进专业学生对技能工具的理解和掌握，同时也巩固以往所学的建筑专业理论知识，相辅相成，是一本实用的专业实训教材。本书主要讲述了建筑设计及BIM技术应用概述、CAD软件基本功能、BIM建筑设计实战、BIM建筑模型应用等内容，具有内容全面、案例完整和以任务模式编写等特点。

本书旨在使学生在案例学习过程中，潜移默化地掌握浩辰建筑设计软件、广联达土建计量软件的操作技巧，同时培养他们的实践能力，从而真正掌握建筑建模与制图的技能，独立地完成各种建筑建模与制图的工作。

本书可作为高等院校建筑类专业的教材，也可作为CAD、建筑CAD、建筑建模与制图等课程的配套实训教材，还可作为设计师、施工员和绘图员等相关工作人员的参考用书。

图书在版编目（CIP）数据

BIM建筑CAD设计实训教程/ 张国帅，王全杰，张小林主编．—北京：化学工业出版社，2017.5（2019.7重印）
广联达BIM系列实训教程
ISBN 978-7-122-29416-6

Ⅰ．①B… Ⅱ．①张… ②王… ③张… Ⅲ．①建筑设计-计算机辅助设计-AutoCAD软件-教材 Ⅳ．①TU201.4

中国版本图书馆CIP数据核字（2017）第066647号

责任编辑：李仙华　吕佳丽　　　　文字编辑：汲永臻
责任校对：吴　静　　　　　　　　装帧设计：张　辉

出版发行：化学工业出版社(北京市东城区青年湖南街13号 邮政编码100011)
印　　装：中煤（北京）印务有限公司
787mm×1092mm　1/16　印张11½　字数283千字　2019年7月北京第1版第2次印刷

购书咨询：010-64518888　售后服务：010-64518899
网　　址：http://www.cip.com.cn
凡购买本书，如有缺损质量问题，本社销售中心负责调换。

定　　价：**39.00**元

编审委员会名单

编写人员名单

主　编　张国帅　　苏州浩辰软件股份有限公司
　　　　王全杰　　广联达科技股份有限公司
　　　　张小林　　杨凌职业技术学院
副主编　赵伟卓　　江西理工大学应用科学学院
　　　　黄连生　　江西建设职业技术学院
　　　　常雪梅　　苏州浩辰软件股份有限公司
　　　　贺翔鑫　　广联达科技股份有限公司
参　编（按拼音排序）
　　　　董存治　　昆明理工大学城市学院
　　　　冯春菊　　云南锡业职业技术学院
　　　　郭凯颖　　德宏师范高等专科学校
　　　　李　瑞　　河南建筑职业技术学院
　　　　李修强　　浙江广厦建设职业技术学院
　　　　刘　芳　　吉林建筑大学
　　　　刘　庆　　重庆工商学校
　　　　刘钦平　　重庆工商学校
　　　　卢珊珊　　江西现代职业技术学院
　　　　尚艳萍　　德宏师范高等专科学校
　　　　汤　辉　　北京交通职业技术学院
　　　　通拉嘎　　赤峰学院
　　　　王　博　　太原城市职业技术学院
　　　　王春林　　赤峰学院
　　　　韦秋杰　　成都职业技术学院
　　　　于东升　　贺州学院
　　　　张　丽　　南昌大学共青学院
　　　　张　韬　　陇东学院
　　　　张　雪　　江苏科技大学
　　　　张翠红　　新疆建设职业技术学院
　　　　张书华　　三峡大学科技学院
　　　　章锦艳　　江西外语外贸职业学院

前　言

近年来，中国城市化突飞猛进快速发展，建筑行业已经成为国民经济的支柱产业；中华人民共和国住房和城乡建设部就建筑业的发展提出了十项新技术，BIM 技术的应用无疑是万众瞩目的焦点。为指导和推动建筑信息模型（Building Information Modeling，BIM）的应用，由住房和城乡建设部研究制定的《关于推进建筑信息模型应用的指导意见》于 2015 年正式发布，《意见》中强调了 BIM 在建筑领域应用的重要意义，提出了推进建筑信息模型应用的指导思想与基本原则，同时明确提出推进 BIM 应用的发展目标。

BIM 是在计算机辅助设计（CAD）等技术的基础上发展起来的多维模型信息集成技术，是对建筑工程物理特征和功能特性信息的数字化承载和可视化表达。随着 BIM 技术发展，无论是从政府层面（国家层面、地方政府层面的政策推出），企业层面（业主、设计单位、施工单位的 BIM 系列应用），还是高校对 BIM 的不断认可，BIM 技术已经进入到了一个快速发展及深度应用的阶段。在各院校 BIM 技术课程的开展中，很多院校一方面热衷于 BIM 技术（建模、4D 效果）带来的震撼，另一方面又执着于普通二维的 CAD 软件进行建模和制图的课程。造成这种矛盾状态的原因有很多，最主要的就是教学资源不够，授课教师没有充分掌握 BIM 建模的技术，没有适合的教学设备、课件、教材、图纸、视频等。本书针对院校建筑类专业“CAD”、“建筑 CAD”、“建筑建模与制图”等课程的开设情况，提供了一套流程简洁、资源丰富的教学资料，为 BIM 建模与制图课程的开展略尽绵薄之力。

本书基于“教、学、做一体化，任务为导向，学生为中心”的课程理念，从全面提升学生建筑建模与制图能力的角度出发，首先对如何使用 CAD 基本命令进行讲解；而后循序渐进，将一个典型、完整的实际工程作为项目，以任务为导向，并将完成任务的过程（任务→任务分析→任务实施→任务结果）作为本书的教学框架，借助 BIM 专业建模教学软件、工具软件，让学生和老师在完成任务的过程中，熟悉软件的基本命令，学习相关建筑构造，从而提升学生专业建模与制图的能力。本书旨在使学生在案例学习过程中潜移默化地掌握浩辰建筑设计软件、广联达土建计量软件的操作技巧，同时培养他们的实践能力，从而真正掌握建筑建模与制图的技能，独立地完成各种建筑建模与制图的工作。最后一章简要介绍了目前国内的建筑信息模型的数据标准 GFC，以及 BIM 模型的数据应用，使学生可以了解到最新的 BIM 建模技术，并拓展院校对 BIM 技术的认识；不仅仅局限于模型本身，建筑信息数据的流通对于建筑行业下游的应用意义深远。

本书提供有配套的授课 PPT、《BIM 实训中心建筑施工图》图纸等电子授课资料包，授课老师可以登录网站 www.cipedu.com.cn 免费获取。同时，本书编委会为方便广大读者学习，另附一套案例图纸的绘制视频，作为读者的自学辅助资料，请登录百度云盘（网址 http://pan.baidu.com/s/1cLCQ30）下载学习。

限于编者能力有限，不当之处在所难免，敬请广大读者批评指正，以便及时修订与完善。同时为了大家能够更好地使用本书，相关问题可反馈至 zhanggs@gstarcad.com，以期再版。

编者

2017 年 5 月

目录 CONTENTS

第一章 建筑设计BIM技术应用概述

通过本章训练，你将能够

1. 理解建筑设计 BIM 的应用。
2. 理解建筑设计内容。
3. 理解建筑施工图设计内容。
4. 理解建筑设计软件概况。

第一节 建筑设计 BIM 应用

近几年来，BIM（building information modeling——建筑信息化模型）越来越为国内外教育专家、工程技术人员所密切关注。在国家《2011—2015 年建筑业信息化发展纲要》中，已经明确将 BIM 纳入其中，希望通过 BIM 的应用促进我国建筑业信息化的发展。目前，BIM 是建筑设计单位、高校教育研究的热点和焦点。

BIM 是一种应用于工程设计、建造、管理的数据化工具，通过参数模型整合各种项目的相关信息，在项目策划、运行和维护的全生命周期过程中进行数据共享和传递，使工程技术人员对各种建筑信息做出正确理解和高效应对，为设计团队以及包括建筑运营单位在内的各方建设主体提供协同工作的基础，在提高生产效率、节约成本和缩短工期等方面发挥重要作用。

BIM（建筑信息模型）给建筑业带来了一次信息革命（图 1-1）。

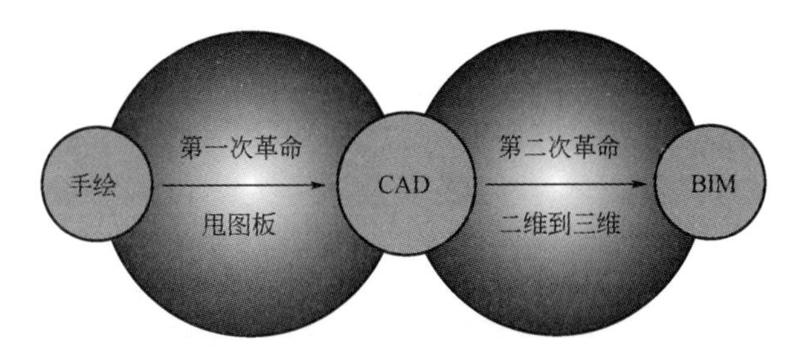

图 1-1　绘图革命

BIM 在建筑生命周期中具有重要地位（图 1-2）。

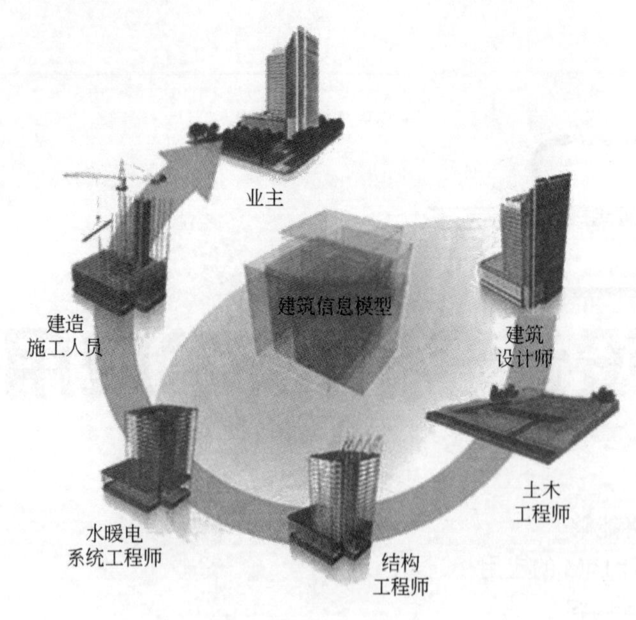

图 1-2 建筑生命周期

第二节 建筑设计

建筑设计（architectural design)，是指建筑物在建造之前，建筑师按照建设任务，针对施工过程和使用过程中所存在的或可能发生的问题，事先做好通盘的设想，拟定好解决这些问题的办法和方案，用图纸和文件表达出来。随着信息技术的应用，建筑设计正在向 BIM、云计算等方向发展。

建筑设计流程，一般分为三个阶段：方案设计、初步设计、施工图设计。

（1）方案设计 在熟悉设计任务和确定设计要求的前提下，综合考虑建筑物的功能、空间、造型、环境、结构、材料等问题，获得必要的设计数据，做出较为合理的方案。

（2）初步设计 在方案设计的基础上，进一步推敲、深入研究、完善设计方案，初步考虑结构布置、设备系统及工程概预算，并要求与其他专业相互提供建筑信息与数据。

（3）施工图设计 绘制满足建筑施工要求的建筑及结构、设备专业的全套图纸，确定全部工程尺寸、用料、造型，并编制工程说明书、结构计算书及预算书。

第三节 施工图设计

施工图设计主要是将已批准的初步设计图纸按照施工的要求予以具体化，为建筑物的施工、安装、编制施工预算、安排材料、设备和非标准构配件的制作等提供完整的、正确的图纸依据。一套完整的施工图，根据专业内容或作用会有所差异，但一般可分为图纸目录、设计总说明、建筑施工图、结构施工图、建筑装修施工图及设备施工图。其中，建筑施工图包括总平面图、平面图、立面图、剖面图和构造总图；设备施工图包括给排水、暖通、电气等设备的平面布置图和详图。施工图设计流程见图 1-3。

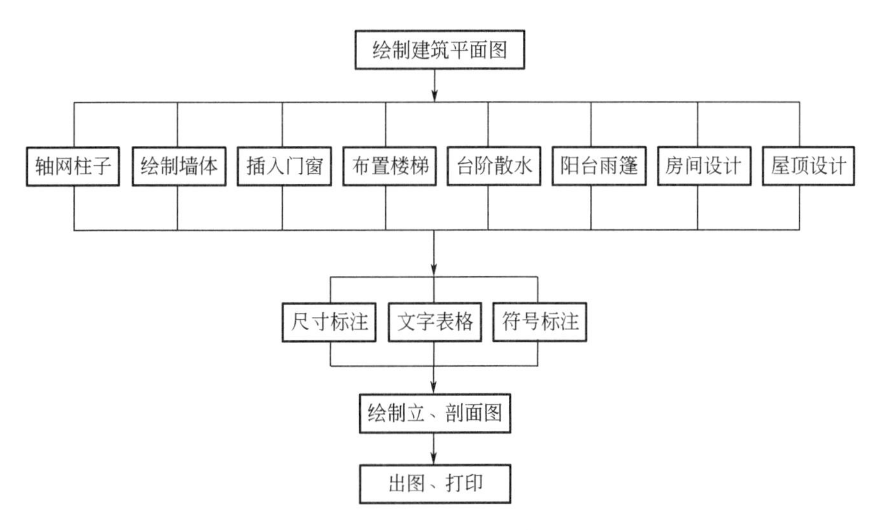

图 1-3 施工图设计流程

第四节 建筑制图软件概述

浩辰 CAD 建筑软件是一款符合中国建筑设计标准和设计习惯的智能化的建筑三维设计软件；全面兼容天正等 CAD 相关软件，读取图纸后可直接进行编辑修改。

参数化、智能化、可视化、协同化和信息模型化，是浩辰 CAD 软件的优势和发展方向；提升国内建筑 CAD 软件的技术发展水平、提高建筑设计效率、为建筑师提供更好的设计工具，是浩辰 CAD 建筑软件的开发目标和宗旨。

浩辰 CAD 建筑软件基于 GRX/ARX 技术和自定义对象技术开发，使用参数化的建筑智能构件来进行建筑设计，建筑构件智能关联、变更传播更新，建筑二维施工图和三维模型全程同步生成，在满足建筑施工图绘制需求的同时，提供了完备的建筑三维设计功能。

（1）二维三维同时生成，支持异型、复杂的建筑三维模型设计（图 1-4）。

浩辰建筑软件支持各种复杂的异型建筑设计，建筑三维构件可以反复进行参数化编辑修改，设计师可以在三维视图下随心所欲设计建筑模型。

（2）通过智能构件技术的广泛应用，大幅提升设计效率（图 1-5）。

智能化技术运用使建筑设计师从繁琐的绘图工作中解脱出来，从而可以更加专注于设计过程。智能化是浩辰建筑软件的重要特点，一处修改、处处更新。

（3）支持建筑信息模型的构建，促进三维协同设计。

使用浩辰建筑软件完成建筑各标准层模型的设计后，建筑整体三维信息模型也同步生成，这使得建筑各相关专业的三维协同设计成为可能，为建筑信息模型 BIM 的建立提供了三维模型基础。BIM 模型如图 1-6 所示。

1. 软件设计界面

浩辰 CAD 建筑设计软件界面主要由下拉菜单、工具条、屏幕菜单、命令行、绘图区、属性框、状态栏和功能框等几部分组成。如图 1-7 所示。

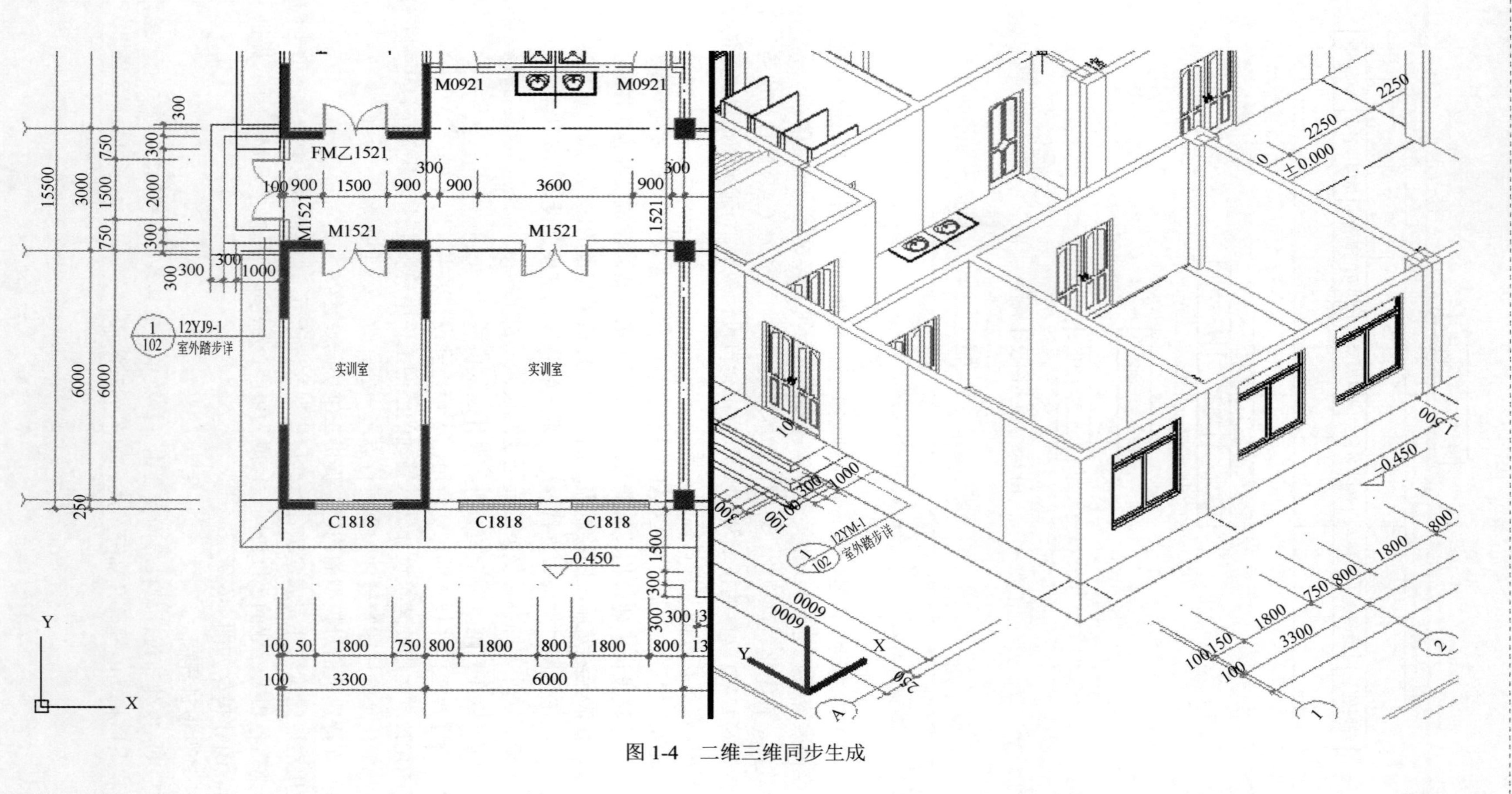

图 1-4　二维三维同步生成

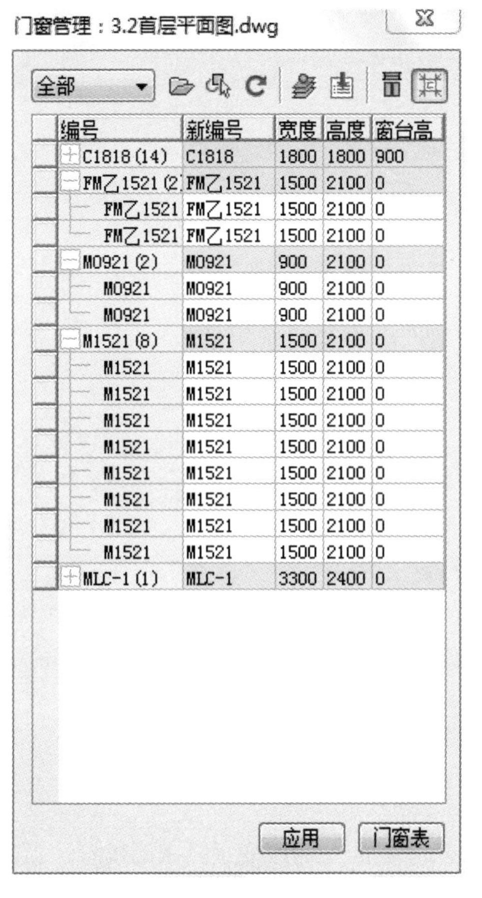

编号	新编号	宽度	高度	窗台高
C1818 (14)	C1818	1800	1800	900
FM乙1521 (2	FM乙1521	1500	2100	0
FM乙1521	FM乙1521	1500	2100	0
FM乙1521	FM乙1521	1500	2100	0
M0921 (2)	M0921	900	2100	0
M0921	M0921	900	2100	0
M0921	M0921	900	2100	0
M1521 (8)	M1521	1500	2100	0
M1521	M1521	1500	2100	0
M1521	M1521	1500	2100	0
M1521	M1521	1500	2100	0
M1521	M1521	1500	2100	0
M1521	M1521	1500	2100	0
M1521	M1521	1500	2100	0
M1521	M1521	1500	2100	0
M1521	M1521	1500	2100	0
MLC-1 (1)	MLC-1	3300	2400	0

图 1-5　智能构件

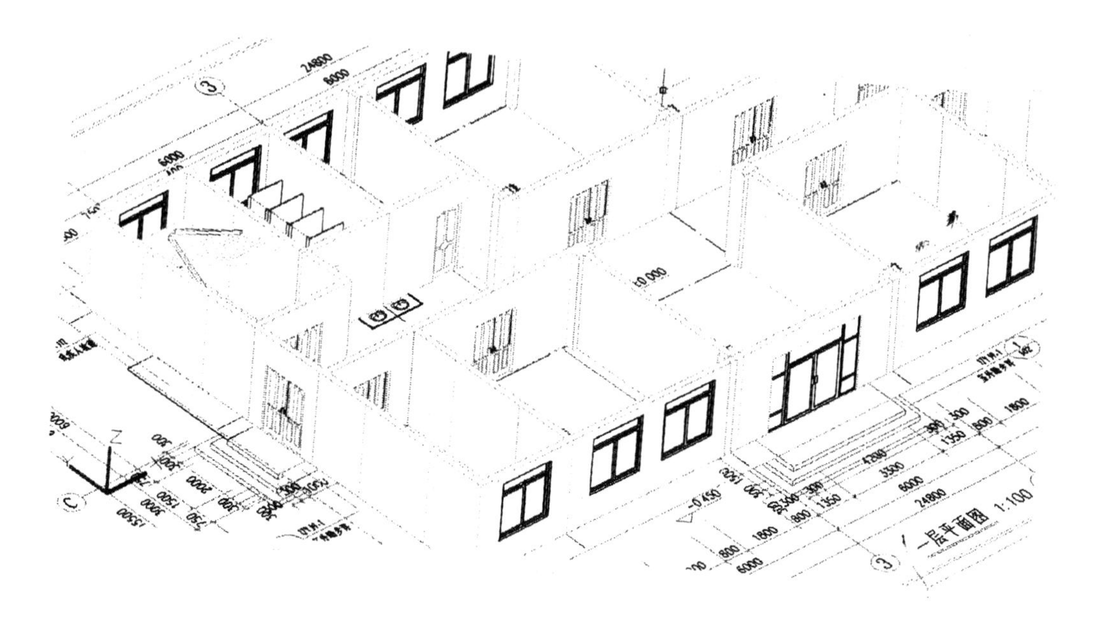

图 1-6　BIM 模型

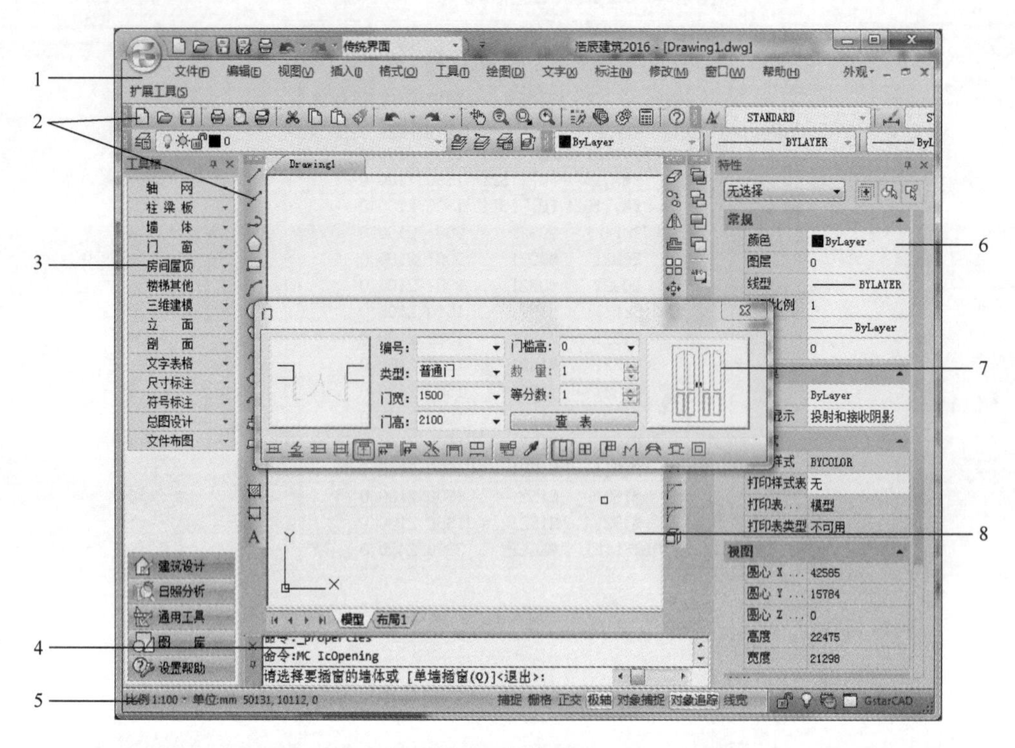

图 1-7 软件界面

用户可根据需要来配置工作界面，如改变工具条的位置，新建和修改快捷键命令等。

1—下拉菜单：可调用大多数命令。

2—工具条：可通过单击图标按钮调用命令。工具条可以打开和关闭，通常只显示常用工具条。

3—屏幕菜单：屏幕菜单基本结构和下拉菜单一样，只是操作方式有所区别。

4—命令行：在底部命令行可输入命令，上面几行可显示命令执行历史。

5—状态栏：状态栏中包括一些绘图辅助工具按钮，如栅格、捕捉、正交、极轴、对象追踪等，此外状态右侧会显示命令提示和光标所在位置的坐标值。

6—属性框：用于显示和编辑对象的属性，选择不同对象，属性框中将显示不同的内容。

7—功能框：选择功能弹出的对话框。

8—绘图区：绘图的工作区域，所有绘图结果都将反映在这个区域里。

2．软件运行环境

操作系统：Windows Vista/Windows XP/Win7、Win8、Win10。

运行平台：浩辰 CAD/AutoCAD 2000～AutoCAD 2016。

CAD软件基本功能

通过本章训练，你将能够

1. 掌握浩辰 CAD 软件绘图环境设置。
2. 掌握浩辰 CAD 软件基本绘图命令。
3. 掌握浩辰 CAD 软件二维图形编辑命令。
4. 掌握浩辰 CAD 软件文字相关命令。
5. 掌握浩辰 CAD 软件尺寸标准相关命令。
6. 掌握浩辰 CAD 软件填充、图块相关命令。
7. 掌握浩辰 CAD 软件图纸布局与图形输出相关命令。

第一节　设置绘制环境

通过本节学习，你将能够

1. 掌握坐标与坐标系。
2. 掌握如何设置图层。

一、任务

（1）完成对象捕捉的设置。

（2）完成图层的设置。

二、任务分析

（1）绝对坐标和相对坐标的区别是什么？在绘图中如何应用？

（2）软件中如何定义图层？如何设置图层颜色、线宽、线型等内容？

三、任务实施

1．坐标与坐标系

（1）直角坐标系　直角坐标系由坐标原点和两个通过原点的、相互垂直的坐标轴构成。其中，水平方向的坐标轴为 x 轴，以向右为其正方向；垂直方向的坐标轴为 y 轴，以向上为其正方向。平面上任何一点 P 都可以由 x 轴和 y 轴的坐标所定义，即用一对坐标值（x,y）来定义一个点。如图 2-1 所示，某点坐标为（200, 100）。

（2）相对坐标　在某些情况下，需要直接通过点与点之间的相对位移来绘制图形，而不想指定每个点的绝对坐标。为此，浩辰 CAD 软件提供了使用相对坐标的办法。所谓相对坐标，就是某点与相对点的相对位移值，在软件中相对坐标用“@”标识。表示相对坐标时可以使用直角坐标系，也可以使用极坐标系，可根据具体情况而定。

例如，某一直线的起点坐标为（100,100）、终点坐标为（100,200），则终点相对于起点的相对坐标为（@0,100），用相对极坐标表示应为（@100<90）。

在浩辰 CAD 软件中利用点的坐标值确定点的位置，绘图时首先要将尺寸转化为点的坐标值。显然用相对坐标要比用绝对坐标方便得多。

如图 2-2 所示，使用直线命令绘制边长为 100 的等边三角形，确定 *A*、*B*、*C* 三点坐标。

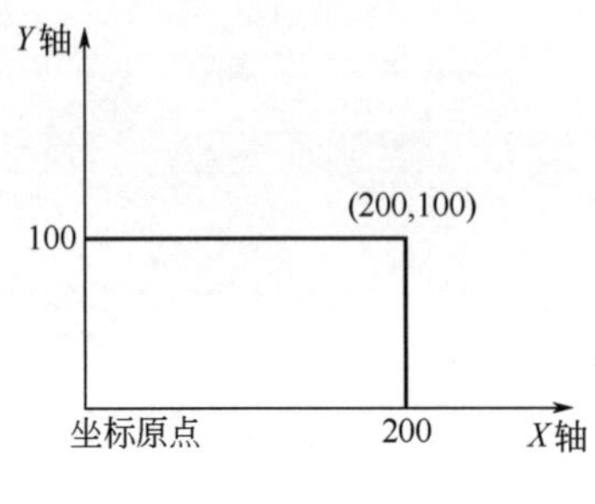

图 2-1　直角坐标系

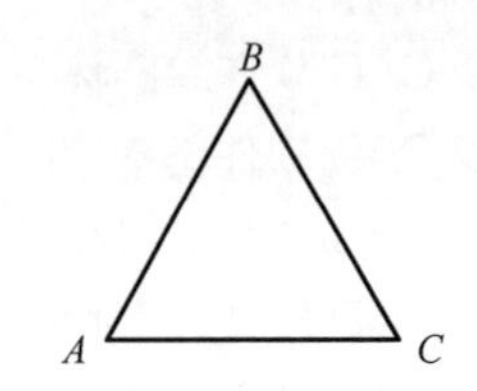

图 2-2　确定 *A*、*B*、*C* 坐标

2．图层

（1）新建图层　在命令行中输入“layer”或通过单击“图层”工具栏中的【图层特性管理器】按钮，打开“图层特性管理器”，如图 2-3 所示。图层列表中名称为“0”的图层是系统默认的，其后是这个图层的各种参数，包括开关、冻结、锁定、颜色、线型、线宽、打印样式、打印等。用鼠标单击某一项就可以对该项进行设置。

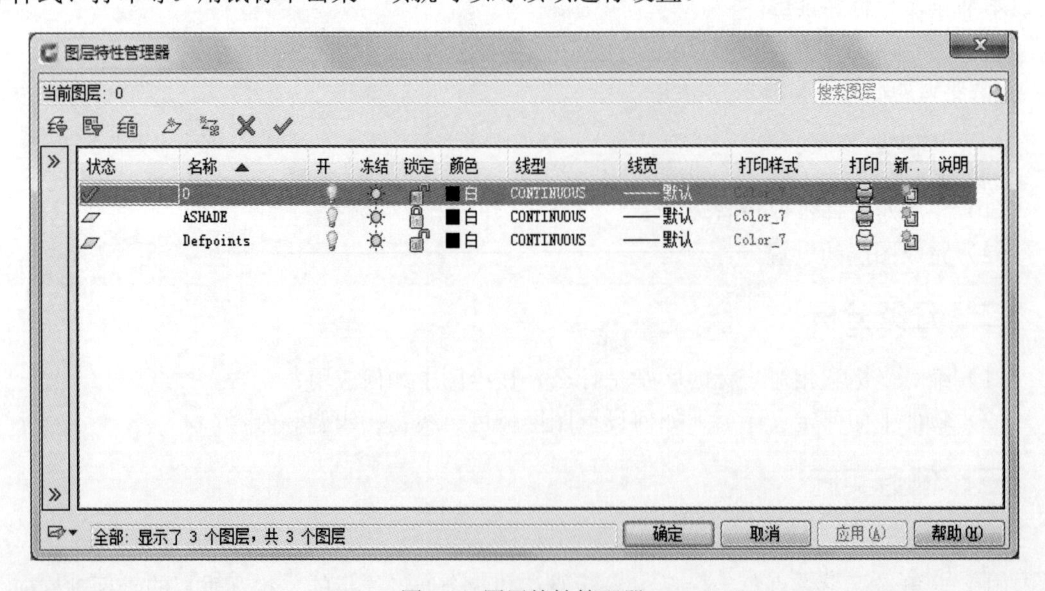

图 2-3　图层特性管理器

单击左上角的【新建】按钮，就会增加一个图层，输入图层名称，按【回车】键就可

以完成新图层的建立，如图 2-4 所示。

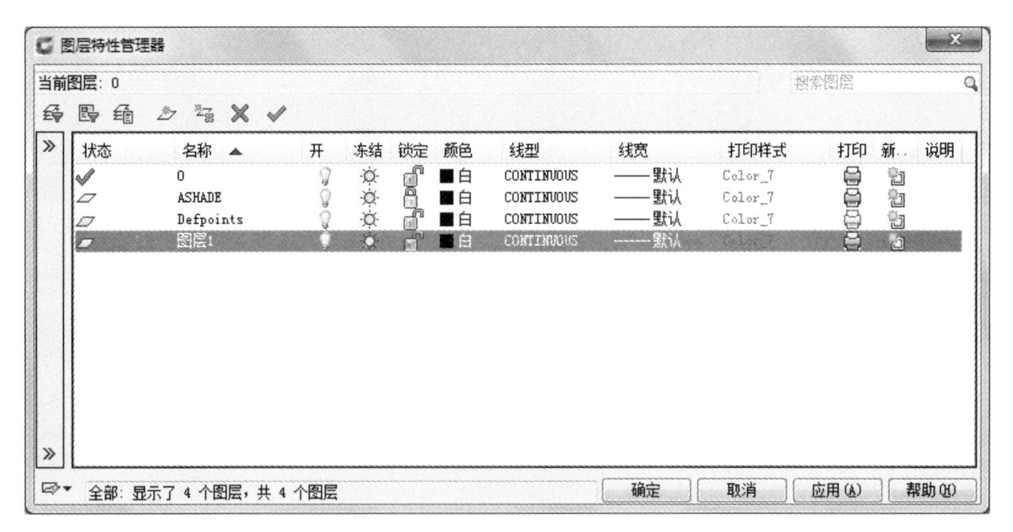

图 2-4　新建图层

（2）设置图层颜色　单击某一图层的颜色，弹出“选择颜色”对话框，即可选择该层所需颜色，如图 2-5 所示。

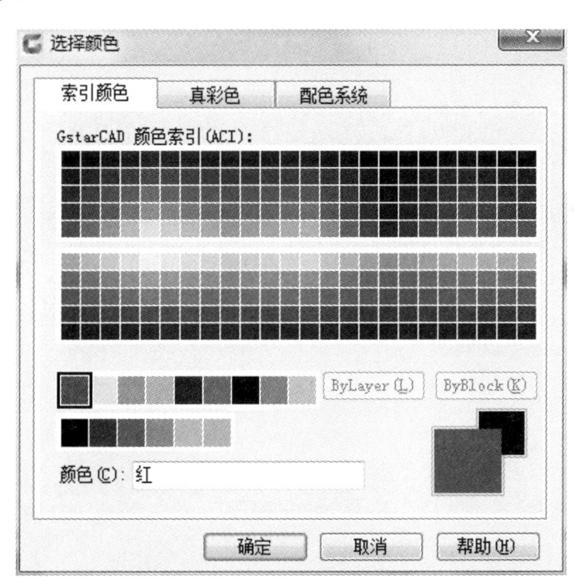

图 2-5　设置图层颜色

（3）设置图层线型　单击线型参数，打开“选择线型”对话框，如图 2-6 所示。在该对话框的“线型”列表中只有 CONTINUOUS（实线），单击【加载】按钮，打开“加载或重载线型”对话框，如图 2-7 所示。选中所需线型，如点划线、虚线、双点划线等加载到线型列表中。

在列表中选择该层所需线型，并单击【确定】按钮，如图 2-8 所示。

（4）设置图层线宽　单击线宽参数，弹出“线宽”对话框，如图 2-9 所示。选择所需线宽，单击【确定】按钮，即设定完该图层线宽。

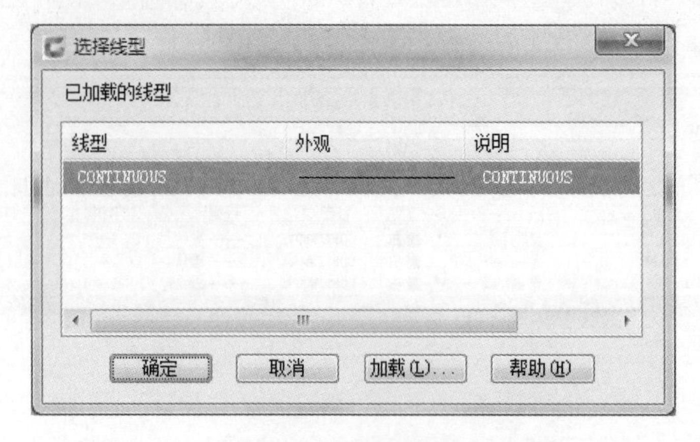

图 2-6　选择线型

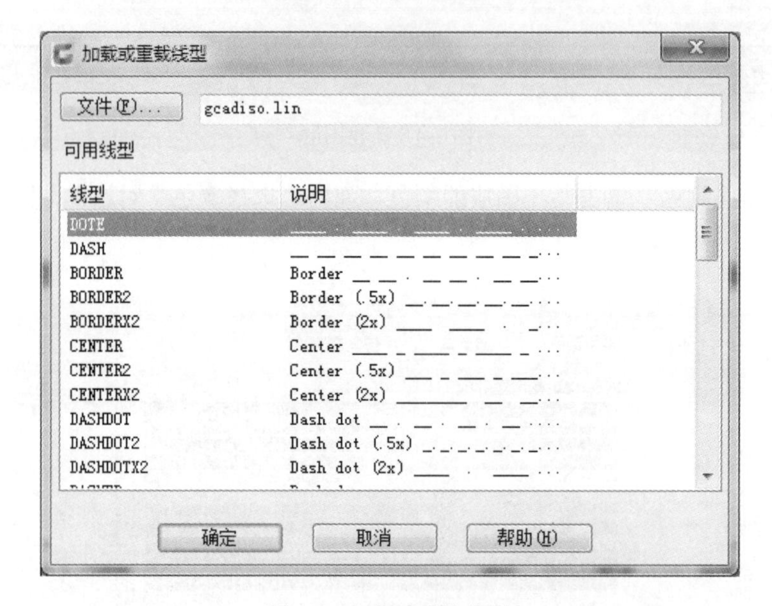

图 2-7　加载或重载线型

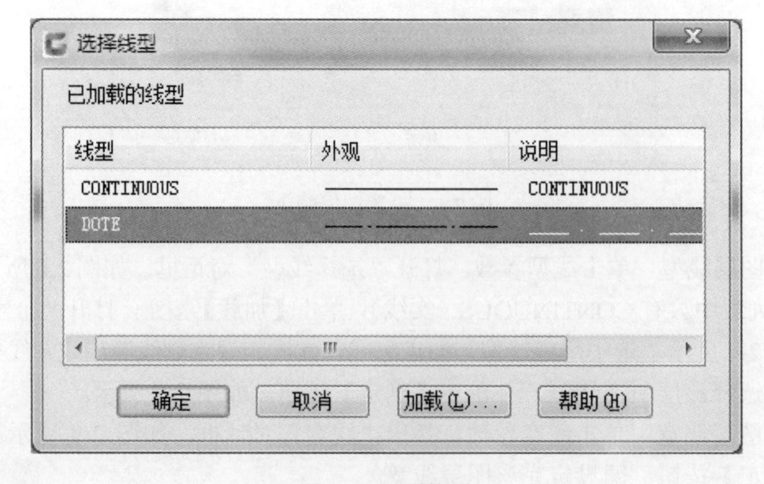

图 2-8　设置线型

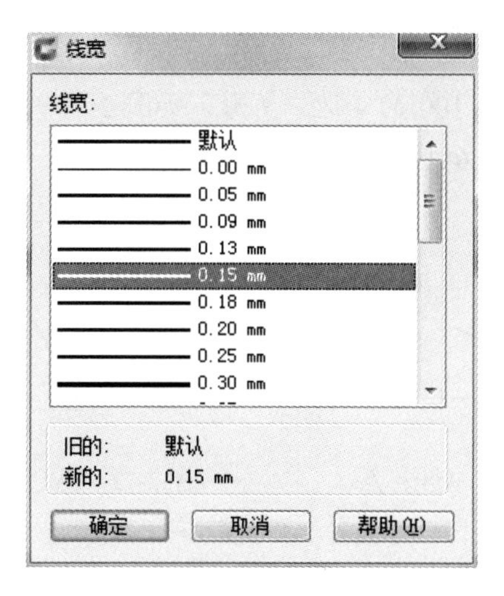

图 2-9　设置线宽

四、任务结果

（1）A、B、C 三点坐标

绝对直角坐标系：$A(X_A,Y_A)$；B（X_A+50，$Y_A+86.60$）；C（X_A+100，Y_A）。

相对直角坐标系：$A(X_A,Y_A)$；B（@50，86.60）；C（@50，−86.60）。

（2）最终效果如图 2-10 所示。

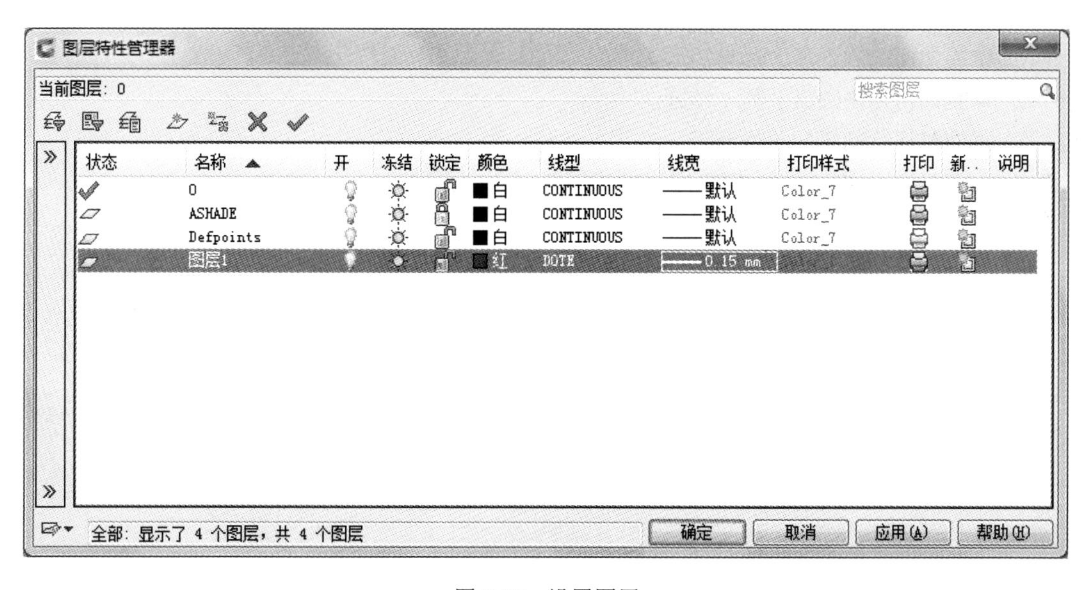

图 2-10　设置图层

知识链接　极坐标系

极坐标系是由一个极点和一个极轴构成，极轴的方向为水平向右。平面上任何一点 P 都可以由该点到极点的连线长度 L（>0）和连线与极轴的交角 α（极角，逆时针方向为正）所定义，即用一对坐标值（$L<\alpha$）来定义一个点，其中“<”表示角度。如图 2-11 所示，某点坐标

为（100<30）。

使用直线命令绘制边长为 100 的等边三角形，如图 2-12 所示，可以确定 *A*、*B*、*C* 三点相对极坐标为：$A(X_A,Y_A)$；*B*（@100<60）；*C*（@100<–60）。

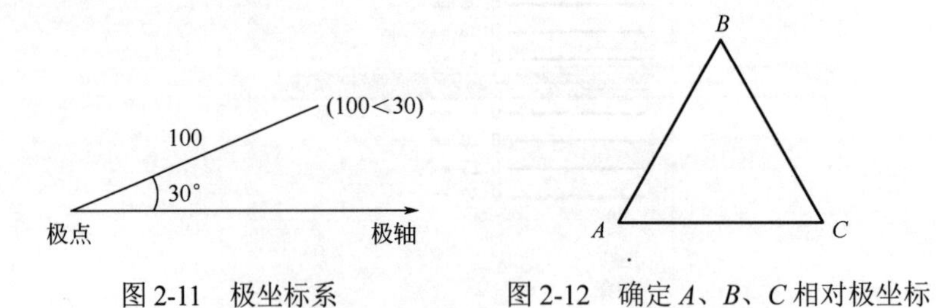

图 2-11　极坐标系　　　图 2-12　确定 *A*、*B*、*C* 相对极坐标

思考与练习

1. 简述绝对坐标与相对坐标的关系。
2. 练习图层新建，并设置如图 2-10 所示的图层属性。

第二节　二维图形绘制

通过本节学习，你将能够

1. 掌握如何绘制直线、构造线、多段线。
2. 掌握如何绘制正多边形与矩形。
3. 掌握如何绘制圆弧、圆、椭圆。
4. 掌握如何绘制样条曲线与点。

一、任务

（1）使用直线命令绘制图 2-13 所示的图形。

（2）使用构造线命令绘制图 2-14 所示的图形。

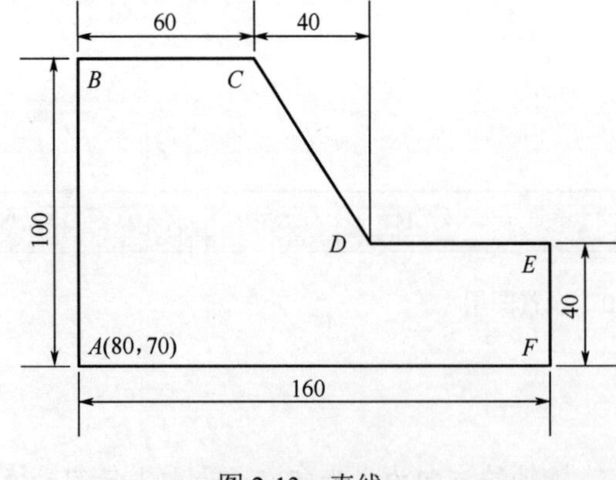

图 2-13　直线

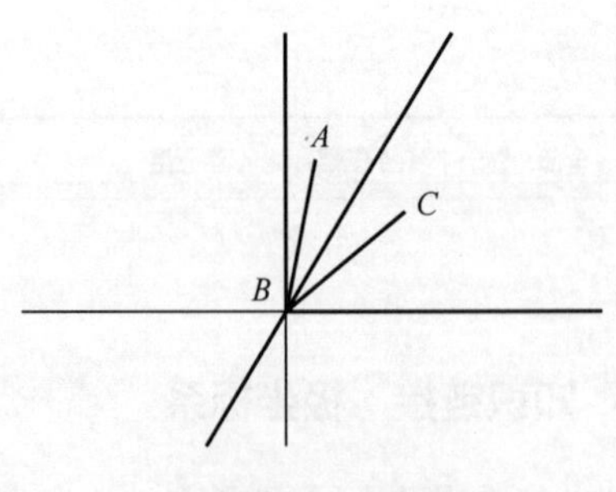

图 2-14　构造线

（3）使用多段线命令绘制图 2-15 所示的图形。

（4）使用正多边形命令绘制图 2-16 所示的图形。

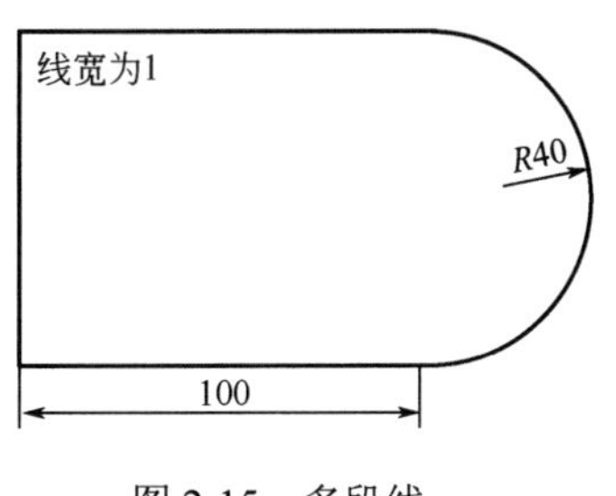

图 2-15　多段线

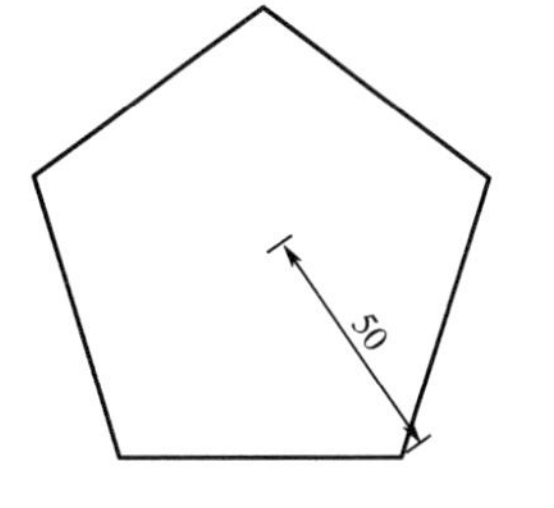

图 2-16　正多边形

（5）使用矩形命令绘制图 2-17 所示的图形。

（6）使用圆弧命令绘制图 2-18 所示的图形。

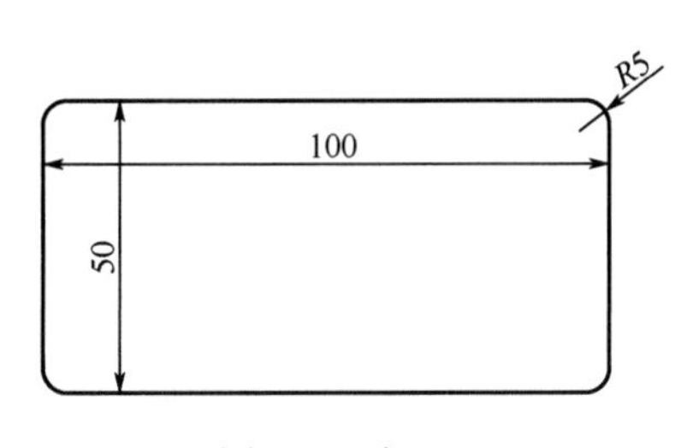

图 2-17　矩形

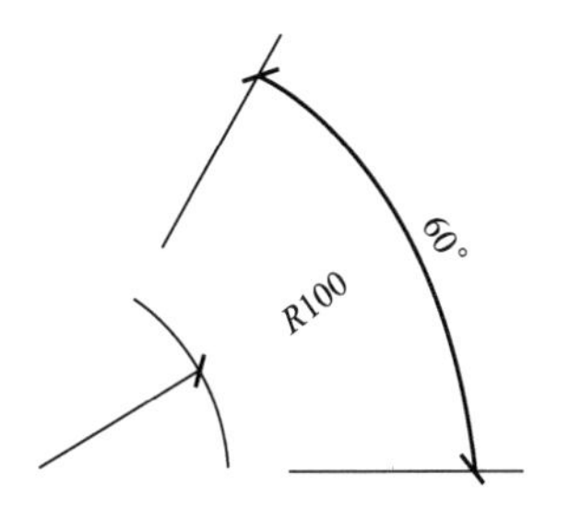

图 2-18　圆弧

（7）使用圆命令绘制图 2-19 所示的图形。

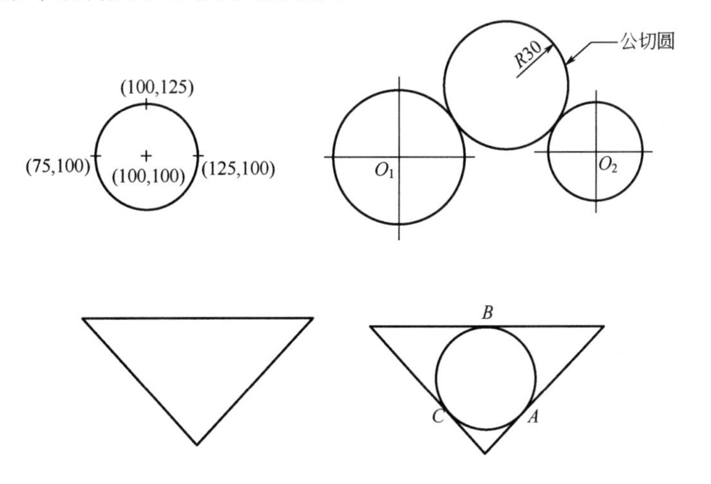

图 2-19　圆

（8）使用椭圆命令绘制图 2-20 所示的图形。

（9）使用样条曲线命令绘制图 2-21 所示的图形。

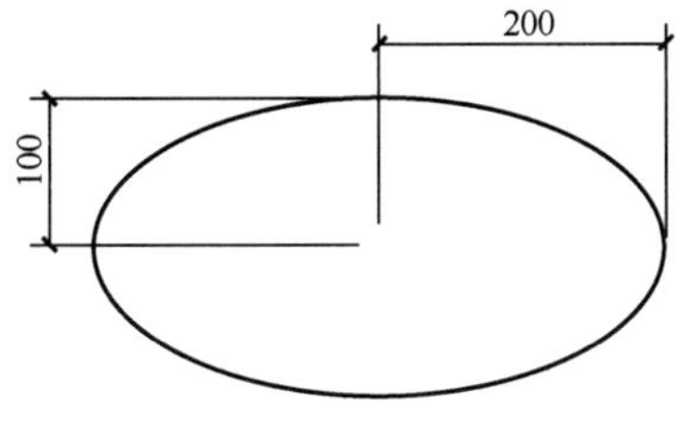

图 2-20　椭圆

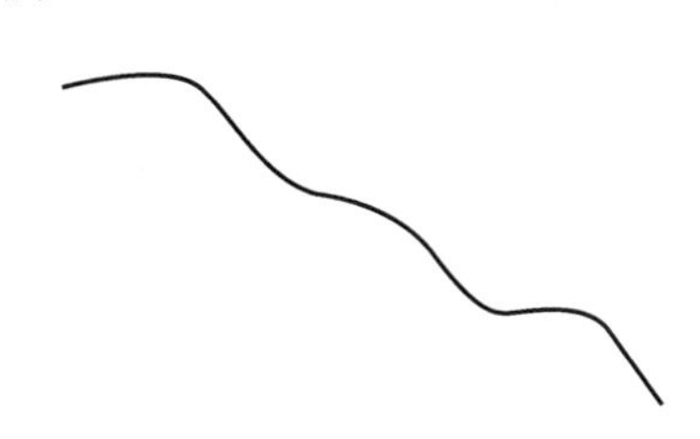

图 2-21　样条曲线

（10）使用点命令绘制图2-22所示的图形。

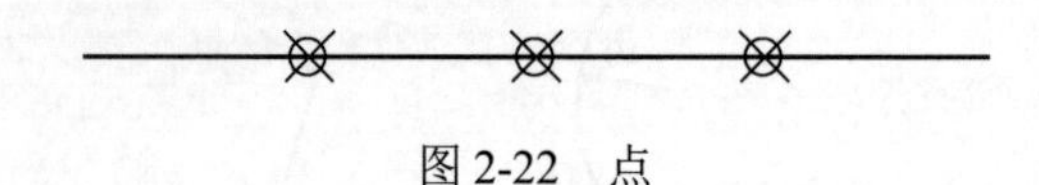

图2-22　点

二、任务分析

（1）如何调用二维图形命令？

（2）直线、多段线、矩形等命令的快捷键是什么？

三、任务实施

1. 直线

直线是组成工程图形的最基本的图形元素，直线命令也是在绘图过程中使用最多、最频繁的绘图命令之一。

命令：LINE

菜单：【绘图】→【直线】

工具栏：

快捷键：L

功能：绘制直线段、折线或线框

用直线命令绘制如图2-13所示图形。命令行提示如下：

```
命令：_line 指定第一点：80,70                    // 指定A点坐标
指定下一点或 [放弃(U)]：@0,100                   // 指定B点的坐标
指定下一点或 [放弃(U)]：@60,0                    // 指定C点的坐标
指定下一点或 [闭合(C)/放弃(U)]：  @40,-60        // 指定D点的坐标
指定下一点或 [闭合(C)/放弃(U)]：  @40<0          // 指定E点的坐标
指定下一点或 [闭合(C)/放弃(U)]：  @0,-40         // 指定F点的坐标
指定下一点或 [闭合(C)/放弃(U)]：  C              // 闭合
```

2. 构造线

在绘制复杂图形时，有时需要作辅助线，以方便捕捉不同视图中的图形关系。

命令：XLINE

菜单：【绘图】→【构造线】

工具栏：

快捷键：XL

功能：绘制辅助线

用构造线命令绘制如图2-14所示图形。命令行提示如下：

```
命令:_xline                          // 绘制水平构造线
指定点或 [水平(H)/垂直(V)/角度(A)/二等分(B)/偏移(O)]: H
指定通过点:
指定通过点:
命令:_xline                          // 绘制垂直构造线
指定点或 [水平(H)/垂直(V)/角度(A)/二等分(B)/偏移(O)]:V
指定通过点:
```

```
指定通过点:
命令:_xline                          // 绘制角平分线
指定点或 [水平(H)/垂直(V)/角度(A)/二等分(B)/偏移(O)]:V
指定角的顶点:                        // 选择B点
指定角的起点:                        // 选择A点
指定角的端点:                        // 选择C点
指定角的端点:                        //回车结束命令
```

3. 多段线

多段线是由直线段和圆弧组成的统一实体，可以进行统一编辑。

命令：PLINE

菜单：【绘图】→【多段线】

工具栏：

快捷键：PL

功能：绘制多段线

使用多段线命令绘制如图2-15所示图形。命令行提示如下：

```
命令:_pline
指定起点:
当前线宽为 0.0000
指定下一个点或 [圆弧(A)/半宽(H)/长度(L)/放弃(U)/宽度(W)/角度(N)]: w
指定起点宽度 <0.0000>: 1
指定端点宽度 <1.0000>: 1
指定下一个点或 [圆弧(A)/半宽(H)/长度(L)/放弃(U)/宽度(W)/角度(N)]: @100,0
指定下一点或 [圆弧(A)/闭合(C)/半宽(H)/长度(L)/放弃(U)/宽度(W)/角度(N)]: a
指定圆弧的端点或
[角度(A)/圆心(CE)/闭合(CL)/方向(D)/半宽(H)/直线(L)/半径(R)/第二个点(S)/放弃(U)/
宽度(W)]: A
指定包含角: 180
指定圆弧的端点或 [圆心(CE)/半径(R)]: r
指定圆弧的半径: 40
指定圆弧的弦方向 <0>:
指定圆弧的端点或
[角度(A)/圆心(CE)/闭合(CL)/方向(D)/半宽(H)/直线(L)/半径(R)/第二个点(S)/放弃(U)/
宽度(W)]: 1
指定下一点或 [圆弧(A)/闭合(C)/半宽(H)/长度(L)/放弃(U)/宽度(W)]: @-100,0
指定下一点或 [圆弧(A)/闭合(C)/半宽(H)/长度(L)/放弃(U)/宽度(W)]: c
```

4. 正多边形

命令：POLYGON

菜单：【绘图】→【正多边形】

工具栏：

快捷键：POL

功能：绘制3到1024条边的正多边形

使用正多边形命令绘制图2-16所示的图形。命令行提示如下：

```
命令：_polygon 输入边的数目<4>: 5
```

指定正多边形的中心点或 [边(E)]:
输入选项 [内接于圆(I)/外切于圆(C)] <I>:
指定圆的半径: 50

5. 矩形

矩形命令为绘图常用命令，通过指定矩形对角点完成绘制。

命令：RECTANG

菜单：【绘图】→【矩形】

工具栏：

快捷键：REC

功能：绘制矩形

使用矩形命令绘制图 2-17 所示的矩形。命令行提示如下：

命令: _rectang
指定第一个角点或 [倒角(C)/标高(E)/圆角(F)/厚度(T)/宽度(W)]: f
指定矩形的圆角半径 <0.0000>: 5
指定第一个角点或 [倒角(C)/标高(E)/圆角(F)/厚度(T)/宽度(W)]:
指定另一个角点或 [尺寸(D)]: @100,-50

6. 圆弧

命令：ARC

菜单：【绘图】→【圆弧】

工具栏：

快捷键：A

功能：绘制圆弧

使用圆弧命令绘制图 2-18 所示的图形。命令行提示如下：

命令:_arc
指定圆弧的起点或 [圆心(C)]: C 指定圆弧的圆心:
指定圆弧的起点: @100,0
指定圆弧的端点或 [角度(A)/弦长(L)]: A 指定包含角: 60

7. 圆

圆命令也是绘图中使用最多的命令之一，在不方便绘制圆弧的情况下，可以通过绘制圆，再剪切来得到圆弧。

命令：CIRCLE

菜单：【绘图】→【圆】

工具栏：

快捷键：C

功能：绘制圆

使用圆命令绘制图 2-19 所示的图形。命令行提示如下：

命令:_circle　　　　// 绘制圆心为 100,100 半径为 25 的圆
指定圆的圆心或 [三点(3P)/两点(2P)/切点、切点、半径(T)/弧线(A)/多次(M)/同心圆(C)]: 100,100
指定圆的半径或 [直径(D)]: 25
命令: _circle　　　　// 绘制半径为 30 的公切圆

```
指定圆的圆心或 [三点(3P)/两点(2P)/切点、切点、半径(T)/弧线(A)/多次(M)/同心圆(C)]: T
指定对象与圆的第一个切点:
指定对象与圆的第二个切点:
指定圆的半径 <25>: 30
命令: _circle                         // 绘制内切圆
指定圆的圆心或 [三点(3P)/两点(2P)/切点、切点、半径(T)/弧线(A)/多次(M)/同心圆(C)]: 3P
指定圆上的第一个点: _tan
于
指定圆上的第二个点: _tan
于
指定圆上的第三个点: _tan
于
```

8．椭圆

命令：ELLIPSE

菜单：【绘图】→【椭圆】

工具栏：

快捷键：EL

功能：绘制椭圆

使用椭圆命令绘制图2-20所示的图形。命令行提示如下：

```
命令:_ellipse
指定椭圆的轴端点或[圆弧(A)/中心点(C)]: C
指定椭圆的中心点:
指定轴的端点: @200,0
指定另一条半轴长度或 [旋转(R)]: 100
```

9．样条曲线

样条曲线是一种通过或接近指定点的拟合曲线，适于表达具有不规则变化曲率半径的曲线。例如，机械图形的断切面及地形外貌轮廓线等样条曲线是一种通过空间一系列的点生成的光滑曲线。

命令：SPLINE

菜单：【绘图】→【样条曲线】

工具栏：

快捷键：SPL

功能：绘制样条曲线

使用样条命令绘制图2-21所示的图形。命令行提示如下：

```
命令:_spline
指定第一个点或 [对象(O)]:
指定下一点:
指定下一点或 [闭合(C)/拟合公差(F)] <起点切向>:
指定下一点或 [闭合(C)/拟合公差(F)] <起点切向>:
指定下一点或 [闭合(C)/拟合公差(F)] <起点切向>:
指定下一点或 [闭合(C)/拟合公差(F)] <起点切向>:
指定下一点或 [闭合(C)/拟合公差(F)] <起点切向>:
```

指定下一点或 [闭合(C)/拟合公差(F)] <起点切向>:
指定起点切向:
指定端点切向:

10. 点

命令：POINT
菜单：【绘图】→【点】
工具栏：
快捷键：PO
功能：绘制点
使用点命令绘制图 2-22 所示的图形。
（1）设置点样式
执行【格式】→【点样式】命令，在弹出的点样式对话框中设置点样式（图 2-23）。

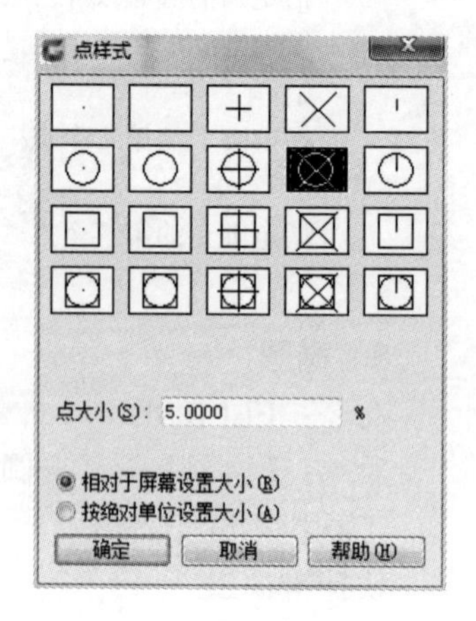

图 2-23　点样式

（2）绘制等分点
命令行提示如下。

命令:_divide
选择要定数等分的对象:
输入线段数目或 [块(B)]: 4

四、任务结果

（1）使用直线命令绘制最终效果如图 2-24 所示。
（2）使用构造线命令绘制最终效果如图 2-25 所示。

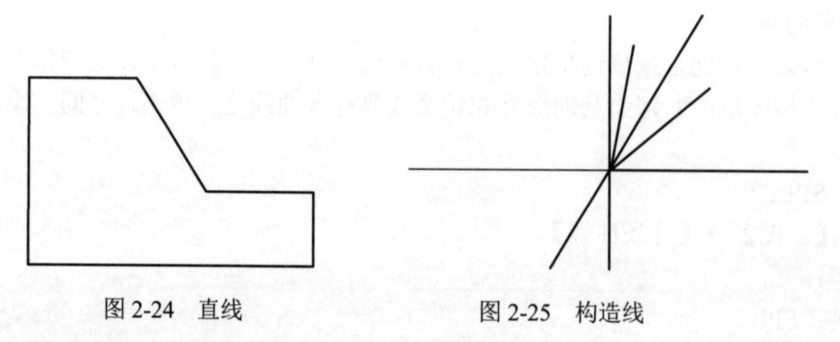
图 2-24　直线　　图 2-25　构造线

（3）使用多段线命令绘制最终效果如图 2-26 所示。
（4）使用正多边形命令绘制最终效果如图 2-27 所示。

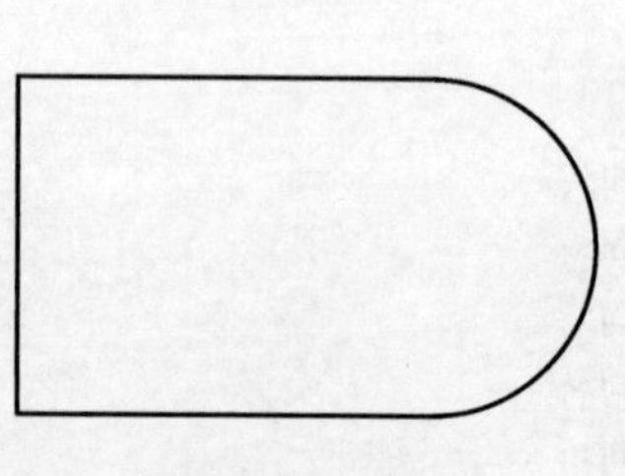
图 2-26　多段线

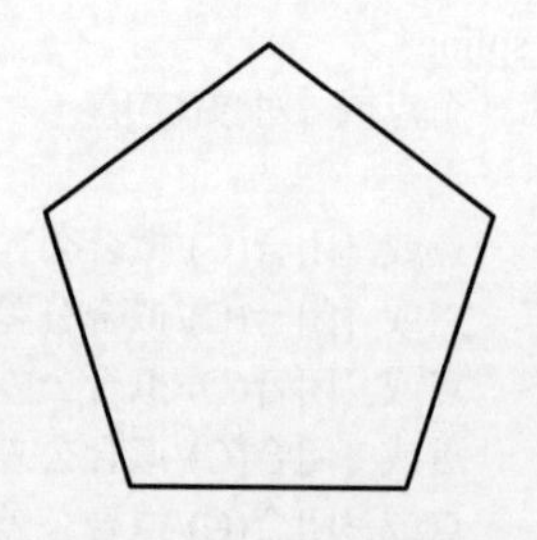
图 2-27　正多边形

（5）使用矩形命令绘制最终效果如图 2-28 所示。

（6）使用圆弧命令绘制最终效果如图 2-29 所示。

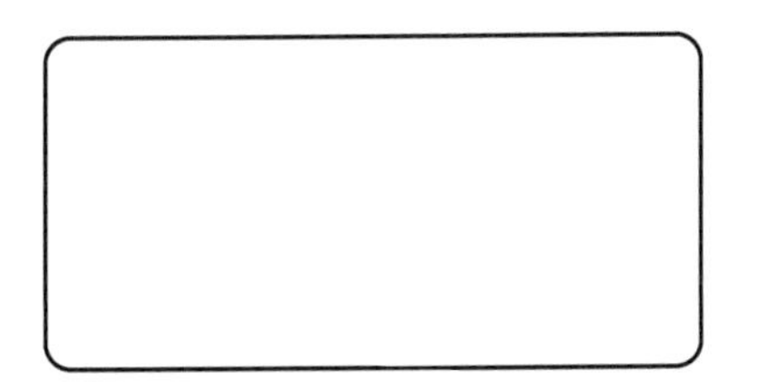

图 2-28　矩形

图 2-29　圆弧

（7）使用圆命令绘制最终效果如图 2-30 所示。

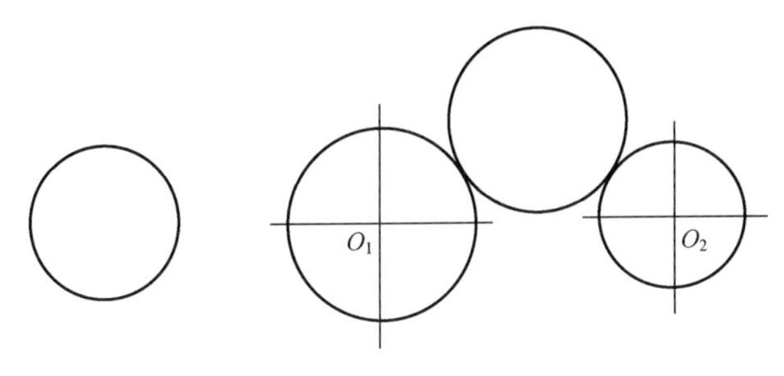

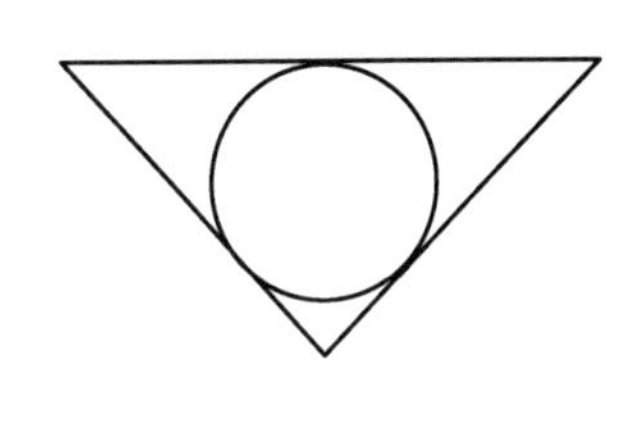

图 2-30　圆

（8）使用椭圆命令绘制最终效果如图 2-31 所示。

（9）使用样条曲线命令绘制最终效果如图 2-32 所示。

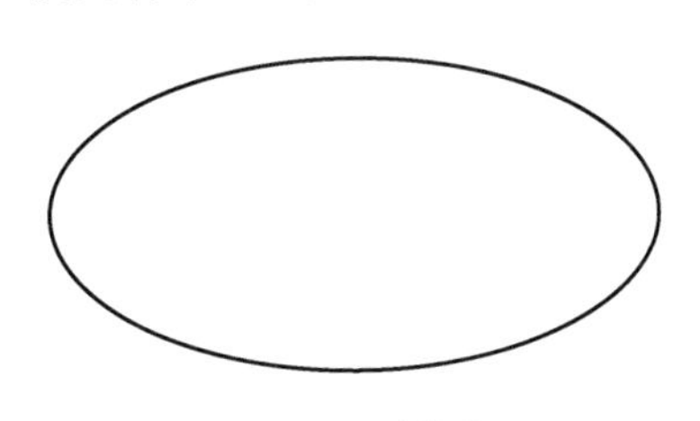

图 2-31　椭圆

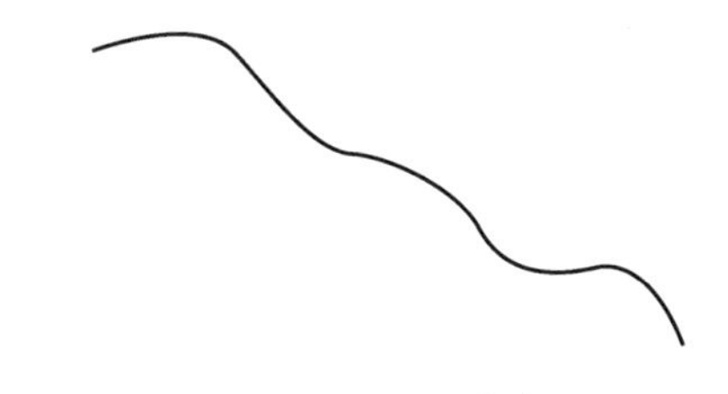

图 2-32　样条曲线

（10）使用点命令绘制最终效果如图 2-33 所示。

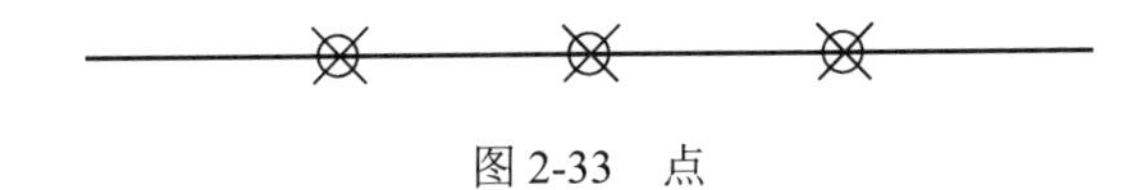

图 2-33　点

知识链接　精确绘图

通过设置捕捉点，可以提高绘图质量和绘图效率。

“对象捕捉”是指当执行某个绘图命令需要输入一点时，系统会自动找出已画图形上的端点、交点、中点、垂足、切点等特殊位置的点。可以通过单击状态栏中的【对象捕捉】按钮或按键盘上的【F3】来控制其开启与关闭。

“对象捕捉追踪”是指当自动捕捉到图形中一个特征点后，再以这个点为基点沿设置的极坐标角度增量追踪另一点，并在追踪方向上显示一条辅助线，可以在该辅助线上定位点。在使用对象追踪时，必须打开对象捕捉，首先捕捉一个点作为追踪参考点。可以通过单击状态栏中的【对象捕捉追踪】按钮或按键盘上的【F11】来控制其开启与关闭。

在状态栏的【对象捕捉】或【对象捕捉追踪】按钮上单击右键可进行相应的设置，如图 2-34 所示。在此选择卡中，用户可以设置对象捕捉模式。在“对象捕捉模式”选项组内可以选择一种或多种对象捕捉模式。设置完毕，按【确定】按钮即可。

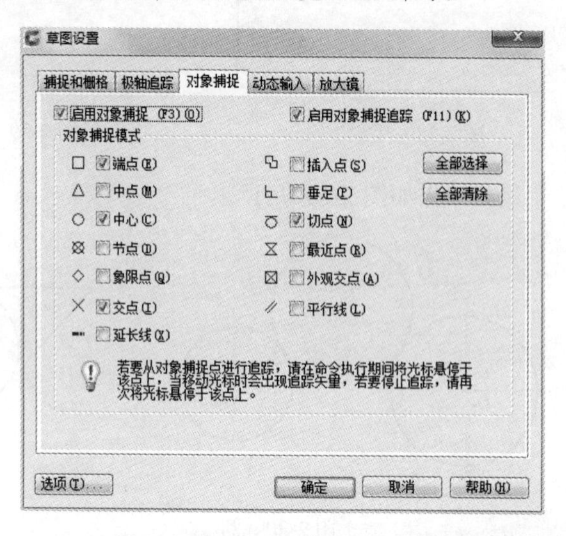

图 2-34　对象捕捉

注意：并非设置的捕捉点越多越好，因为打开的自动捕捉模式太多会使系统无法识别选定点。一般可以根据需要选择自动捕捉模式，例如在绘制的图形中端点和交点较多，就可以打开“端点”和“交点”组合模式；但有些组合反而并不能很好地工作。实践证明，“最近点”捕捉模式与其他任何模式都不能很好地组合。

思考与练习

1. 使用直线命令绘制 100mm × 200mm 的矩形。
2. 使用矩形命令绘制倒角为 2 × ∠45° 的 50mm × 80mm 的矩形。
3. 根据所学内容绘制图 2-35 所示的图形。(不需要标注)

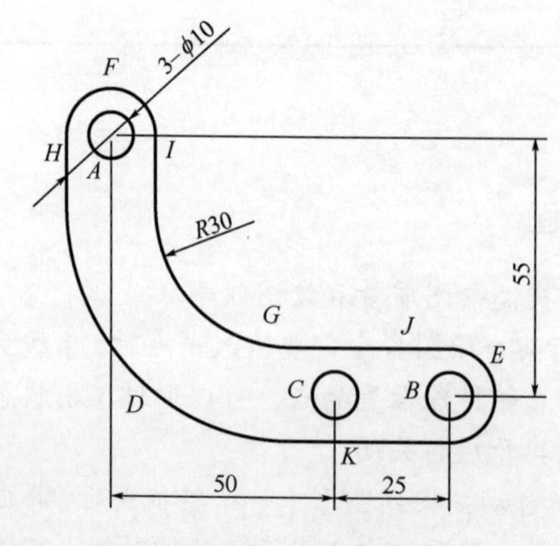

图 2-35　绘制图形

第三节　二维图形编辑

通过本节学习，你将能够

1. 掌握删除、复制、镜像与偏移命令。
2. 掌握阵列、移动、旋转与缩放命令。
3. 掌握拉伸、修剪、延伸与打断命令。
4. 掌握倒角、圆角、分解命令。

一、任务

（1）使用删除命令删除图2-36中的对象。

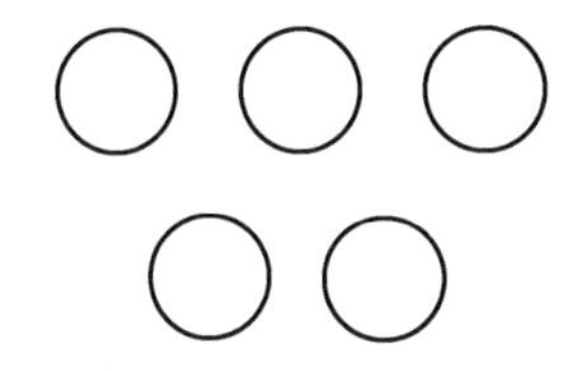

图2-36　删除

（2）使用复制命令编辑图2-37所示的对象。

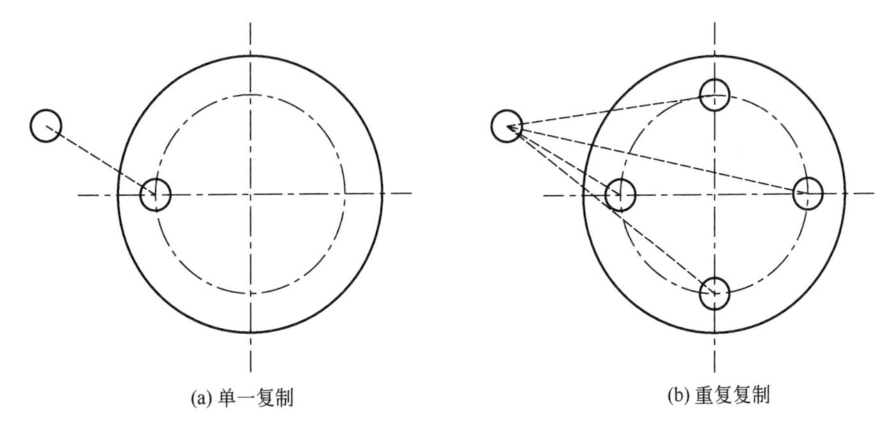

图2-37　复制

（3）使用镜像命令编辑图2-38所示的对象。

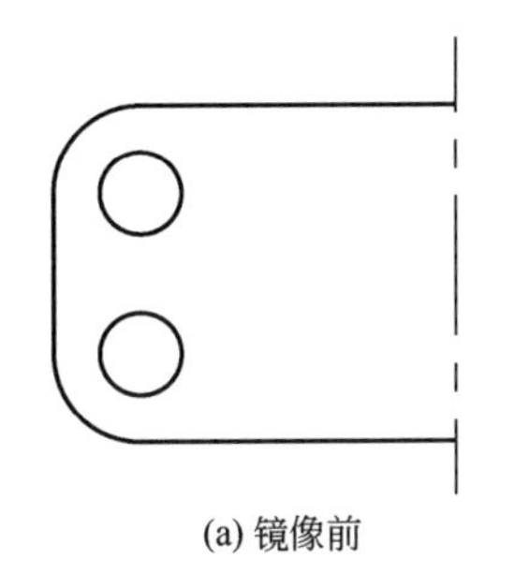

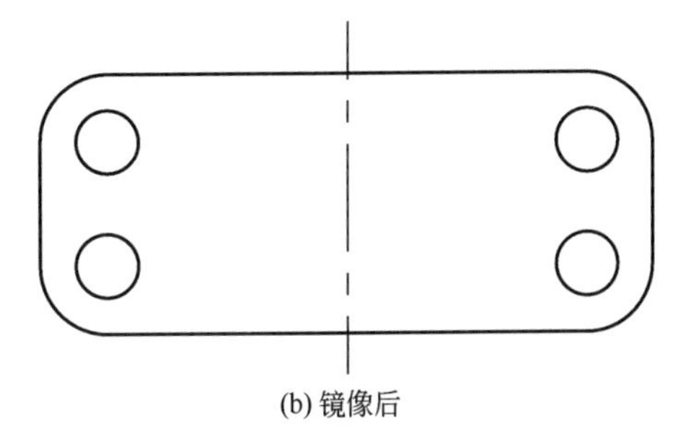

图2-38　镜像

（4）使用偏移命令编辑图 2-39 所示的对象。

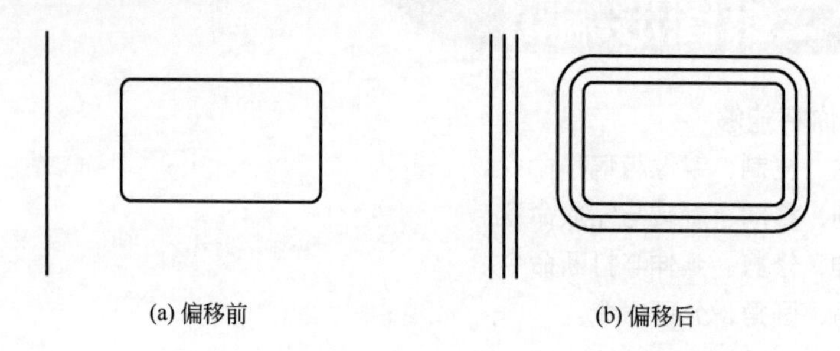

(a) 偏移前　(b) 偏移后

图 2-39　偏移

（5）使用阵列命令编辑成图 2-40 所示的对象。

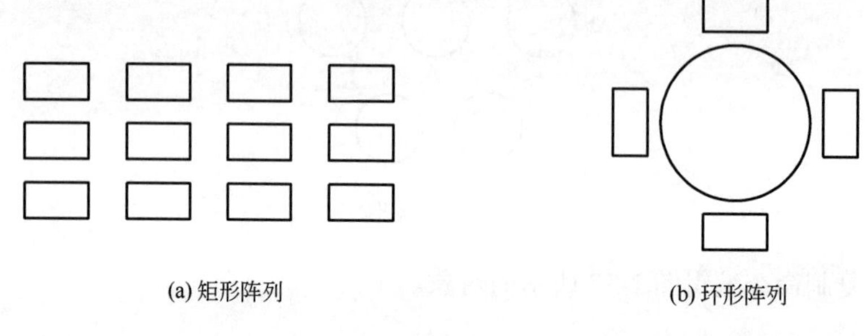

(a) 矩形阵列　(b) 环形阵列

图 2-40　阵列

（6）使用移动命令编辑图 2-41 所示的对象。

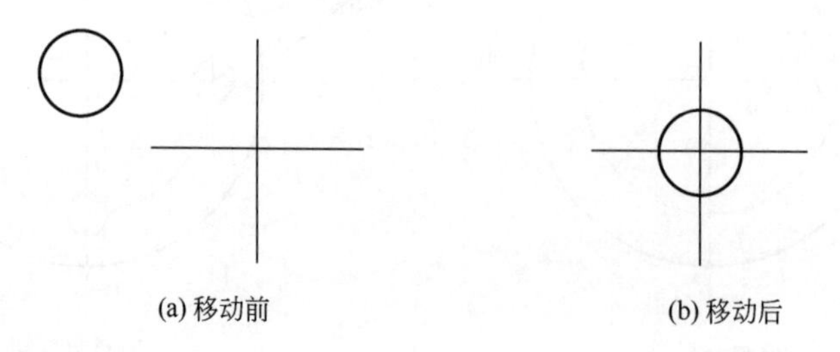

(a) 移动前　(b) 移动后

图 2-41　移动

（7）使用旋转命令编辑图 2-42 所示的图形。

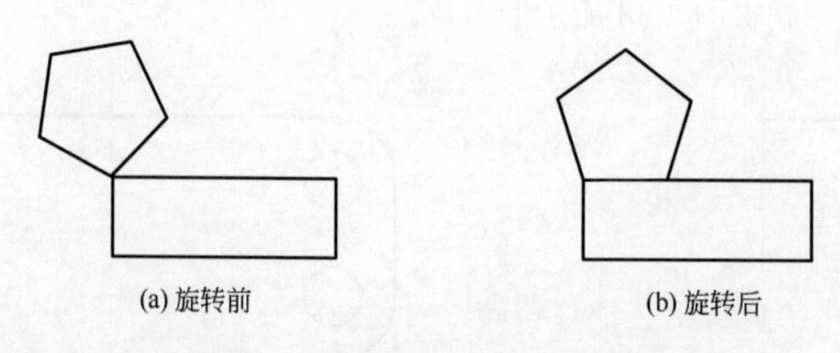

(a) 旋转前　(b) 旋转后

图 2-42　旋转

（8）使用缩放命令编辑图 2-43 所示的图形。

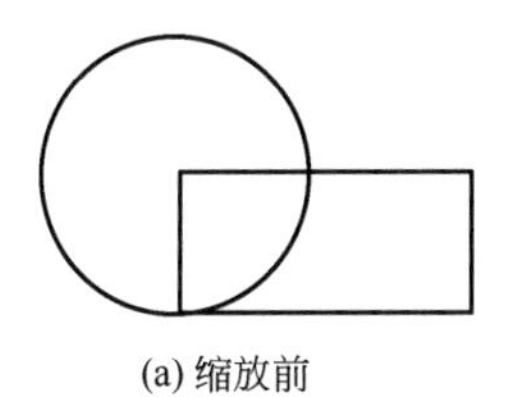

(a) 缩放前

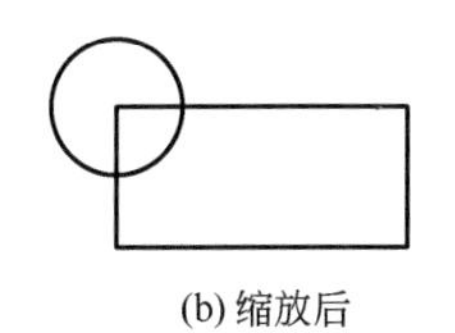

(b) 缩放后

图 2-43　缩放

（9）使用拉伸命令编辑图 2-44 所示的图形。

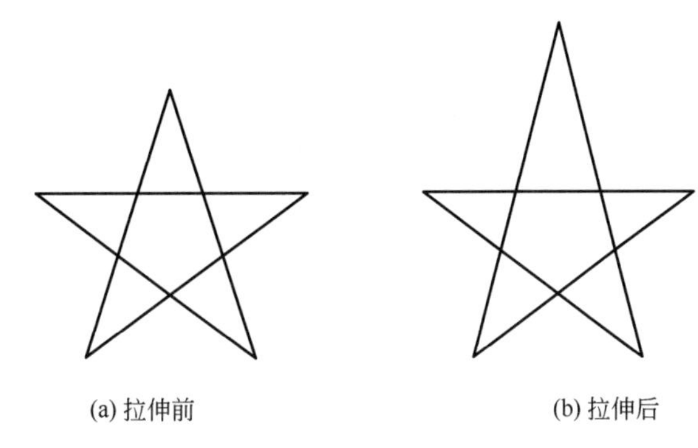

(a) 拉伸前　　(b) 拉伸后

图 2-44　拉伸

（10）使用修剪命令编辑图 2-45 所示的图形。

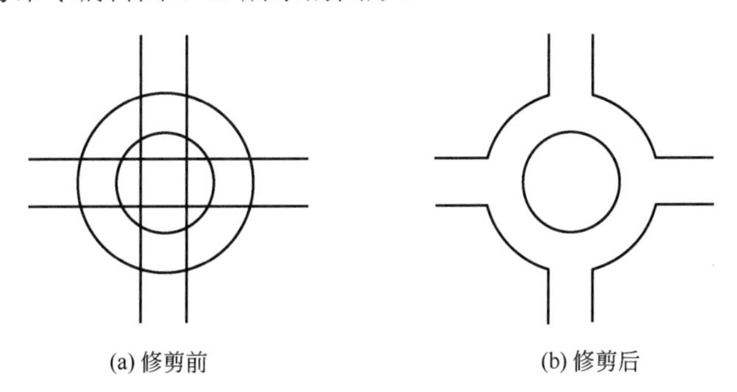

(a) 修剪前　　(b) 修剪后

图 2-45　修剪

（11）使用延伸命令编辑图 2-46 所示的图形。

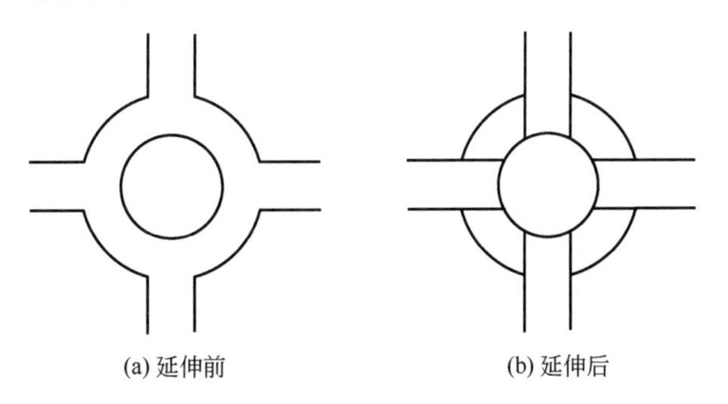

(a) 延伸前　　(b) 延伸后

图 2-46　延伸

（12）使用打断命令编辑图 2-47 所示的图形。

(a) 打断前　　(b) 打断于点　　(c) 打断

图 2-47　打断

（13）使用倒角命令编辑图 2-48 所示的图形。

(a) 倒角前　　(b) 倒角后

图 2-48　倒角

（14）使用圆角命令编辑图 2-49 所示的图形。

(a) 圆角前　　(b) 圆角后

图 2-49　圆角

（15）使用分解命令编辑图 2-50 所示的图形。

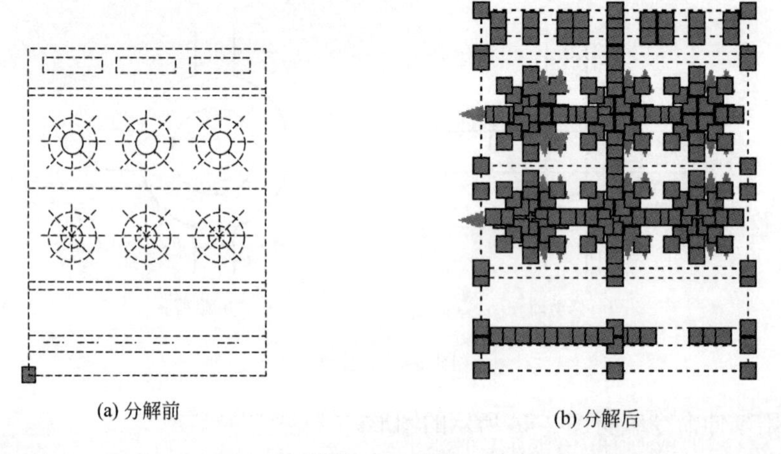

(a) 分解前　　(b) 分解后

图 2-50　分解

二、任务分析

（1）如何调用二维图形编辑命令？

（2）二维图形编辑命令的快捷键是什么？

三、任务实施

1．删除

命令：ERASE

菜单：【修改】→【删除】

工具栏：

快捷键：E

功能：删除选中的图形。

使用删除命令删除图 2-36 中的对象。命令行提示如下：

```
命令:_erase                              // 删除单个对象
选择对象：找到 1 个
选择对象：
命令: erase                              // 删除多个对象
选择对象：指定对角点: 找到 4 个
选择对象：
```

2. 复制

命令：COPY

菜单：【修改】→【复制】

工具栏：

快捷键：CO

功能：将选中对象复制到指定位置，可作重复复制。

使用复制命令编辑图 2-37 所示的对象。命令行提示如下：

```
命令:_copy                       // 复制单个对象
选择对象：找到 1 个
选择对象：
当前设置:  复制模式 = 多个
指定基点或 [位移(D)/模式(O)] <位移>:
指定第二个点或[等距(E)/等分(I)/沿线(P)] <使用第一个点作为位移>:
指定第二个点或 [退出(E)/放弃(U)] <退出>:
命令:_copy                       // 复制多个对象
选择对象：找到 1 个
选择对象：
当前设置:  复制模式 = 多个
指定基点或 [位移(D)/模式(O)] <位移>:
指定第二个点或[等距(E)/等分(I)/沿线(P)] <使用第一个点作为位移>:
指定第二个点或 [退出(E)/放弃(U)] <退出>:
指定第二个点或 [退出(E)/放弃(U)] <退出>:
指定第二个点或 [退出(E)/放弃(U)] <退出>:
指定第二个点或 [退出(E)/放弃(U)] <退出>:
```

3. 镜像

命令：MIRROR

菜单：【修改】→【镜像】

工具栏：

快捷键：MI

功能：将选中对象镜像复制，主要用于对称图形的绘制。

使用镜像命令编辑图 2-38 所示的对象。命令行提示如下：

命令: MIRROR
选择对象：指定对角点: 找到 7 个
选择对象：指定镜像线的第一点: 指定镜像线的第二点: //选择镜像线上的两点
要删除源对象吗？ [是(Y)/否(N)] <N>:

4．偏移

命令：OFFSET

菜单：【修改】→【偏移】

工具栏：

快捷键：O

功能：对一个选择的图形实体生成等距线。

使用镜像命令编辑图 2-39 所示的对象。命令行提示如下：

命令:_offset
当前设置: 删除源=否 图层=源 OFFSETGAPTYPE=0
指定偏移距离或 [通过(T)/删除(E)/图层(L)] <通过>: 40
选择要偏移的对象，或 [退出(E)/放弃(U)] <退出>:
指定要偏移的那一侧上的点，或 [两边(B)/退出(E)/多个(M)/放弃(U)] <退出>:
选择要偏移的对象，或 [退出(E)/放弃(U)] <退出>:
指定要偏移的那一侧上的点，或 [两边(B)/退出(E)/多个(M)/放弃(U)] <退出>:
选择要偏移的对象，或 [退出(E)/放弃(U)] <退出>:
指定要偏移的那一侧上的点，或 [两边(B)/退出(E)/多个(M)/放弃(U)] <退出>:
选择要偏移的对象，或 [退出(E)/放弃(U)] <退出>:
指定要偏移的那一侧上的点，或 [两边(B)/退出(E)/多个(M)/放弃(U)] <退出>:
选择要偏移的对象，或 [退出(E)/放弃(U)] <退出>:

5．阵列

命令：ARRAY

菜单：【修改】→【阵列】

工具栏：

功能：将选定对象按矩形或环形阵列进行多重复制。

输入命令或单击工具栏中的阵列图标后，弹出“阵列”对话框，在该对话框中设置矩形或环形阵列的相关参数。

（1）矩形阵列 矩形阵列是指将选定对象按指定的行数和列数进行多重复制。如图 2-51 将矩形按照 3 行 4 列的方式进行矩形阵列，并在图 2-51 所示的矩形阵列对话框中进行设置。

① 在如图 2-51 所示“阵列”对话框中选取“矩形阵列”。

② 点击【选择对象】按钮，则“阵列”对话框自动隐藏，提示选择操作对象。

③ 选择图 2-40（a）中要创建阵列的对象（图中左下角矩形），回车确定，重新回到“阵列”对话框。

④ 在“行”和“列”文本框中，分别输入“3”和“4”。

⑤ 在“行偏移”和“列偏移”文本框中，输入行间距和列间距数值；也可点击【拾取两个偏移】按钮，直接捕捉其中一个单元方框的对角点来指定行间距和列间距。

⑥ 输入“阵列角度”为“0”。

⑦ 选择【确定】，则创建图 2-40（a）所示矩形阵列。

（2）环形阵列　环形阵列是指将选定对象绕指定的中心点旋转并多重复制。如图 2-40（b）所示，是将矩形绕圆心进行环形阵列。在图 2-52 所示的环形阵列对话框中进行设置。

① 在如图 2-52 所示“阵列”对话框中选取“环形阵列”。

② 点击【选择对象】按钮，则“阵列”对话框自动隐藏，提示选择操作对象。

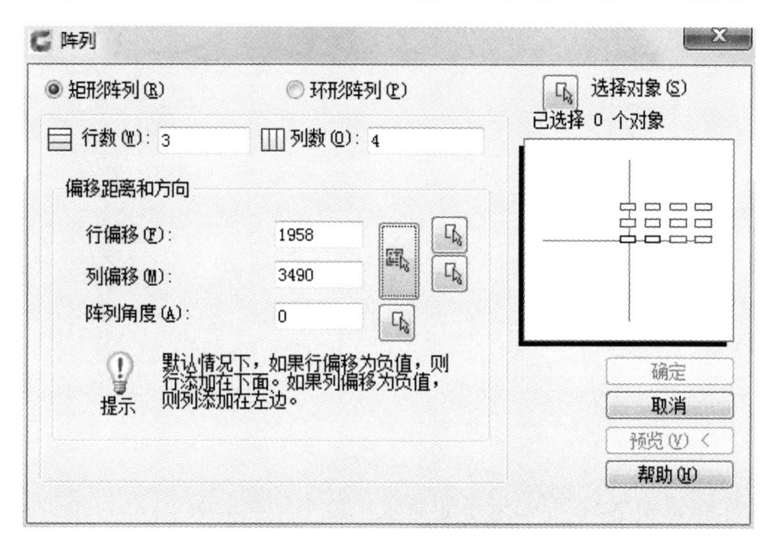

图 2-51 “阵列”对话框（一）

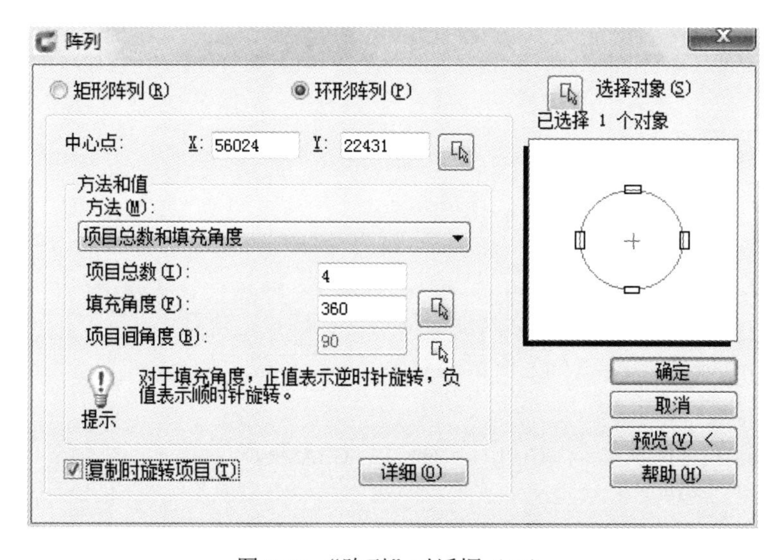

图 2-52 “阵列”对话框（二）

③ 选择图 2-40（b）中要创建阵列的对象（矩形），回车确定，重新回到“阵列”对话框。

④ 点击【拾取中心点】按钮，则“阵列”对话框自动隐藏；捕捉圆心，“阵列”对话框重新弹出。

⑤ 设置“项目总数”文本框值为“4”。

⑥ 设置“填充角度”文本框值为“360”。

⑦ 勾选“复制时旋转项目”，按【确定】，则得到如图 2-53（a）所示图形。若不勾选，则阵列时图形不旋转，得到图 2-53（b）所示形状图形。

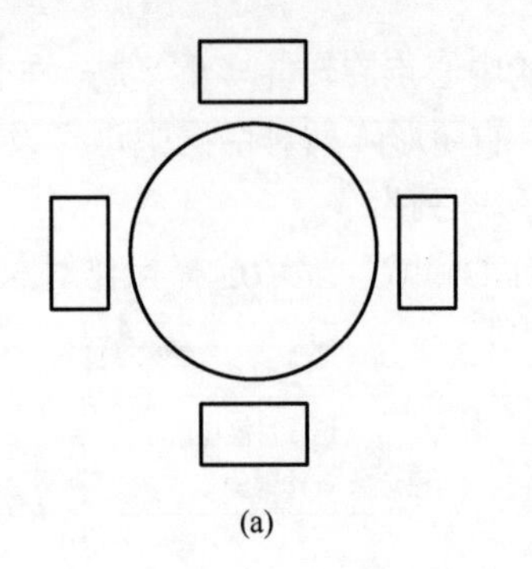
(a)

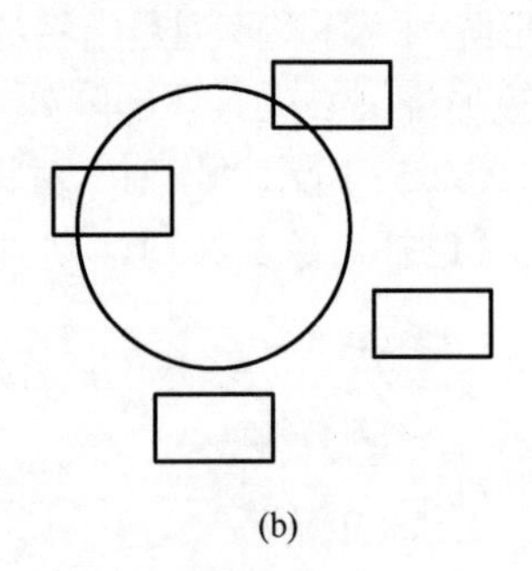
(b)

图 2-53 阵列

6. 移动

命令：MOVE

菜单：【修改】→【移动】

工具栏：

快捷键：M

功能：将图形实体从一个位置移动到另一个位置。

使用移动命令编辑图 2-41（a）所示的对象。命令行提示如下：

命令:_move
选择对象：找到 1 个
选择对象：
指定基点或 [位移(D)] <位移>: 指定第二个点或 <使用第一个点作为位移>:

7. 旋转

命令：ROTATE

菜单：【修改】→【旋转】

工具栏：

快捷键：RO

功能：将所选对象绕指定点（称为旋转基点）旋转指定角度。

使用旋转命令编辑图 2-42（a）所示的对象。命令行提示如下：

命令:_rotate
UCS 当前的正角方向: ANGDIR=逆时针 ANGBASE=0
选择对象：找到 1 个
选择对象：
指定基点:
指定旋转角度，或 [复制(C)/多重复制(M)/参照(R)] <0>: −45

8. 缩放

命令：SCALE

菜单：【修改】→【缩放】

工具栏：

快捷键：SC

功能：将选择对象按指定的比例，相对于指定的基点放大或缩小。

使用缩放命令编辑图 2-43（a）所示的对象。命令行提示如下：

命令:_scale
选择对象：找到 1 个
选择对象:
选择基点:
指定比例因子或 [复制(C)/参照(R)] <1>: 0.5

9．拉伸

命令：STRETCH

菜单：【修改】→【拉伸】

工具栏：

快捷键：S

功能：将选中的一部分图形进行移动，图形的其余部分位置不变；中间连接图形不会断开，但边界部分的图形将产生拉伸或压缩变形。

使用拉伸命令编辑图 2-44（a）所示的对象。命令行提示如下：

命令:_stretch
以交叉窗口或交叉多边形选择要拉伸的对象... //先指定拉伸窗口右下角点，后指定拉伸窗口左上角点，如图 2-54 所示。
选择对象：指定对角点：找到 2 个
选择对象:
指定基点或 [位移(D)] <位移>:
指定第二个点或 <使用第一个点作为位移>:

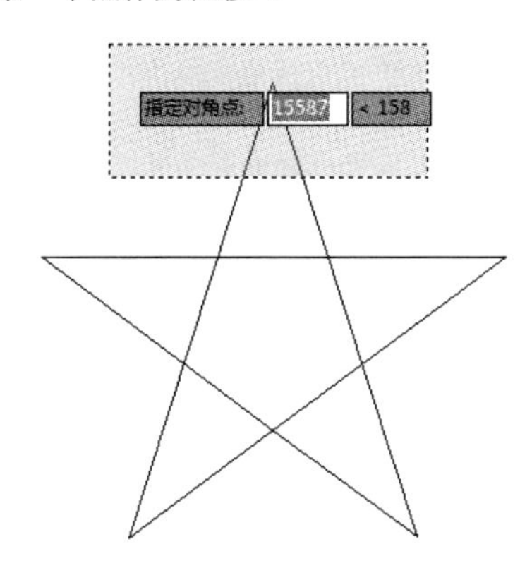

图 2-54 拉伸窗口

10．修剪

命令：TRIM

菜单：【修改】→【修剪】

工具栏：

快捷键：TR

功能：用指定图线（剪切边）修剪指定对象。

使用修剪命令编辑图 2-45（a）所示的对象。命令行提示如下：

命令:_trim

当前设置:投影=UCS，边=无
选择剪切边...
选择对象或 <全部选择>: //直接回车为全部选择
选择要修剪的对象，或按住 SHIFT 键选择要延伸的对象，或
[栏选(F)/窗交(C)/投影(P)/边(E)/删除(R)/放弃(U)]:
选择要修剪的对象，或按住 SHIFT 键选择要延伸的对象，或
[栏选(F)/窗交(C)/投影(P)/边(E)/删除(R)/放弃(U)]:
选择要修剪的对象，或按住 SHIFT 键选择要延伸的对象，或
[栏选(F)/窗交(C)/投影(P)/边(E)/删除(R)/放弃(U)]:
选择要修剪的对象，或按住 SHIFT 键选择要延伸的对象，或
[栏选(F)/窗交(C)/投影(P)/边(E)/删除(R)/放弃(U)]:
选择要修剪的对象，或按住 SHIFT 键选择要延伸的对象，或
[栏选(F)/窗交(C)/投影(P)/边(E)/删除(R)/放弃(U)]:
选择要修剪的对象，或按住 SHIFT 键选择要延伸的对象，或
[栏选(F)/窗交(C)/投影(P)/边(E)/删除(R)/放弃(U)]:
选择要修剪的对象，或按住 SHIFT 键选择要延伸的对象，或
[栏选(F)/窗交(C)/投影(P)/边(E)/删除(R)/放弃(U)]:
选择要修剪的对象，或按住 SHIFT 键选择要延伸的对象，或
[栏选(F)/窗交(C)/投影(P)/边(E)/删除(R)/放弃(U)]:
选择要修剪的对象，或按住 SHIFT 键选择要延伸的对象，或
[栏选(F)/窗交(C)/投影(P)/边(E)/删除(R)/放弃(U)]:
选择要修剪的对象，或按住 SHIFT 键选择要延伸的对象，或
[栏选(F)/窗交(C)/投影(P)/边(E)/删除(R)/放弃(U)]:
选择要修剪的对象，或按住 SHIFT 键选择要延伸的对象，或
[栏选(F)/窗交(C)/投影(P)/边(E)/删除(R)/放弃(U)]:
选择要修剪的对象，或按住 SHIFT 键选择要延伸的对象，或
[栏选(F)/窗交(C)/投影(P)/边(E)/删除(R)/放弃(U)]:
选择要修剪的对象，或按住 SHIFT 键选择要延伸的对象，或
[栏选(F)/窗交(C)/投影(P)/边(E)/删除(R)/放弃(U)]:
命令: //初步剪切得到图 2-55 所示的图形
命令:_erase //使用删除命令删除多余对象
选择对象：指定对角点: 找到 4 个
选择对象：

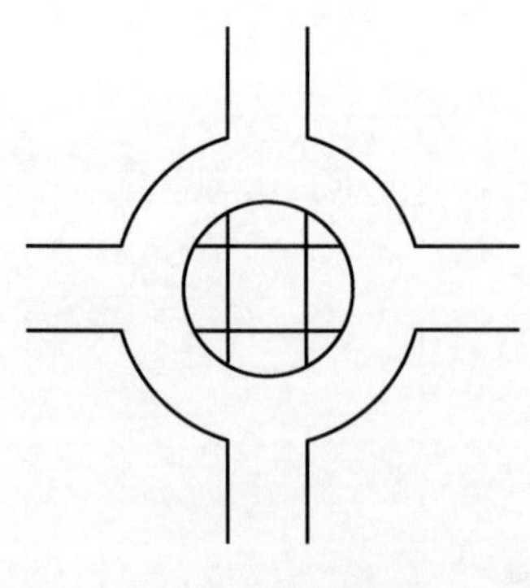

图 2-55 剪切

11. 延伸

命令：EXTEND

菜单：【修改】→【延伸】
工具栏：
快捷键：EX
功能：延长指定的对象，使其达到图中指定的边界。
使用延伸命令编辑图2-46（a）所示的对象。命令行提示如下：

```
命令:_extend
当前设置:投影=UCS，边=无
选择边界的边...
选择对象或 <全部选择>: 找到 1 个          //选取圆作为延伸边界
选择对象或 <全部选择>:
选择要延伸的对象，或按住 SHIFT 键选择要修剪的对象，或
[栏选(F)/窗交(C)/投影(P)/边(E)/放弃(U)]:
选择要延伸的对象，或按住 SHIFT 键选择要修剪的对象，或
[栏选(F)/窗交(C)/投影(P)/边(E)/放弃(U)]:
选择要延伸的对象，或按住 SHIFT 键选择要修剪的对象，或
[栏选(F)/窗交(C)/投影(P)/边(E)/放弃(U)]:
选择要延伸的对象，或按住 SHIFT 键选择要修剪的对象，或
[栏选(F)/窗交(C)/投影(P)/边(E)/放弃(U)]:
选择要延伸的对象，或按住 SHIFT 键选择要修剪的对象，或
[栏选(F)/窗交(C)/投影(P)/边(E)/放弃(U)]:
选择要延伸的对象，或按住 SHIFT 键选择要修剪的对象，或
[栏选(F)/窗交(C)/投影(P)/边(E)/放弃(U)]:
选择要延伸的对象，或按住 SHIFT 键选择要修剪的对象，或
[栏选(F)/窗交(C)/投影(P)/边(E)/放弃(U)]:
选择要延伸的对象，或按住 SHIFT 键选择要修剪的对象，或
[栏选(F)/窗交(C)/投影(P)/边(E)/放弃(U)]:
选择要延伸的对象，或按住 SHIFT 键选择要修剪的对象，或
[栏选(F)/窗交(C)/投影(P)/边(E)/放弃(U)]:
```

12. 打断

命令：BREAK
菜单：【修改】→【打断】
工具栏：和
快捷键：BR
功能：将选择的对象切断，或者切掉对象中的一部分。
使用打断命令编辑图2-47（a）所示的对象。命令行提示如下：

```
命令:_break                          //打断于点命令
选择对象:
指定第二个打断点 或 [第一点(F)]: _f
指定第一个打断点:
指定第二个打断点: @
命令:_break                          //打断命令
选择对象:
指定第二个打断点 或 [第一点(F)]: F    //输入命令 F 选择第一个打断点
指定第一个打断点:
```

指定第二个打断点:

13. 倒角

命令：CHAMFER

菜单：【修改】→【倒角】

工具栏：

快捷键：CHA

功能：对两条不平行的直线边倒棱角。

使用倒角命令编辑图 2-48（a）所示的对象。命令行提示如下：

命令:_chamfer
（“修剪”模式）当前倒角距离 1 = 0，距离 2 = 0
选择第一条直线或 [放弃(U)/多段线(P)/距离(D)/角度(A)/修剪(T)/方式(E)/多个(M)]: D
指定第一个倒角距离 <0>: 10
指定第二个倒角距离 <10>: 5
选择第一条直线或 [放弃(U)/多段线(P)/距离(D)/角度(A)/修剪(T)/方式(E)/多个(M)]:
选择第二条直线，或按住 Shift 键选择要应用角点的直线:

14. 圆角

命令：FILLET

菜单：【修改】→【圆角】

工具栏：

快捷键：F

功能：在指定的对象间（直线、圆、圆弧）按指定半径倒圆角。

使用圆角命令编辑图 2-49（a）所示的对象。命令行提示如下：

命令:_fillet
当前设置: 模式 = 修剪，半径 = 5
选择第一个对象或 [放弃(U)/多段线(P)/半径(R)/修剪(T)/多个(M)]: R
指定圆角半径 <5>: 5
选择第一个对象或 [放弃(U)/多段线(P)/半径(R)/修剪(T)/多个(M)]:
选择第二个对象，或按住 Shift 键选择要应用角点的对象:
命令：指定对角点:

15. 分解

命令：EXPLODE

菜单：【修改】→【分解】

工具栏：

快捷键：X

功能：分解由多个基本对象组合而成的复杂对象。

使用分解命令编辑图 2-50（a）所示的对象。命令行提示如下：

命令:_explode
选择对象：找到 1 个
选择对象:

四、任务结果

（1）执行删除命令删除对象后，最终为空白图纸。

（2）执行复制命令进行编辑，最终效果如图 2-56 所示。

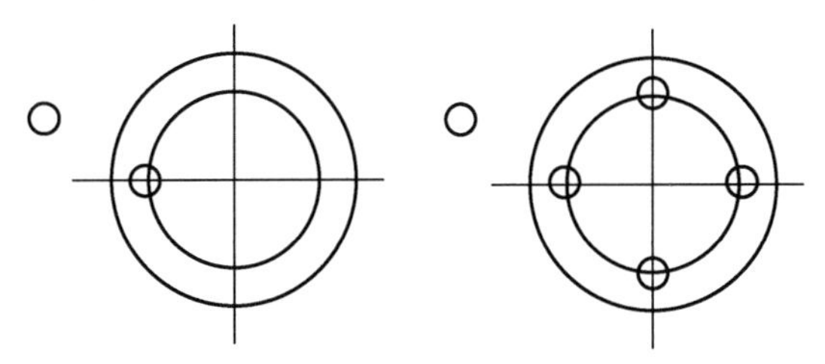

图 2-56 复制

（3）执行镜像命令进行编辑，最终效果如图 2-57 所示。

（4）执行偏移命令进行编辑，最终效果如图 2-58 所示。

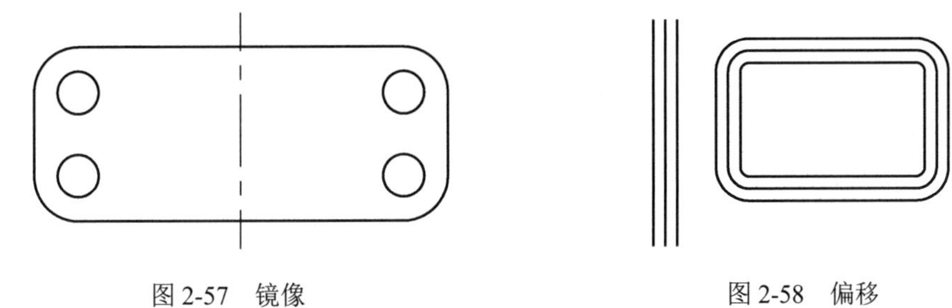

图 2-57 镜像　　图 2-58 偏移

（5）执行阵列命令进行编辑，最终效果如图 2-59 所示。

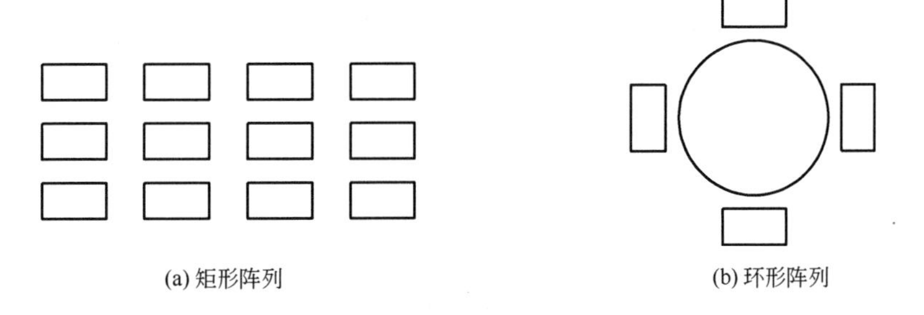

(a) 矩形阵列　　(b) 环形阵列

图 2-59 阵列

（6）执行移动命令进行编辑，最终效果如图 2-60 所示。

（7）执行旋转命令进行编辑，最终效果如图 2-61 所示。

（8）执行缩放命令进行编辑，最终效果如图 2-62 所示。

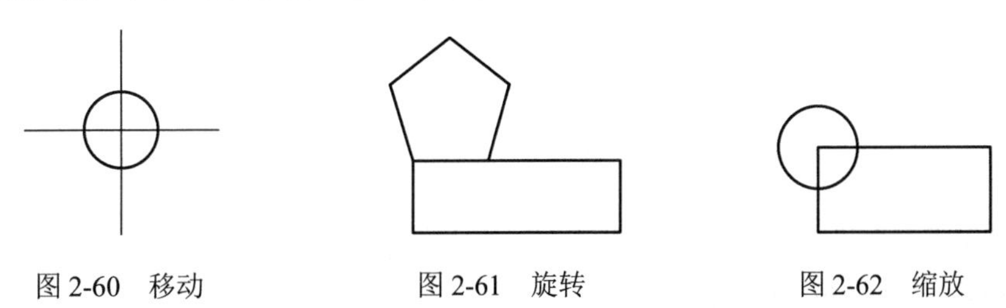

图 2-60 移动　　图 2-61 旋转　　图 2-62 缩放

（9）执行拉伸命令进行编辑，最终效果如图2-63所示。

（10）执行修剪命令进行编辑，最终效果如图2-64所示。

（11）执行延伸命令进行编辑，最终效果如图2-65所示。

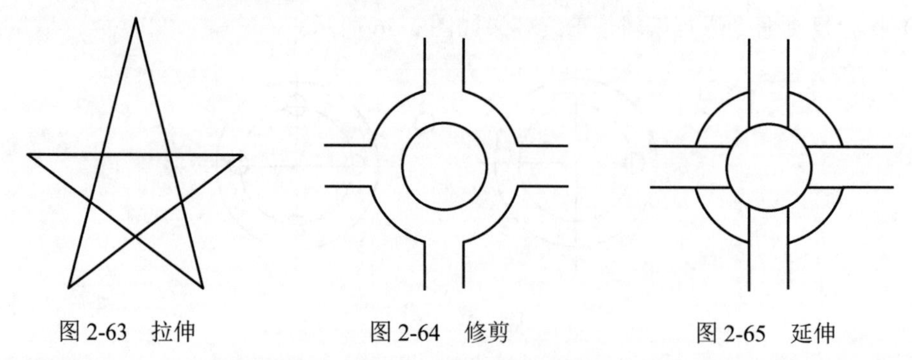

图2-63　拉伸　　图2-64　修剪　　图2-65　延伸

（12）执行打断命令进行编辑，最终效果如图2-66所示。

图2-66　打断

（13）执行倒角命令进行编辑，最终效果如图2-67所示。

（14）执行圆角命令进行编辑，最终效果如图2-68所示。

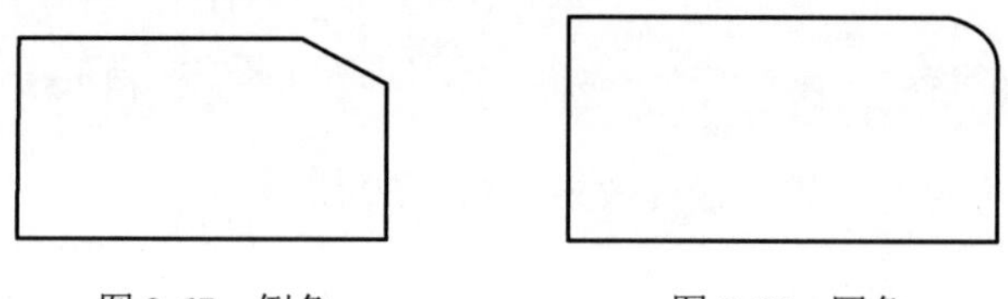

图2-67　倒角　　图2-68　圆角

（15）执行分解命令进行编辑，最终效果如图2-69所示。

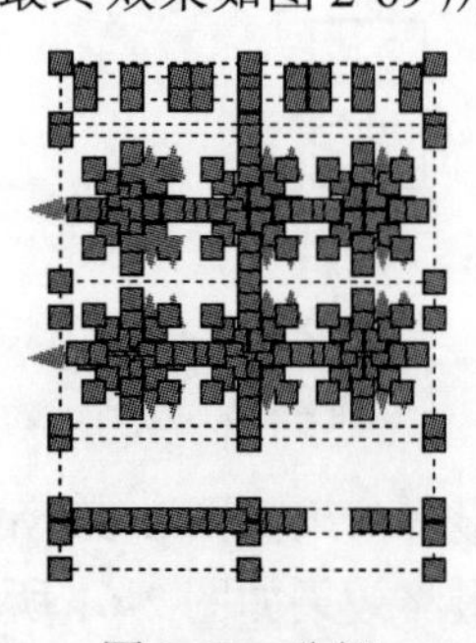

图2-69　分解

思考与练习

1. 镜像、偏移、剪切、打断命令的主要用途有哪些？
2. 移动和复制命令有何异同？
3. 拉伸和拉长命令有何异同？
4. 修剪和延伸命令有何异同？

5. 打断操作时，如何保证准确地找到打断点？
6. 在圆角和倒角命令中，如何以不修剪的方式进行绘制？
7. 利用二维绘图命令及编辑命令，绘制如图 2-70 所示的图形（不标注）。

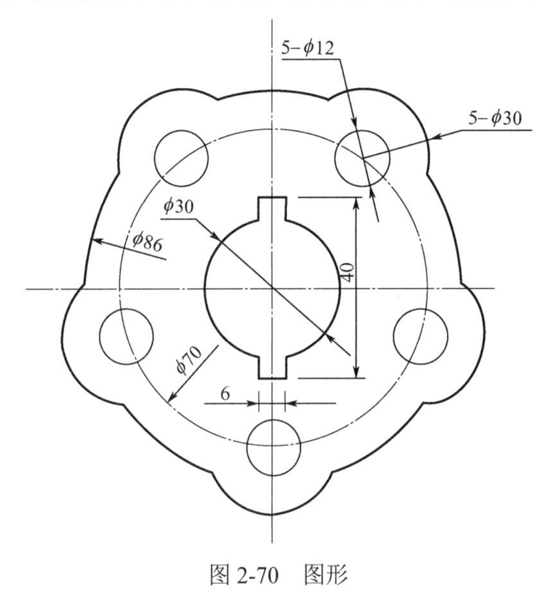

图 2-70　图形

第四节　文字

通过本节学习，你将能够

1. 掌握如何创建文字样式。
2. 掌握如何绘制单行文字和多行文字。
3. 掌握如何编辑文字。

一、任务

（1）新建“宋体”字体样式，在字体名中选择“宋体”，宽度因子输入“0.7”，倾斜角度输入“15”，如图 2-71 所示。

图 2-71　文字样式

（2）绘制如图 2-72 所示的单行文字。

（3）绘制如图 2-73 所示的多行文字。

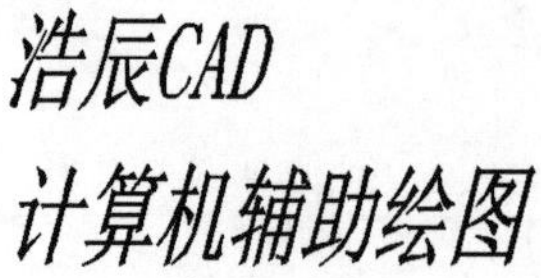

浩辰CAD

计算机辅助绘图

图 2-72　单行文字

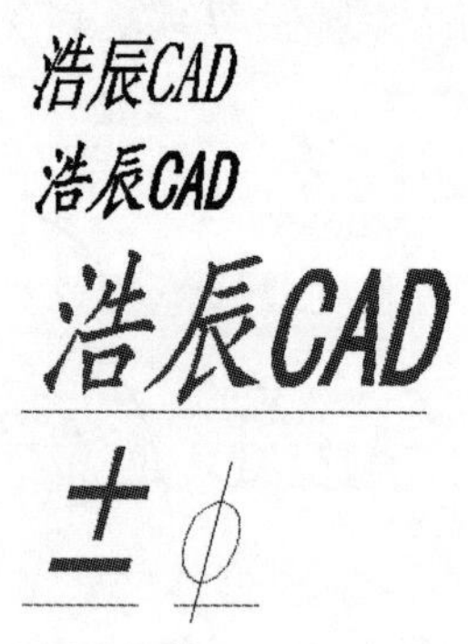

图 2-73　多行文字

二、任务分析

（1）新建文字样式并设置字体宽度因子、倾斜角度等内容。

（2）如何绘制单行文字？

（3）如何绘制多行文字？

（4）如何绘制表格？

三、任务实施

1. 新建文字样式

（1）在菜单栏中单击【格式】→【文字样式】，弹出如图 2-74 所示对话框。

图 2-74　“文字样式”对话框

（2）点击【新建】按钮，在弹出的“新建文字样式”对话框中输入样式名“宋体”，点击【确定】按钮。如图 2-75 所示。

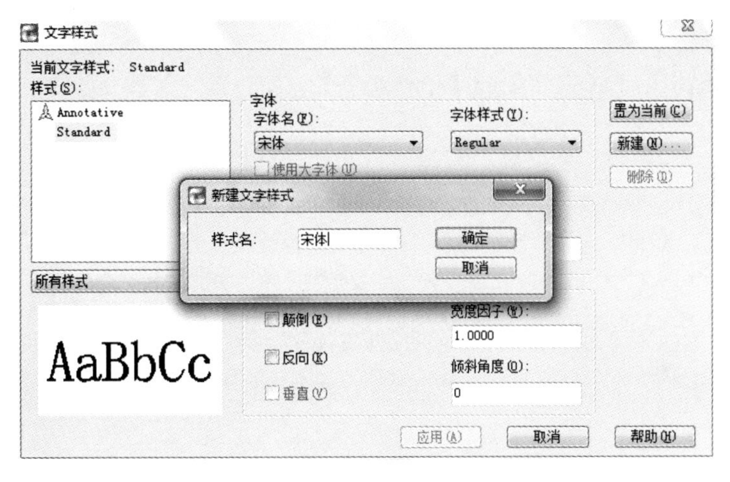

图 2-75 “新建文字样式”对话框

（3）选择字体名为“宋体”，如图 2-76 所示。

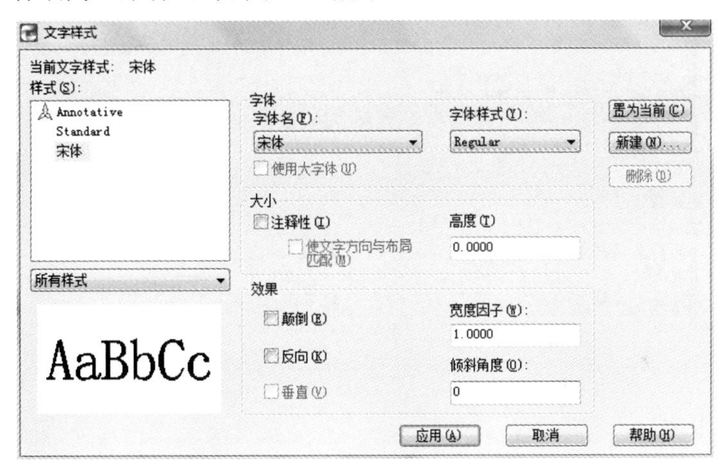

图 2-76 设置字体样式

（4）宽度因子输入“0.7”，倾斜角度输入“15”，点击【应用】按钮，完成设置，如图 2-77 所示。

图 2-77 设置字体样式

2．绘制单行文字

（1）在菜单栏中单击【文字】→【单行文字】命令，命令行提示如下：

命令:_text
当前文字样式: “宋体” 文字高度: 2.5000 注释性: 否
指定文字的起点或 [对正(J)/样式(S)]: s //指定当前文字样式
输入样式名或 [?] <宋体>: ? //查询当前所有文字样式
输入要列出的文字样式 <*>: //回车，弹出当前所有文字样式列表，如图 2-78 所示。

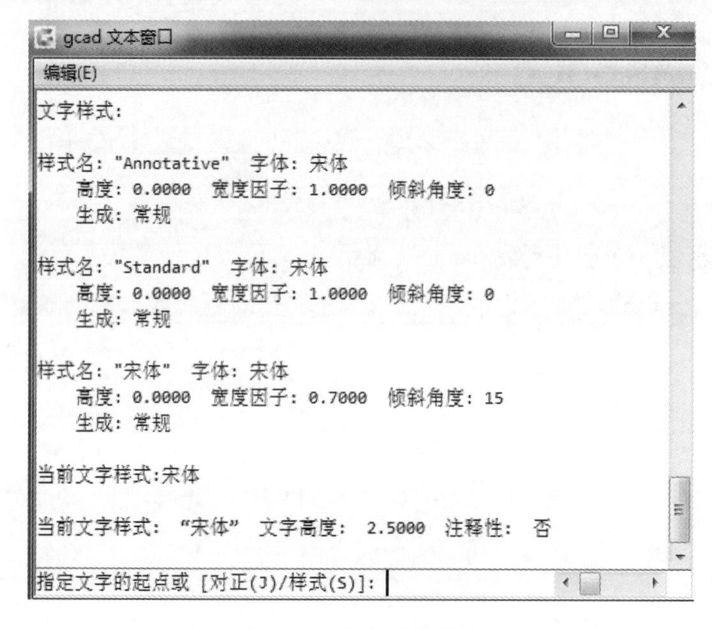

图 2-78 字体样式列表

（2）关闭文本窗口，在绘图区点击鼠标左键，指定文字起点，命令行提示如下：

指定文字的起点或 [对正(J)/样式(S)]: //指定文字起点
指定高度 <2.5000>: 5 //指定文字高度
指定文字的旋转角度 <0>: //指定文字旋转角度

（3）输入文字内容，如图 2-79 所示，输入完成后，回车两次结束命令。

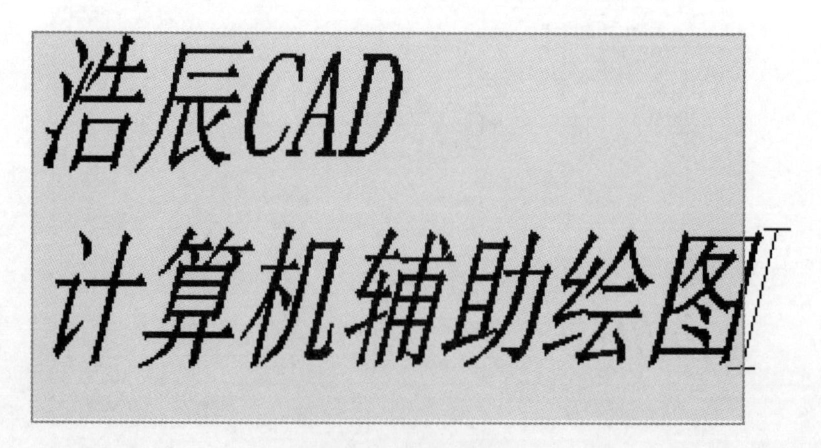

图 2-79 单行文字

3. 绘制多行文字

（1）在菜单栏中单击【文字】→【多行文字】命令，命令行提示如下：

命令:_mtext
当前文字样式: “宋体” 文字高度: 5 注释性: 否
指定第一角点:

（2）在绘图区指定多行文字的第一角点，然后指定对角点，如图2-80所示。命令行提示如下：

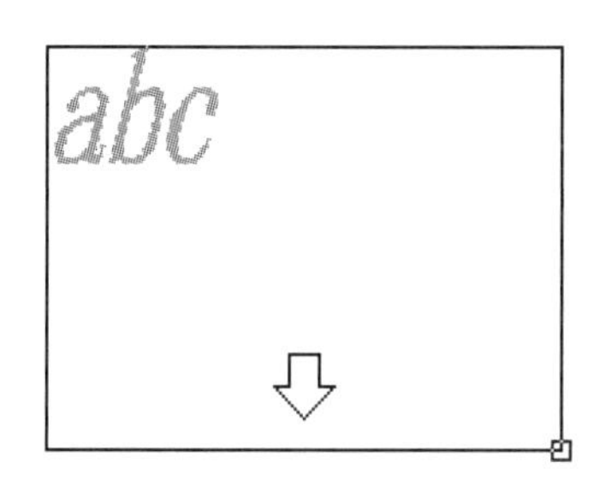

图2-80 多行文字

（3）确定两个角点后，系统自动弹出“文字格式”编辑器，如图2-81所示。

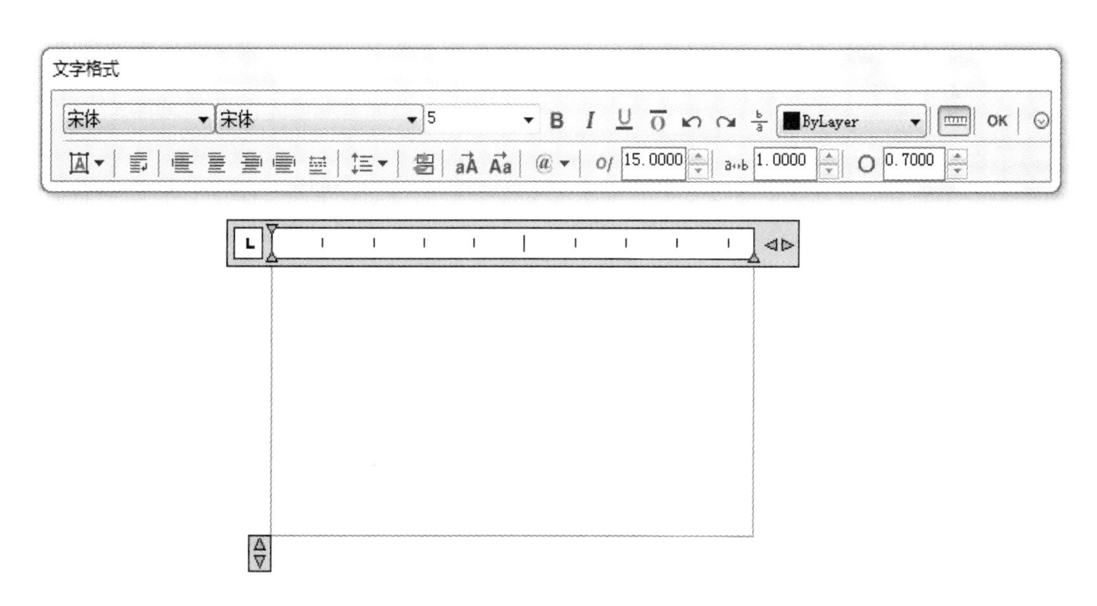

图2-81 “文字格式”编辑器

（4）设置当前文字样式为“宋体”，输入如图2-82所示的文字内容。

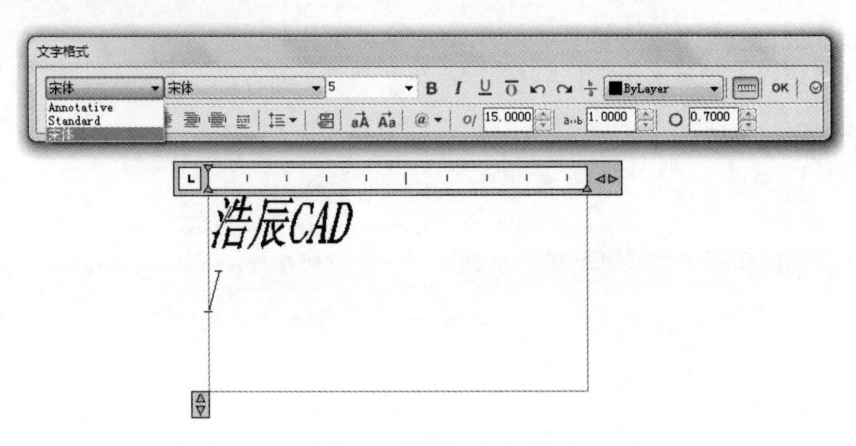

图 2-82　设置文字样式

（5）设置当前字体为“楷体”，输入如图 2-83 所示的文字内容。

图 2-83　设置字体

（6）设置文字高度为“10”，输入图 2-84 所示的内容。

图 2-84　设置字高

（7）选择如图 2-85 所示文字，点击“下划线”按钮，修改文字颜色为红色。

图 2-85　编辑文字样式

（8）点击“@”按钮，插入特殊符号，如图 2-86 所示。

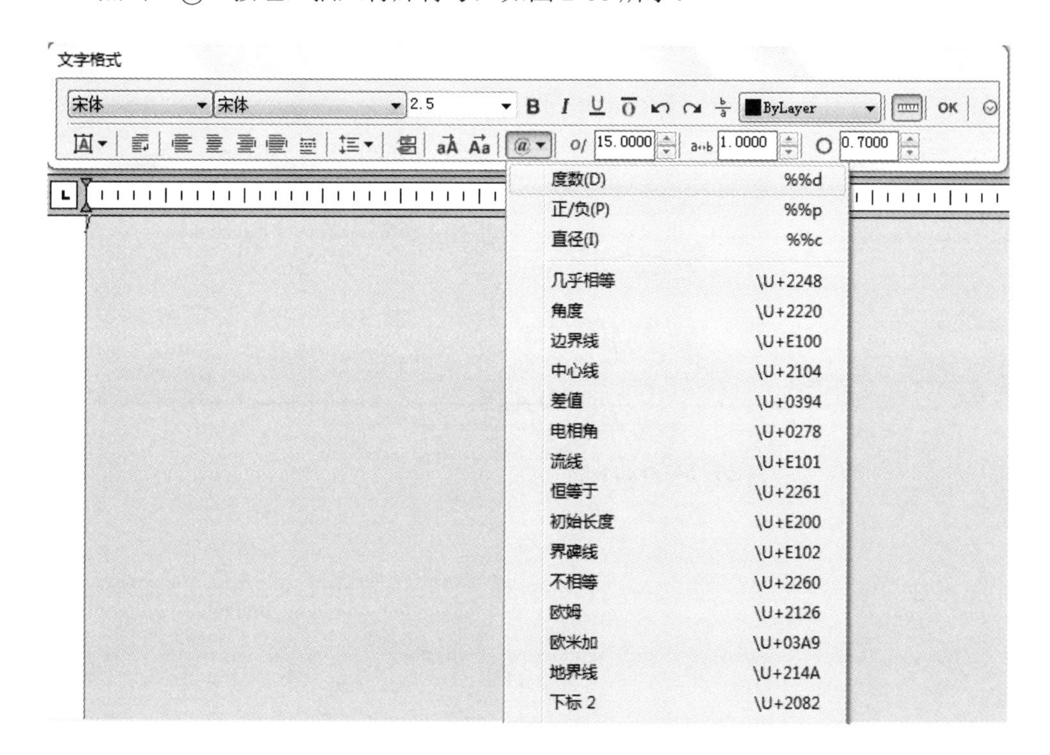

图 2-86　特殊符号

（9）完成多行文字创建后，点击“文字格式”编辑器的“OK”按钮，文字即可显示在绘图区，如图 2-87 所示。

4．文字编辑

在执行文字输入时，难免出现这样或那样的错误，当遇到错误时，没有必要将输入的文字删除而重新输入，可以通过双击鼠标左键来对文字本身进行修改，如图 2-88 和图 2-89 所示。

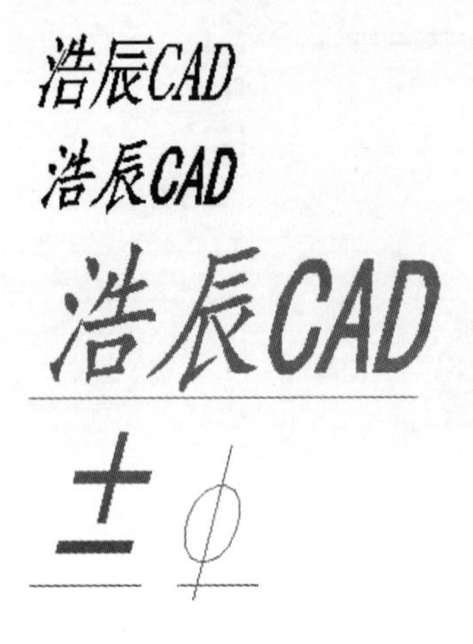

图 2-87　多行文字

图 2-88　单行文字编辑

图 2-89　多行文字编辑

四、任务结果

（1）创建文字样式结果如图 2-90 所示。

图 2-90　文字样式

（2）创建单行文字样式结果如图 2-91 所示。

（3）创建多行文字样式结果如图 2-92 所示。

浩辰CAD

计算机辅助绘图

图 2-91　单行文字

浩辰CAD

浩辰CAD

浩辰CAD

± ϕ

图 2-92　多行文字

思考与练习

1. 如何创建文字样式？
2. 如何输入特殊字符？
3. 单行文字与多行文字的区别是什么？

第五节　尺寸标注

一、任务

（1）新建标注样式。

（2）掌握线性标注、对齐标注、基线标注、连续标注命令。

（3）掌握半径标注、直径标注、角度标注命令。

（4）标注如图 2-93 所示的图形。

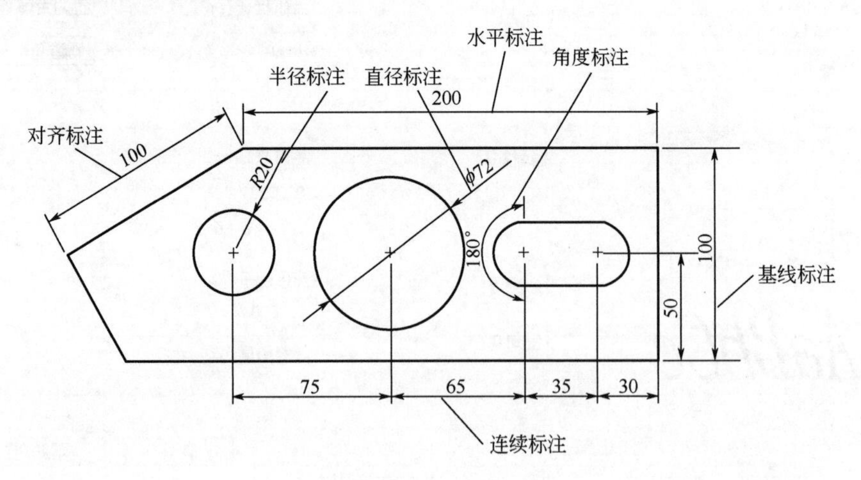

图 2-93　标注图形

二、任务分析

（1）如何新建标注样式？需要设置哪些参数？

（2）如何调用各种尺寸标注的命令？

三、任务实施

1．新建标注样式

（1）在菜单栏中单击【格式】→【标注样式】，弹出如图 2-94 所示“标注样式管理器”对话框。

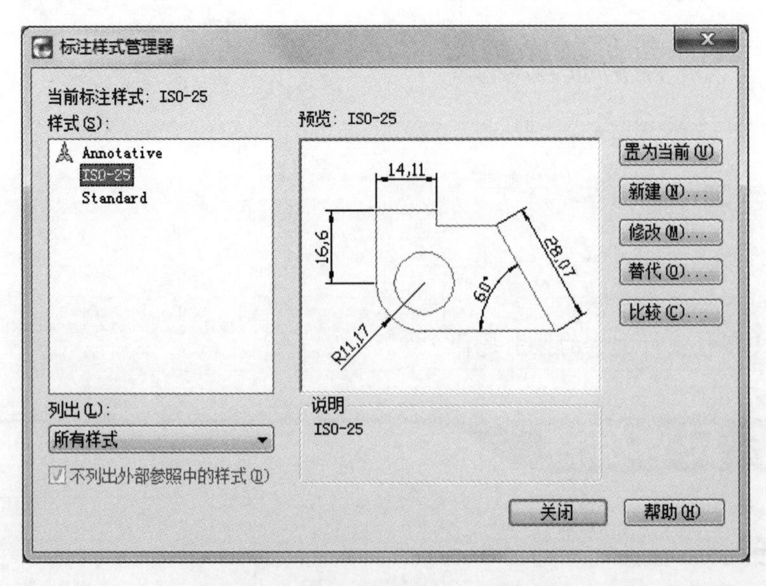

图 2-94　“标注样式管理器”对话框

（2）在“标注样式管理器”对话框中单击【新建】按钮，系统弹出如图2-95所示的“创建新标注样式”对话框。

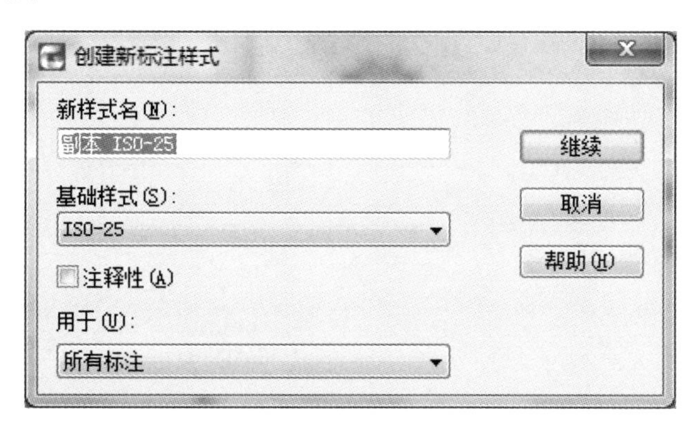

图2-95 “创建新标注样式”对话框

（3）输入新样式名“制图”，基础样式选择“ISO-25”，此新样式将继承“ISO-25”标注样式的所有特点，点击【继续】按钮。

（4）打开如图2-96所示的“新建标注样式”对话框，点击【线】选项卡，修改尺寸线颜色为绿色，如图2-96所示。在“线”选项卡页还可以设置尺寸线的线型、线宽、超出标记、基线间距、隐藏尺寸线，延伸线的颜色、线型、线宽，隐藏延伸线，超出尺寸线的距离、起点偏移量等内容。

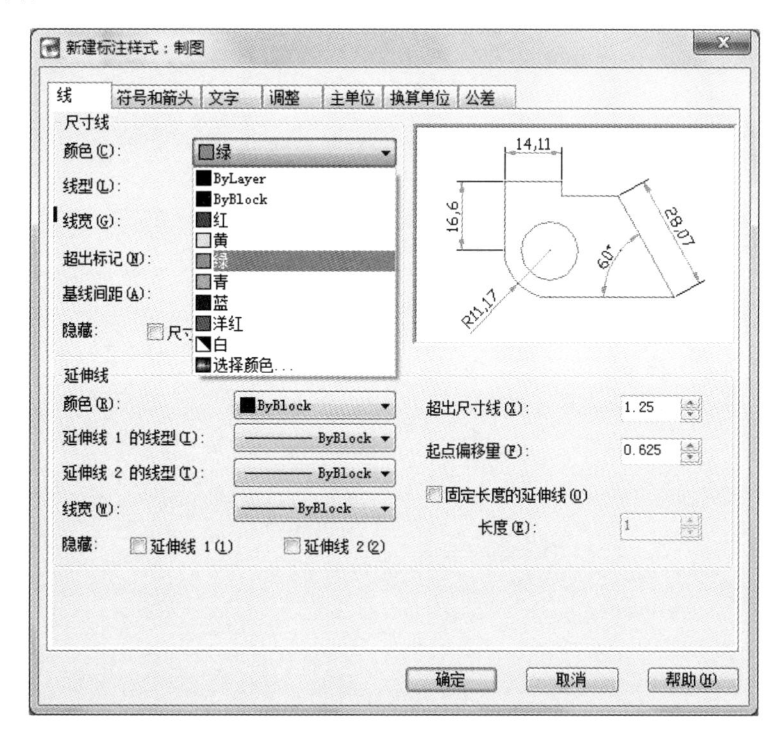

图2-96 “线”选项卡

（5）点击【符号和箭头】选项卡，在“箭头”选项组中可以设置箭头的类型及尺寸大小，通常一组箭头的大小、类型是相同的。为了满足不同的标注需要，浩辰软件中提供了20种不同类型的箭头，同时用户还可以根据需要自定义箭头，如图 2-97 所示。

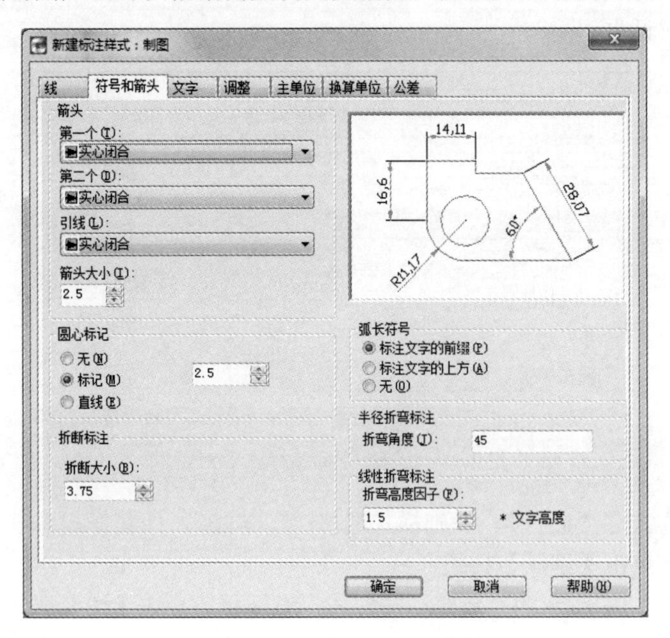

图 2-97 “符号和箭头”选项卡

（6）在“圆心标记”选项组中可以设置圆或圆弧的圆心标记的类型及尺寸大小。圆心标记的类型有三种：“标记”、“直线”、“无”。圆心标记尺寸在文本框中设置，如图 2-97 所示。

（7）“文字”选项卡由“文字外观”、“文字位置”和“文字对齐”三个选项组构成，如图 2-98 所示。

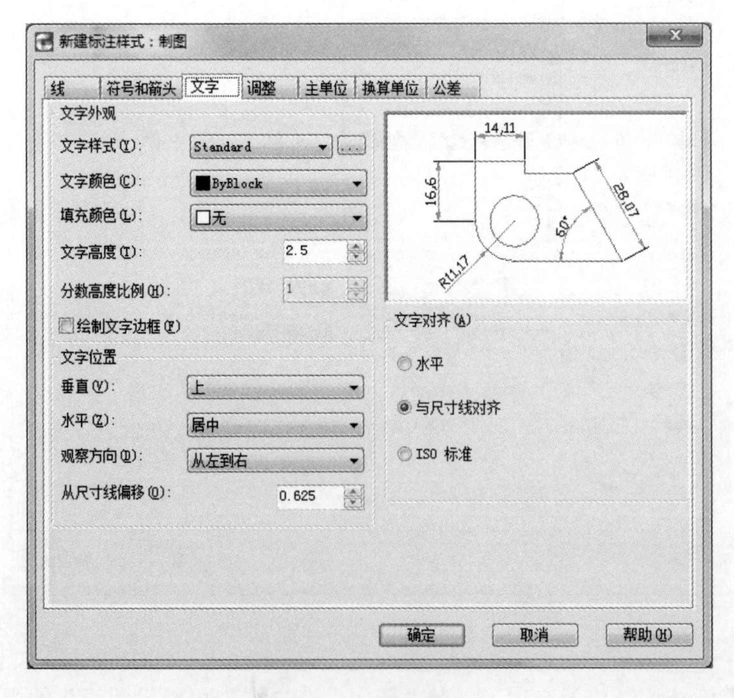

图 2-98 “文字”选项卡

（8）点击显示【文字样式】对话框按钮，即可弹出“文字样式”对话框，在此窗口可以新建或修改文字样式，如图 2-99 所示。

图 2-99 “文字样式”对话框

（9）点击【调整】选项卡，此选项卡包括“调整选项”、“文字位置”、“标注特征比例”和“优化”选项组，如图 2-100 所示。

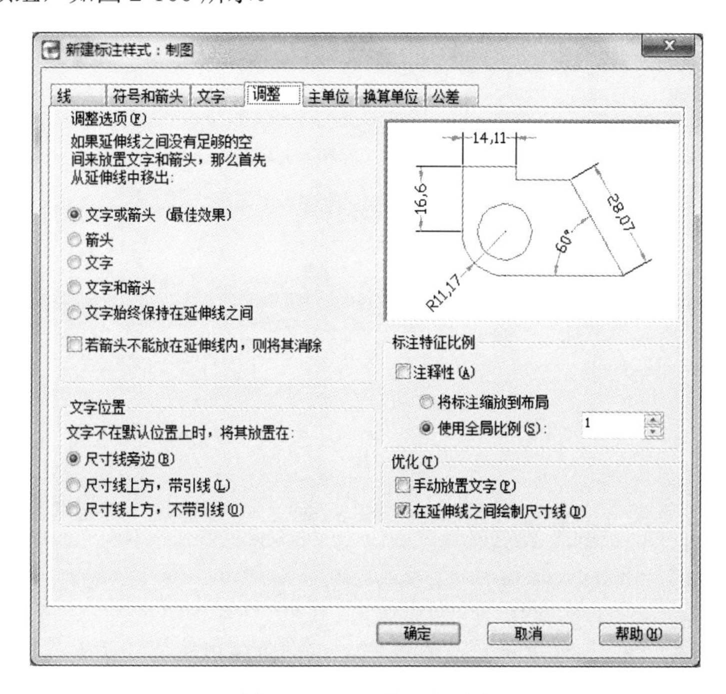

图 2-100 “调整”选项卡

（10）“调整选项”选项组可以设置，当尺寸界线之间没有足够空间放置标注文字和箭头，选择从尺寸界线中移出对象。可以选择移出箭头或移出文字，如图 2-101 所示。

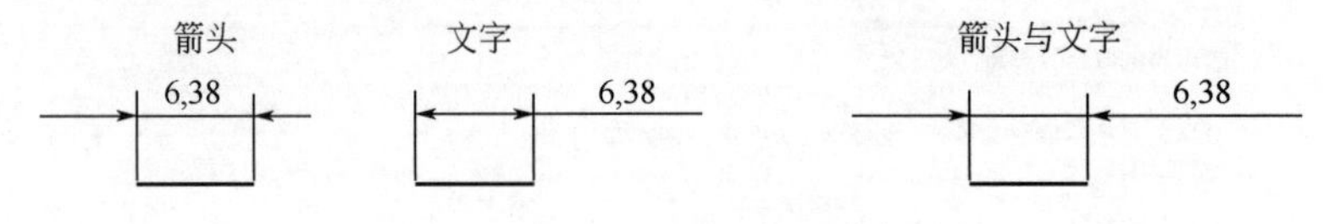

图 2-101　文字与箭头调整位置

（11）“文字位置”选项组可以设置，当标注文字不在默认位置时，标注文字的放置如图 2-102 所示。

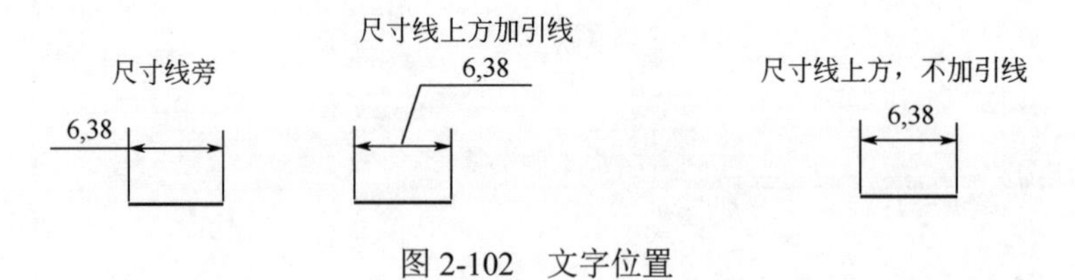

图 2-102　文字位置

（12）点击【主单位】选项卡，在此选项卡可以设置线性标注的单位格式、精度、消零的方式和角度标注的单位格式、精度等内容，如图 2-103 所示。

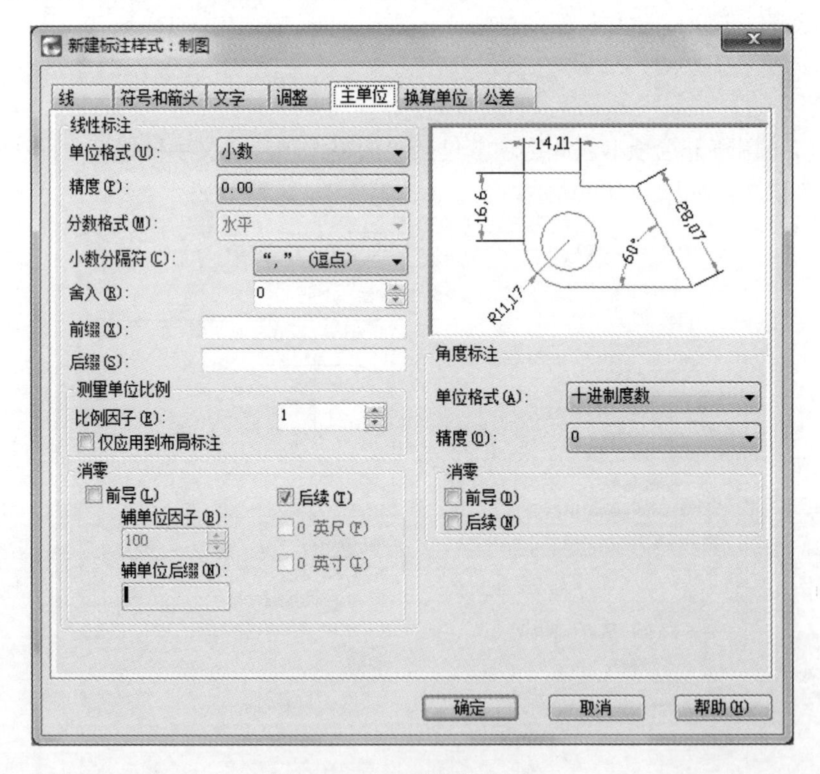

图 2-103　“主单位”选项卡

（13）点击【换算单位】选项卡，在此选项卡由“换算单位”、“消零”、“位置”三个选项组组成，在显示换算单位的前提下，可以设置换算单位的格式。“换算单位”选项卡中各选择项的设置与“主单位”选项卡类似，如图 2-104 所示。

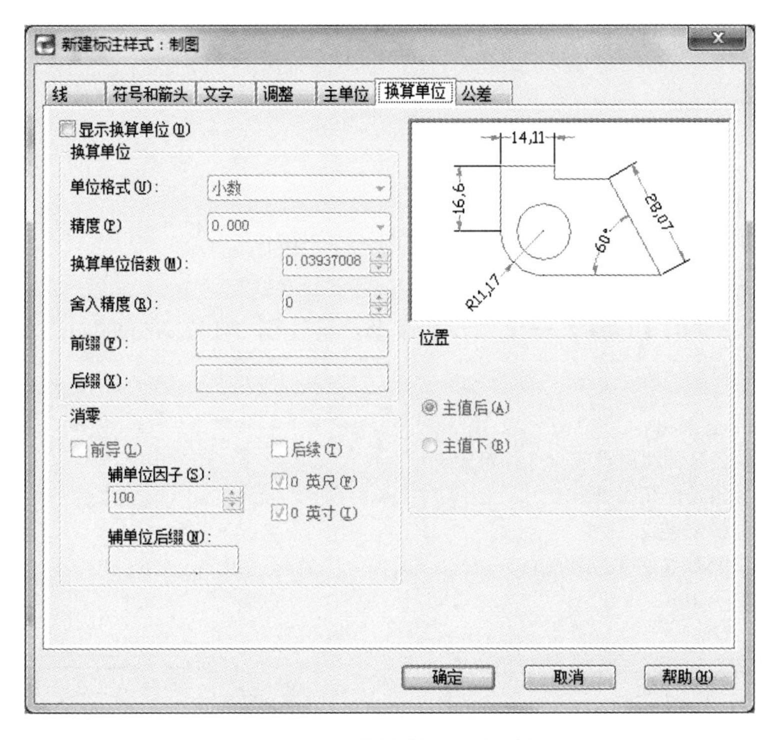

图 2-104 “换算单位”选项卡

（14）点击【公差】选项卡，“公差”选项卡由“公差格式”、“公差对齐”、“消零”、“换算单位公差”四个选项组组成，可以设置是否标注公差及标注格式，如图 2-105 所示。

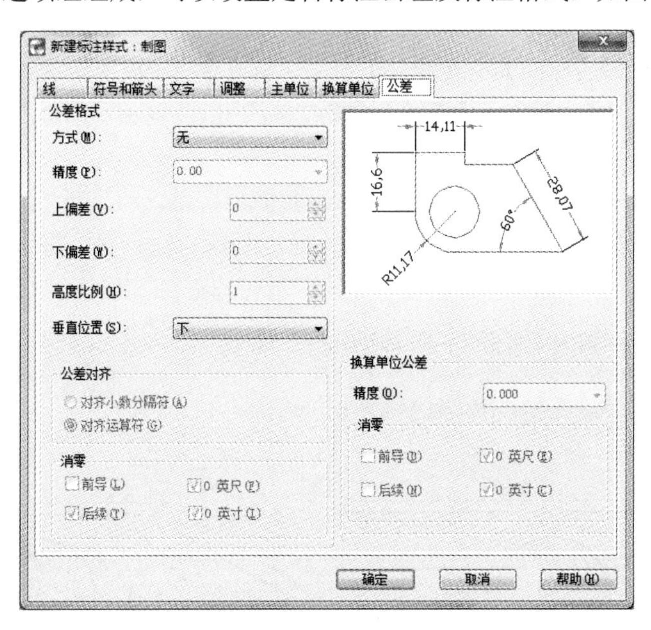

图 2-105 “公差”选项卡

（15）设置完成后，点击【确定】按钮即可。

2．标注图形

（1）点击菜单栏的【标注】→【线性】命令，标注图 2-106 所示的线性标注，命令行提示如下：

命令:_dimlinear
指定第一条延伸线原点或 <选择对象>:
指定第二条延伸线原点:
指定尺寸线位置或
[多行文字(M)/文字(T)/角度(A)/水平(H)/垂直(V)/旋转(R)]:
标注文字 =200

（2）点击菜单栏的【标注】→【对齐】命令，标注图 2-107 所示的对齐标注，命令行提示如下：

命令:_dimaligned
指定第一条延伸线原点或 <选择对象>:
指定第二条延伸线原点:
指定尺寸线位置或
[多行文字(M)/文字(T)/角度(A)]:
标注文字 =100

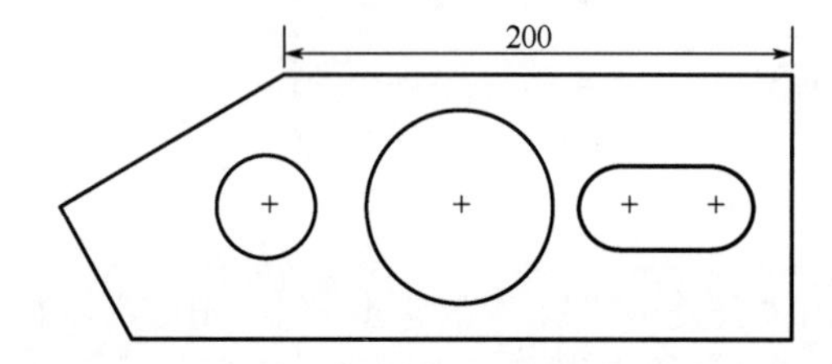

图 2-106　线性标注

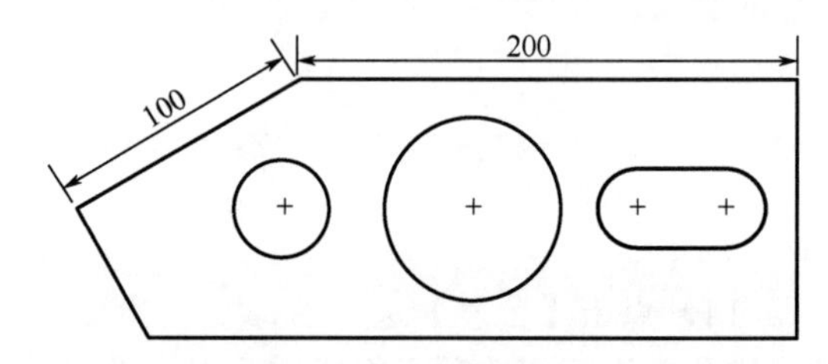

图 2-107　对齐标注

（3）点击菜单栏的【标注】→【线性】命令，标注图 2-108 所示的标注。
（4）点击菜单栏的【标注】→【连续】命令，标注图 2-109 所示的标注，命令行提示如下：

命令:_dimcontinue
指定第二条延伸线原点或 [放弃(U)/选择(S)] <选择>:
标注文字 =65
指定第二条延伸线原点或 [放弃(U)/选择(S)] <选择>:
标注文字 =35
指定第二条延伸线原点或 [放弃(U)/选择(S)] <选择>:
标注文字 =30
指定第二条延伸线原点或 [放弃(U)/选择(S)] <选择>:
选择连续标注:

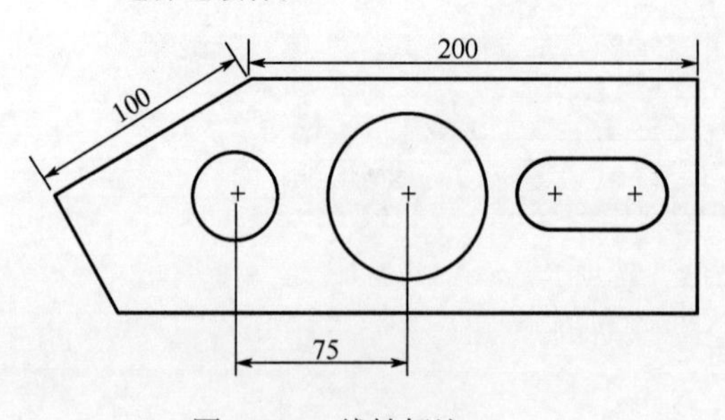

图 2-108　线性标注

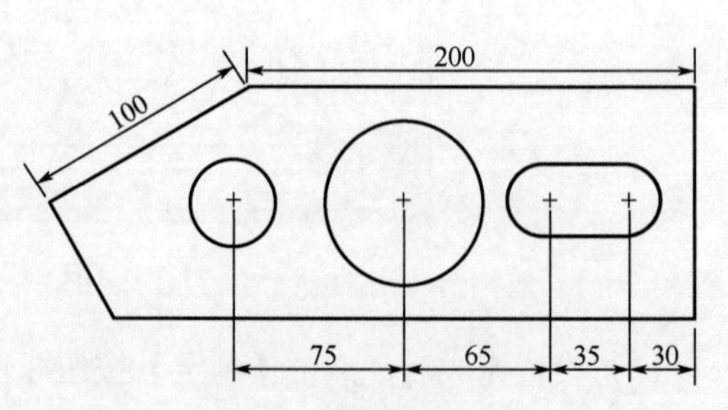

图 2-109　连续标注

（5）点击菜单栏的【标注】→【线性】命令，标注图 2-110 所示的标注。

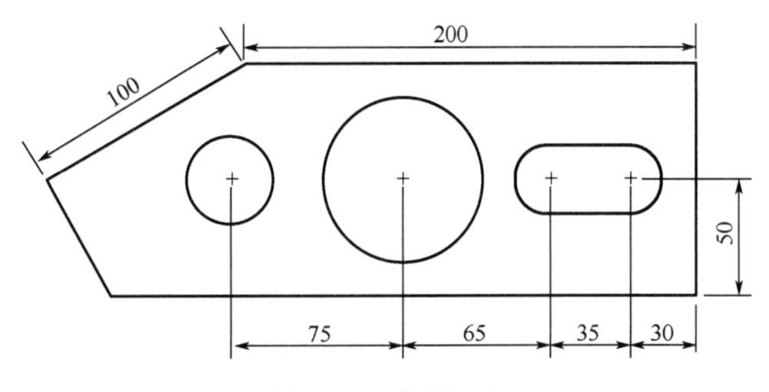

图 2-110　线性标注

（6）点击菜单栏的【标注】→【基线】命令，标注图 2-111 所示的标注，命令行提示如下：

命令:_dimbaseline
指定第二条延伸线原点或 [放弃(U)/选择(S)] <选择>:
标注文字 =100
指定第二条延伸线原点或 [放弃(U)/选择(S)] <选择>:
选择基准标注:

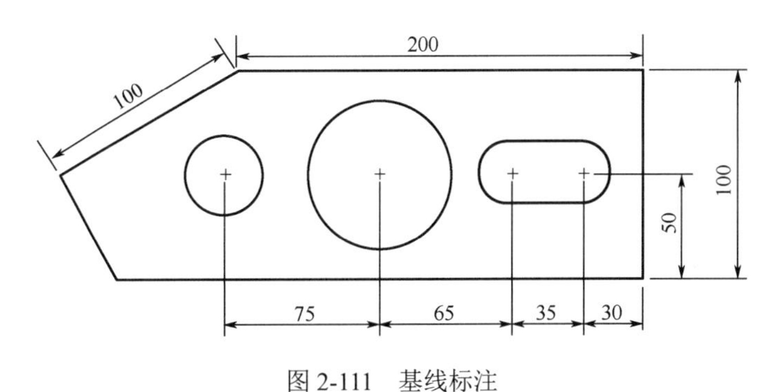

图 2-111　基线标注

（7）点击菜单栏的【标注】→【半径】命令，标注图 2-112 所示的标注，命令行提示如下：

命令:_dimradius
选择圆弧或圆:
标注文字 =20
指定尺寸线位置或 [多行文字(M)/文字(T)/角度(A)]:

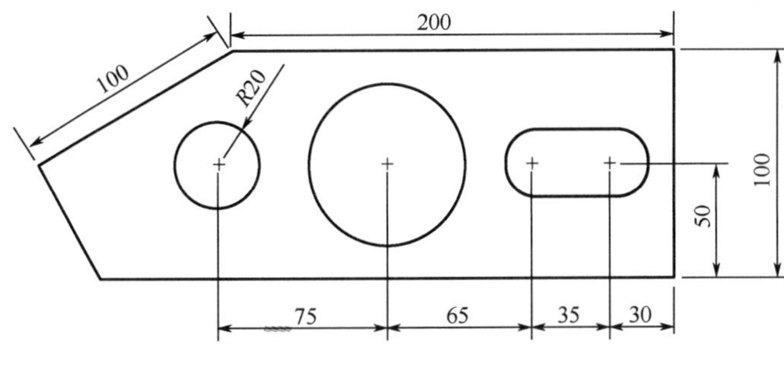

图 2-112　半径标注

（8）点击菜单栏的【标注】→【直径】命令，标注图 2-113 所示的标注，命令行提示如下：

命令:_dimdiameter
选择圆弧或圆:
标注文字 = 72
指定尺寸线位置或 [多行文字(M)/文字(T)/角度(A)]:

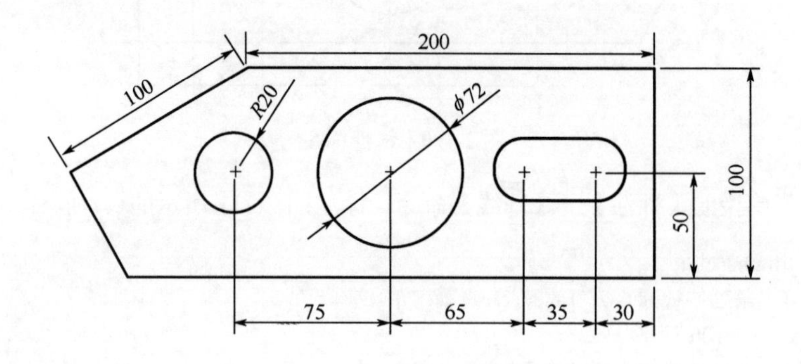

图 2-113 直径标注

（9）点击菜单栏的【标注】→【角度】命令，标注图 2-114 所示的标注，命令行提示如下：

命令:_dimangular
选择圆弧、圆、直线或 <指定顶点>:
指定标注弧线位置或 [多行文字(M)/文字(T)/角度(A)/象限点(Q)]:
标注文字 = 180

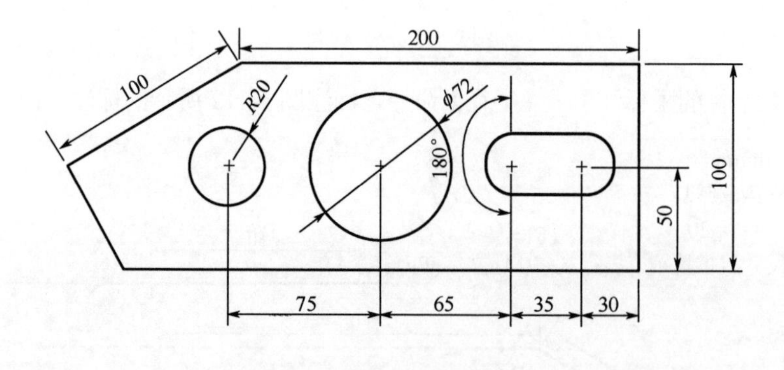

图 2-114 角度标注

四、任务结果

（1）创建的标注样式最终效果如图 2-115 所示。
（2）最终标注效果如图 2-116 所示。

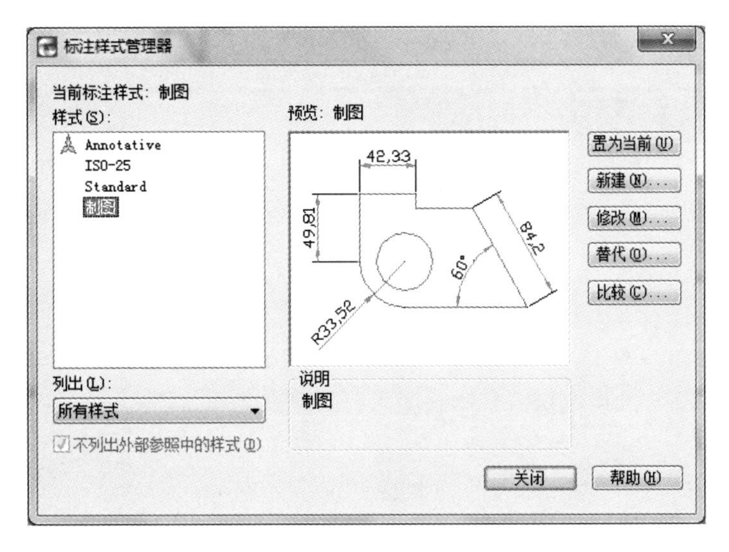

图 2-115 标注样式

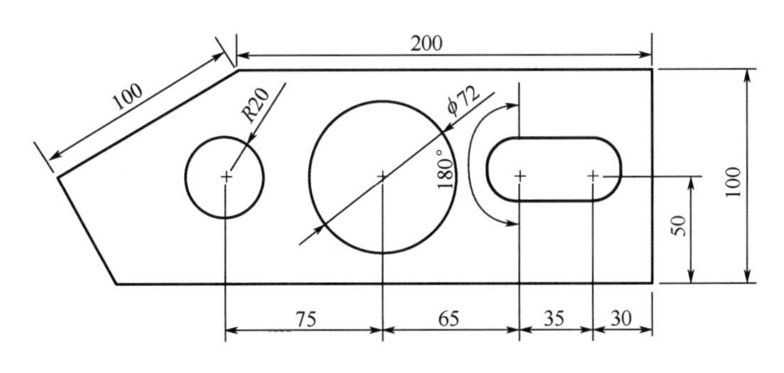

图 2-116 标注

思考与练习

1. 如何创建标注样式？
2. 如何修改标注样式？
3. 绘制如图 2-117 所示图形并标注尺寸。

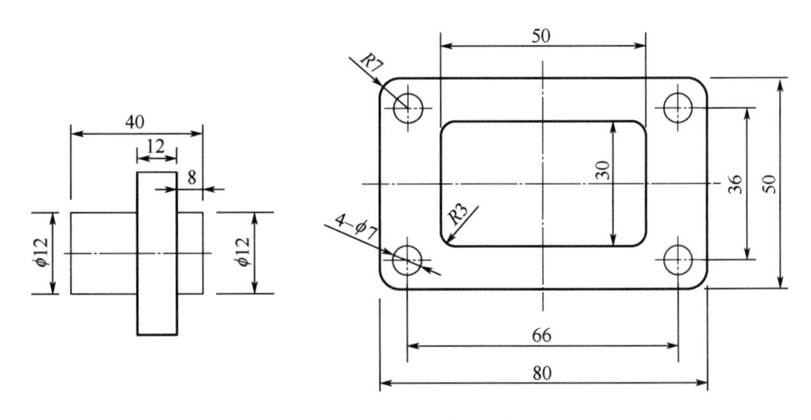

图 2-117 标注图形

第六节 填充和图块

一、任务

（1）掌握填充命令。

（2）掌握制作块命令。

（3）掌握块编辑命令。

（4）使用填充命令和块编辑命令绘制图2-118。

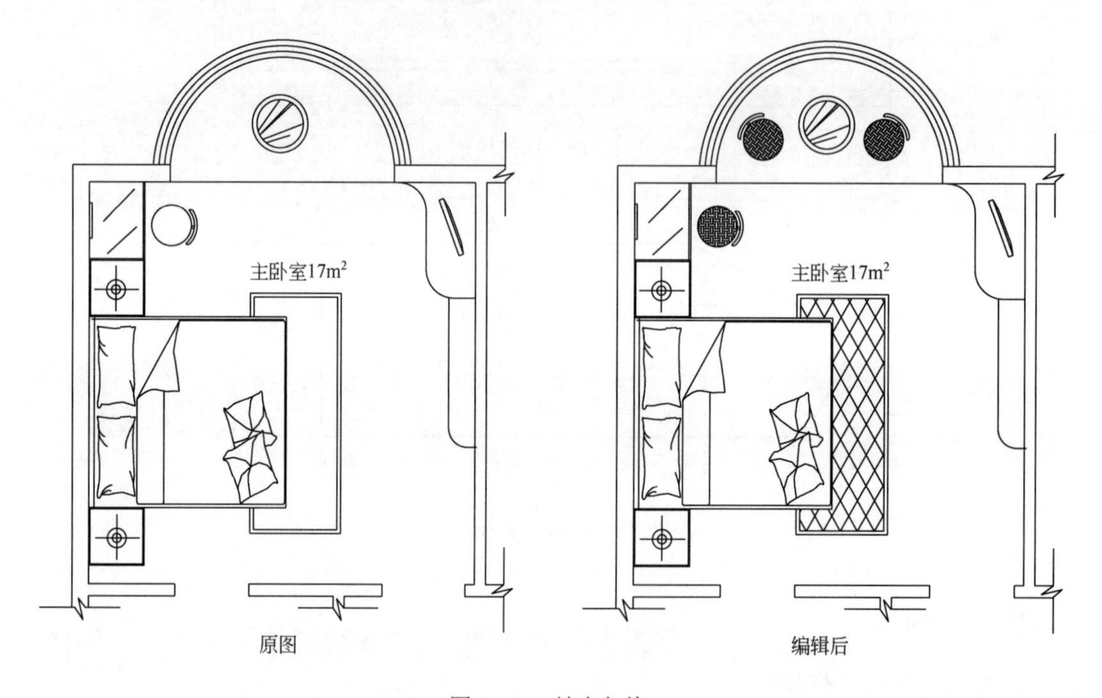

图2-118 填充与块

二、任务分析

（1）如何调用填充命令？

（2）填充命令需要设置哪些参数？

（3）如何调用块命令？

（4）如何对块进行编辑？

三、任务实施

1. 图案填充

（1）在菜单栏中单击【绘图】→【图案填充】，弹出如图2-119所示“图案填充和渐变色”对话框。

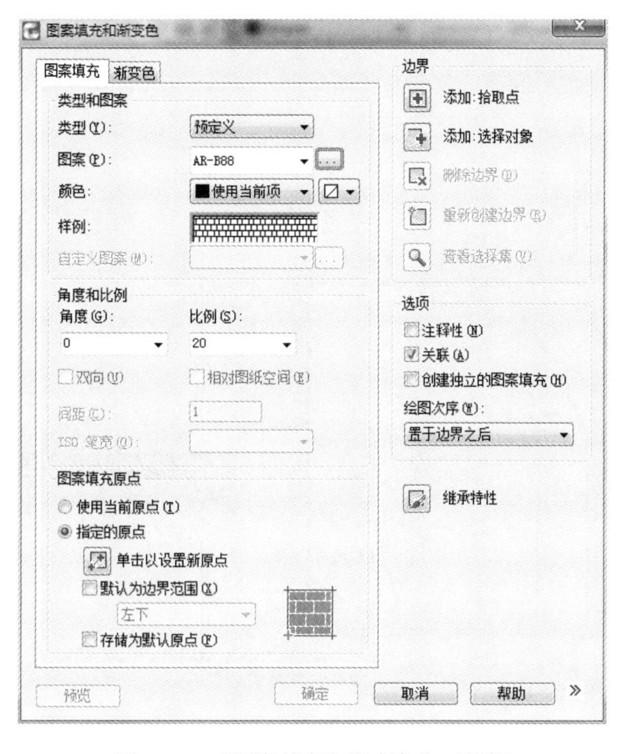

图 2-119 “图案填充和渐变色”对话框

（2）类型设置为“预定义”，点击【填充图案选项板】按钮，选择如图 2-120 所示的图案类型，然后点击【确定】按钮。

图 2-120 “填充图案选项板”对话框

（3）点击【添加：拾取点】按钮，软件自动关闭对话框，返回绘图区，鼠标左键单击如图 2-121 所示的区域，然后回车。

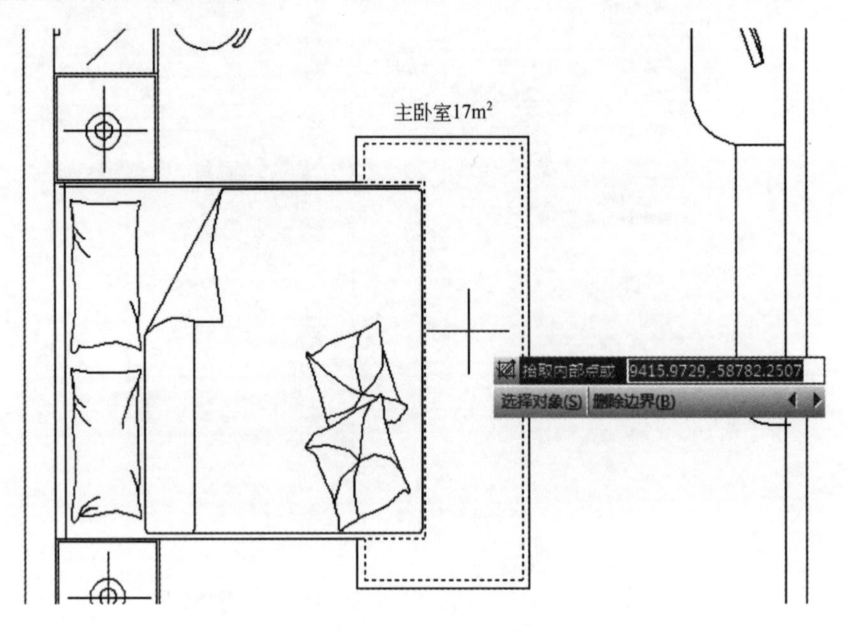

图 2-121　填充区域

（4）在弹出的“图案填充编辑”对话框，点击【确定】按钮，完成填充，效果如图 2-122 所示。

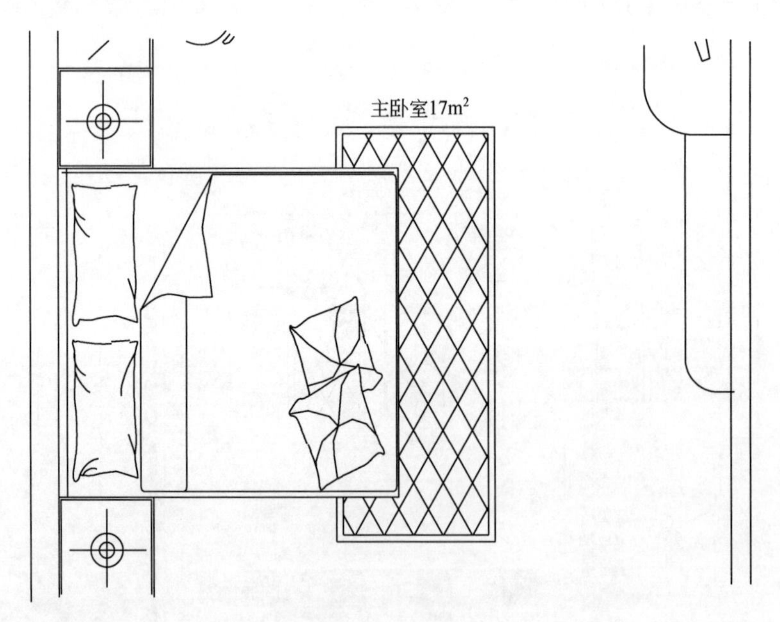

图 2-122　填充效果

2．图案填充编辑

（1）需要修改填充，可以直接双击填充图形，打开“图案填充编辑”对话框进行修改，如图 2-123 所示。

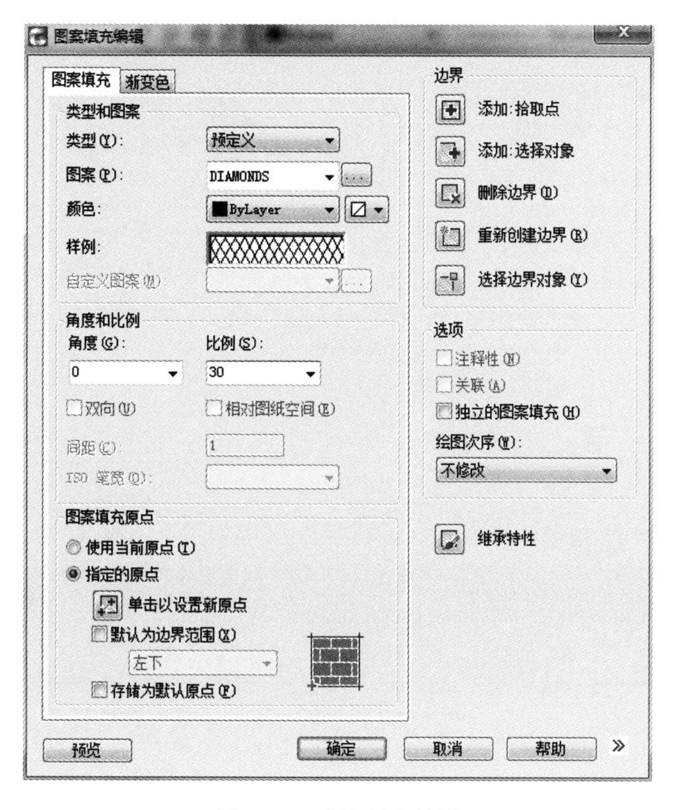

图 2-123　图案填充编辑

（2）修改比例为“50”，效果如图 2-124 所示。

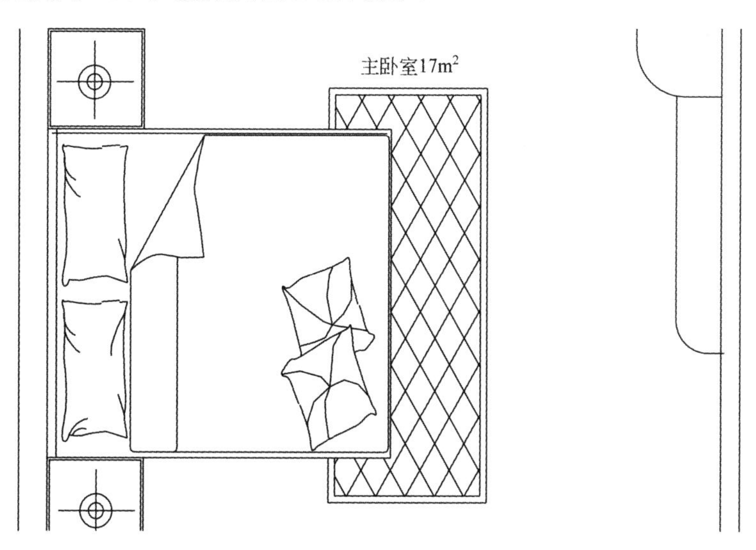

图 2-124　填充效果

3．创建图块

（1）在菜单栏中单击【绘图】→【块】→【创建】命令，弹出如图 2-125 所示“块定义”对话框。

（2）输入块名称为“椅子”，如图 2-126 所示。

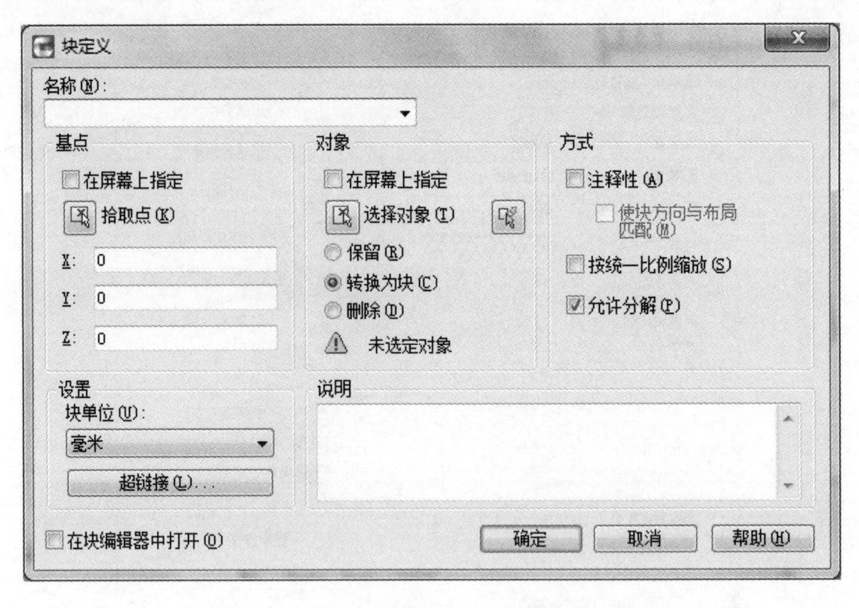

图 2-125 “块定义”对话框

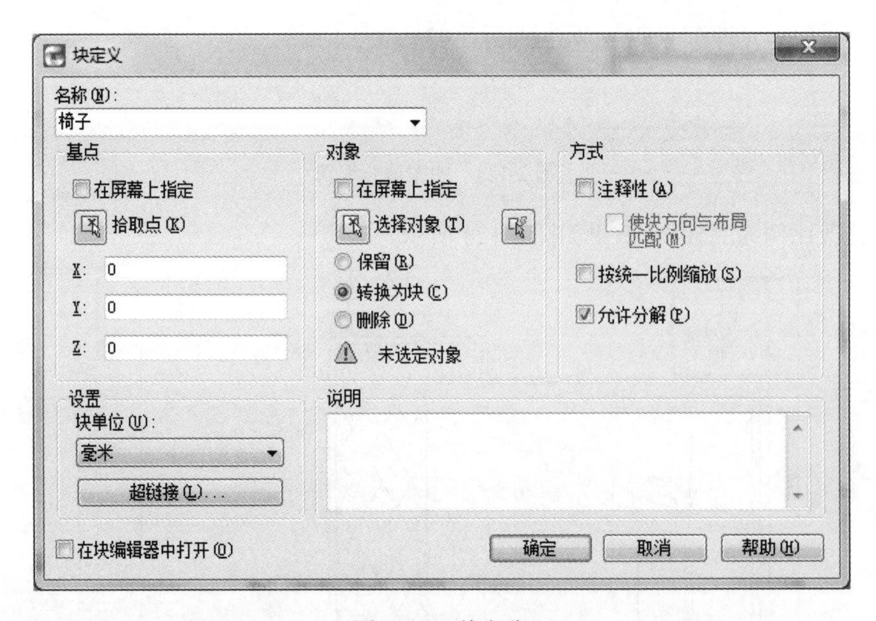

图 2-126 块名称

（3）点击【选择对象】按钮，选择椅子图形，如图 2-127 所示，然后回车。

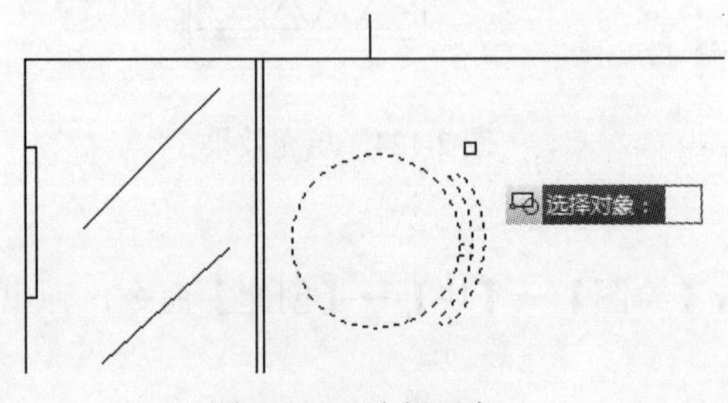

图 2-127 选择对象

（4）点击【拾取点】按钮，制定一段作为图块插入点，如图 2-128 所示。

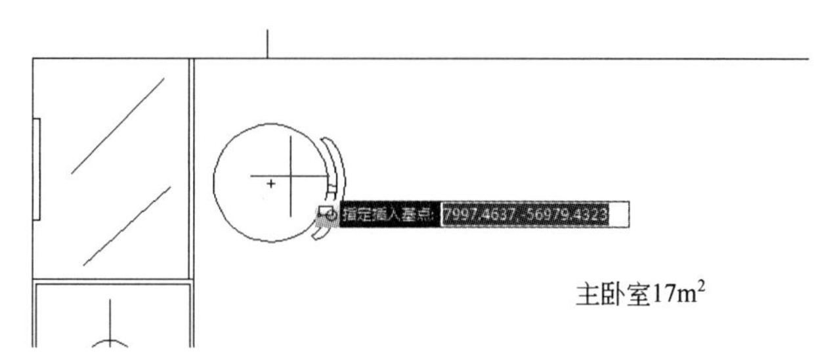

图 2-128　制定图块插入点

（5）选择“转换为块”选项，然后点击【确定】按钮，完成块定义，如图 2-129 所示。

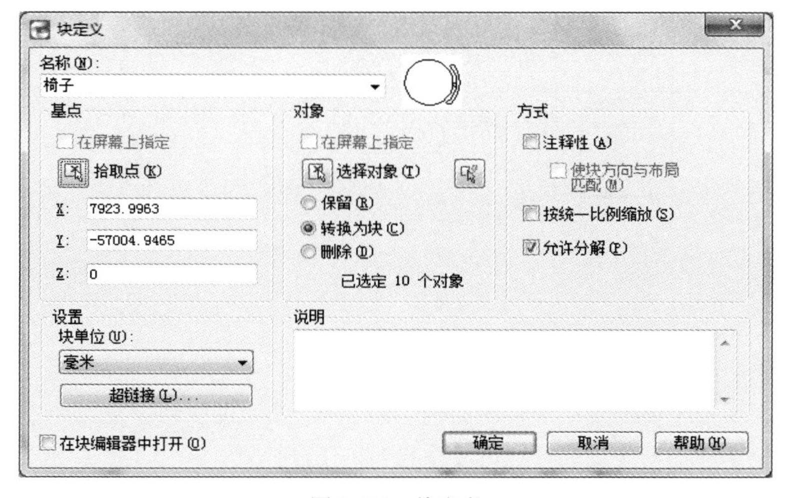

图 2-129　块定义

（6）创建好的块如图 2-130 所示。

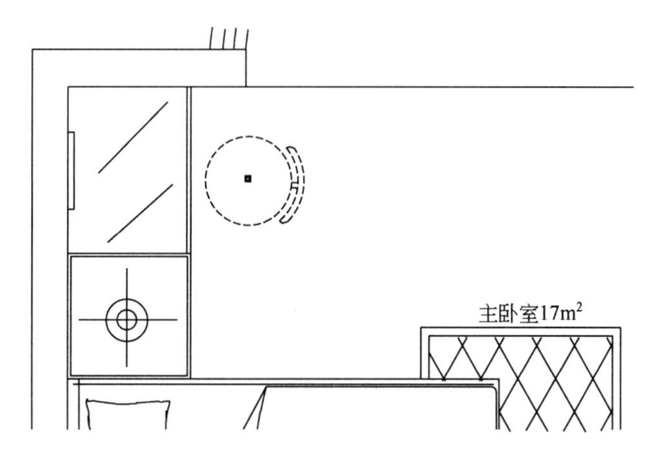

图 2-130　块

（7）使用复制和旋转命令，将椅子复制到阳台上，效果如图 2-131 所示。

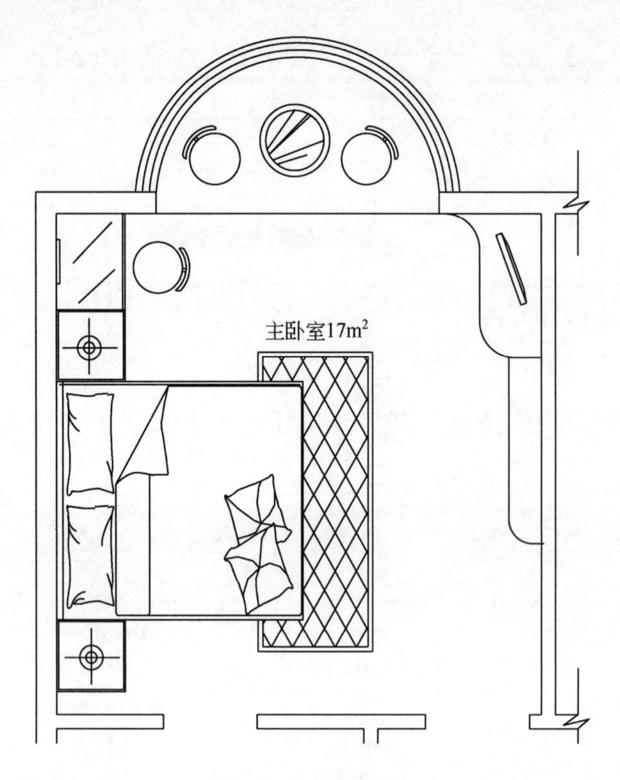

图 2-131　复制椅子

4．编辑图块

（1）鼠标左键双击椅子图块，弹出如图 2-132 所示的“编辑块定义”对话框。

（2）选择刚创建的椅子图块，点击【确定】按钮，打开如图 2-133 所示的块编辑界面。在此界面中可以对图块进行编辑。

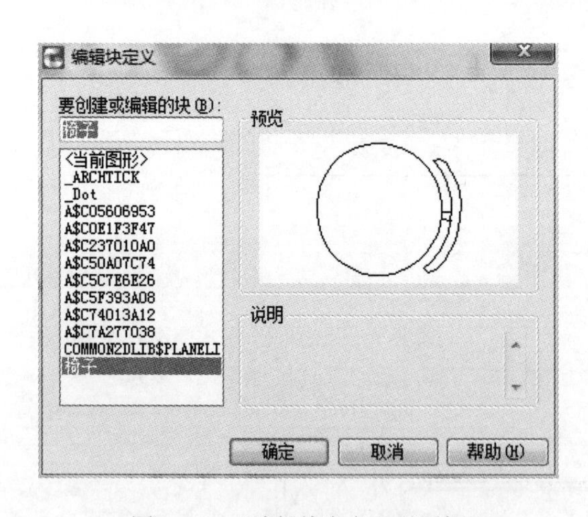

图 2-132 “编辑块定义”对话框

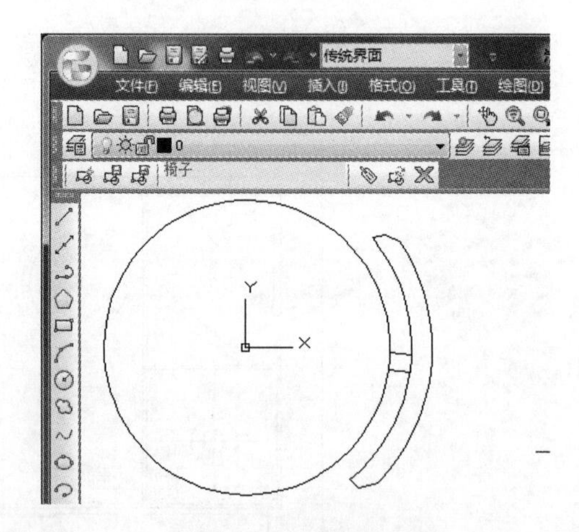

图 2-133　块编辑界面

（3）使用菜单栏的【绘图】→【图案填充】命令填充椅子，填充效果如图 2-134 所示。

（4）点击【保存块】按钮，保存更改，如图 2-135 所示。

（5）点击【关闭块编辑器】按钮，退出块编辑界面，如图 2-136 所示。

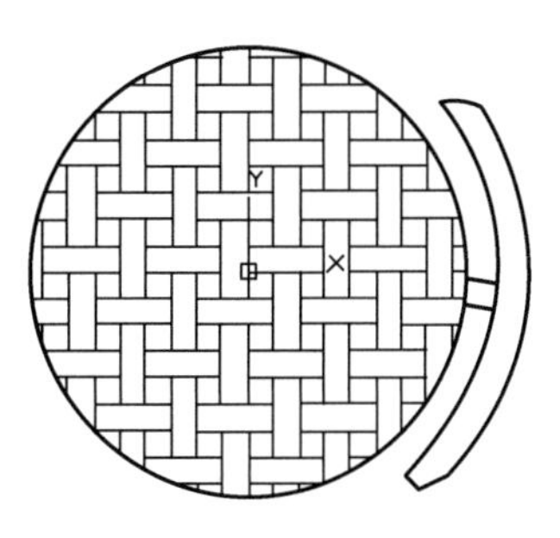

图 2-134　椅子填充效果

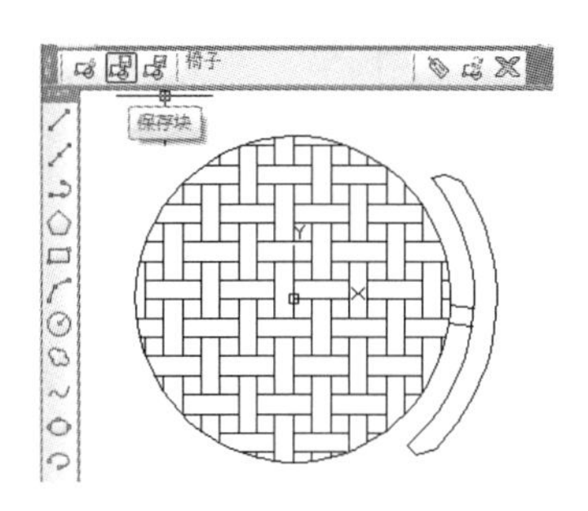

图 2-135　保存块

（6）编辑块的最终效果如图 2-137 所示。

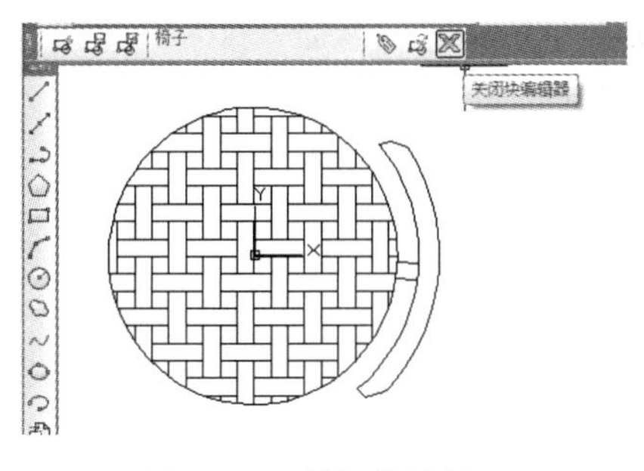

图 2-136　关闭块编辑器

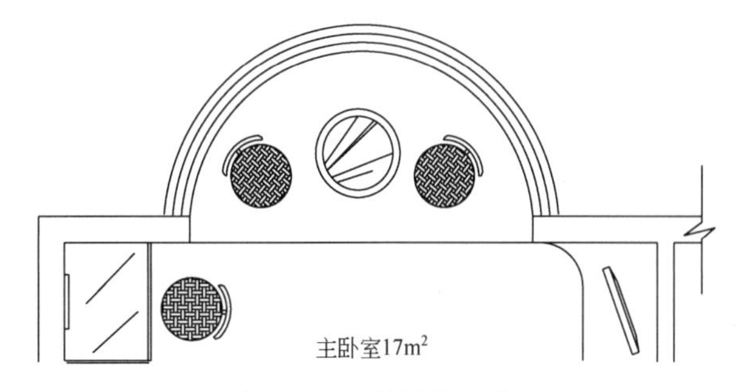

图 2-137　编辑块效果

四、任务结果

最终编辑效果如图 2-138 所示。

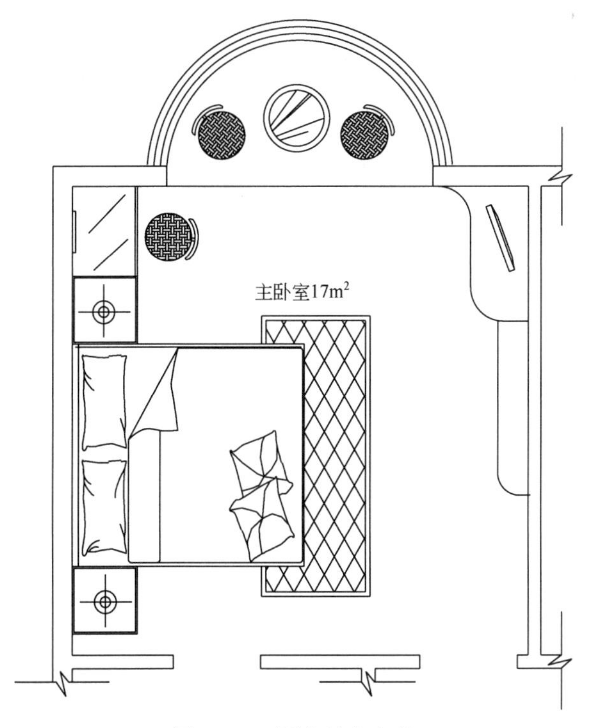

图 2-138　图案填充和块

思考与练习

1. 在图案填充命令中填充样式如何选取?

2. 如何在填充图案时修改自定义图案的线条角度和比例?

3. 完成图 2-139 的填充。

4. 先绘制图 2-140，运用“创建块”命令将其创建成一个新块，并用其创建图 2-141 所示的办公室图形。

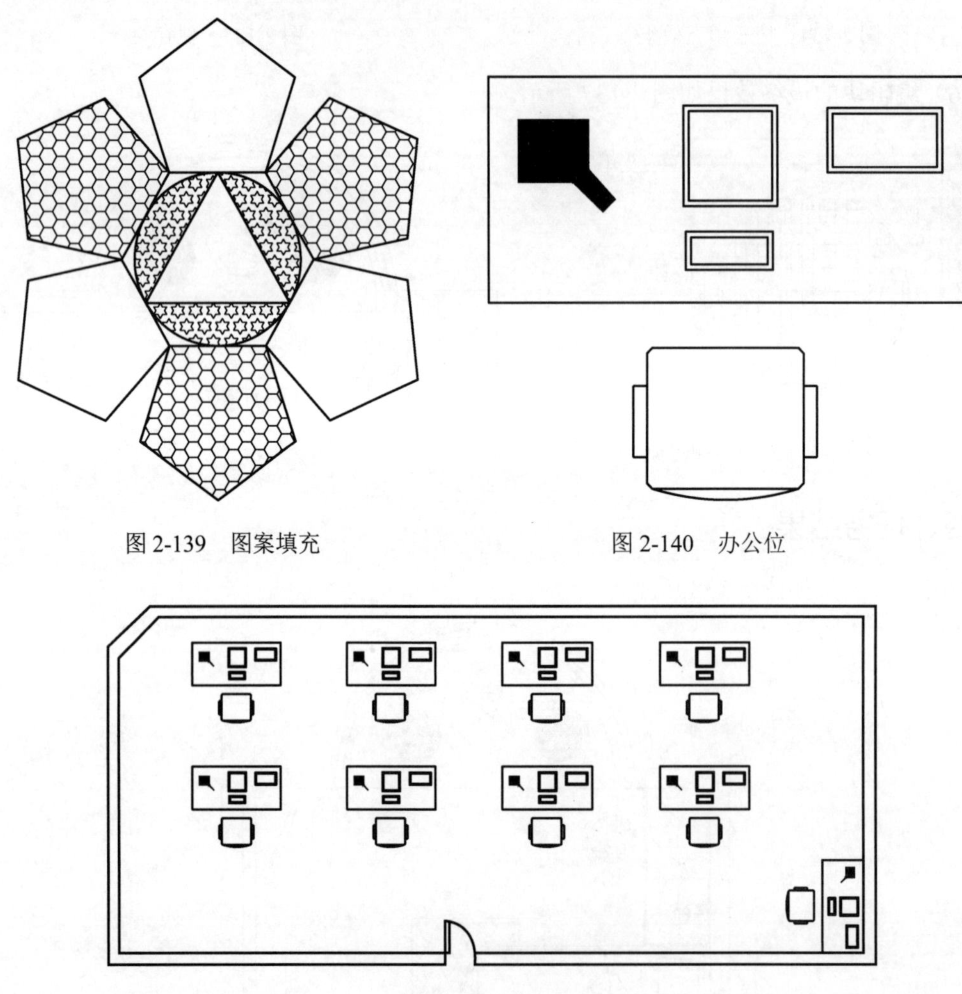

图 2-139　图案填充

图 2-140　办公位

图 2-141　办公室

第三章 BIM建筑设计实战

通过本章训练，你将能够

1. 根据设计说明查阅绘图所需信息。
2. 掌握如何使用浩辰 CAD 建筑软件绘制建筑平面图。
3. 掌握如何使用浩辰 CAD 建筑软件绘制建筑立面图。
4. 掌握如何使用浩辰 CAD 建筑软件绘制建筑剖面图。
5. 掌握如何使用浩辰 CAD 建筑软件绘制建筑三维模型图。
6. 掌握如何使用浩辰 CAD 建筑软件绘制楼梯详图。

第一节 设计说明

通过本节学习，你将能够

从图纸中查找建筑工程各项基本信息。

一、任务

仔细阅读图纸设计说明，添加建筑的工程概况信息，见表 3-1。

表 3-1 工程概况信息

属性名称	属性值
工程名称	
建设地点	
结构类型	
建筑面积	
地上层数	
地下层数	
总高度	

二、任务分析

（1）工程的名称、建设地点在哪张图纸中查找？什么是建筑物的结构类型？建筑面积指的是总建筑面积还是基底占地面积？

（2）建筑物的层数、檐口高度如何查找？室内外高差在哪张图纸中查找？

三、任务实施

正确获取工程信息是绘图的第一步，工程名称、建设地点、结构类型、建筑面积、基础形式等内容都可以在设计说明中查阅到。

四、任务结果

工程概况见表3-2。

表3-2　工程概况

属 性 名 称	属 性 值
工程名称	BIM实训中心工程
建设地点	河南省郑州市金水区
结构类型	框架-剪力墙结构体系
建筑面积	1537.6m^2
地上层数	3层
地下层数	1层
总高度	10.35m

知识链接　建筑设计总说明的主要内容

根据《建筑工程设计文件编制深度规定》（2008年版）的规定，建筑施工图设计说明应包括以下内容。

（1）工程施工图设计的依据性文件、批文和相关规范。

（2）项目概况　内容一般应包括建筑名称、建设地点、建设单位、建筑面积、建筑基底面积、建筑工程等级、设计使用年限、建筑层数和建筑高度、防火设计、建筑分类和耐火等级、人防工程防护等级、屋面防水等级、地下室防水等级、抗震设防烈度等，以及能反映建筑规模的主要技术经济指标，如住宅的套型和套数（包括每套的建筑面积、使用面积、阳台建筑面积，房间的使用面积可在平面图中标注）、旅馆的客房间数和床位数、医院的门诊人次和住院部的床位数、车库的停车泊位数等。

（3）设计标高　工程的相对标高与总图绝对标高的关系。

（4）用料说明和室内外装修

① 墙体、墙身防潮层、地下室防水、屋面、外墙面、勒脚、散水、台阶、坡道、油漆、涂料等的材料和做法，可用文字说明或部分文字说明，部分直接在图上引注或加注索引号。

② 室内装修部分除用文字说明以外，也可用表格形式表达，在表上填写相应的做法或代号；较复杂或较高级的民用建筑应另行委托室内装修设计；凡属二次装修的部分，可不列装

修做法表和进行室内施工图设计，但对原建筑设计、结构和设备设计有较大改动时，应征得原设计单位和设计人员的同意。

（5）对采用新技术、新材料的做法说明及对特殊建筑造型和必要的建筑构造的说明。

（6）门窗表及门窗性能（防火、隔声、防护、抗风压、保温、空气渗透、雨水渗透等）、用料、颜色、玻璃、五金件等的设计要求。

（7）幕墙工程（包括玻璃、金属、石材等）及特殊的屋面工程(包括金属、玻璃、膜结构等)的性能及制作要求，平面图、预埋件安装图等，以及防火、安全、隔音构造。

（8）电梯(自动扶梯)选择及性能说明（功能、载重量、速度、停站数、提升高度等）。

（9）墙体及楼板预留孔洞需封堵时的封堵方式说明。

（10）其它需要说明的问题。

思考与练习

1. 仔细阅读 BIM 实训中心工程项目的建筑设计总说明，请说明本工程的建筑设计总说明包括几部分内容?

2. 请说出本工程的节能设计依据，本工程外保温采用什么措施?

第二节　绘制建筑平面图

一、任务

（1）设置轴网、柱、墙体、门窗、楼梯、台阶、散水等图元参数。

（2）绘制轴网、柱、墙体、门窗、楼梯、台阶、散水等图元。

（3）绘制尺寸标注、文字标注、符号标注等。

（4）绘制图框。

二、任务分析

（1）绘制轴网、柱、墙体、门窗、楼梯、台阶、散水等图元需要设置哪些参数？分别代表什么含义?

（2）在不同的情景下，如何调用合适的尺寸标注、文字标注、符号标注命令，快速完成绘图?

（3）如何绘制图框？需要遵循哪些制图标准?

三、任务实施

1. 绘制轴网

建筑轴线，是施工定位、放线的重要依据，所以也可称之为定位轴线，通常承重墙、柱子等主要承重件都应绘制出轴线来确定其位置。

轴网，是由两组到多组轴线与轴号、尺寸标注组成的平面网格，是建筑物单体平面布置和墙体构件定位的依据。完整的轴网由轴线、轴号、尺寸标注三个相对独立的系统构成。

（1）在建筑工具箱中点击【建筑设计】→【轴网】→【绘制轴网】命令，弹出如图 3-1 所示的“绘制轴网”对话框。

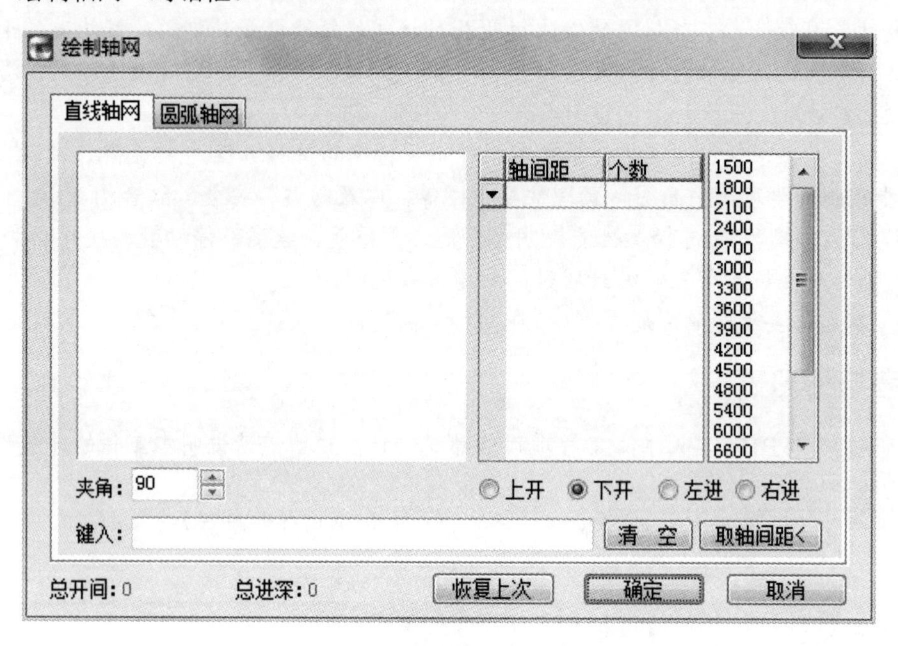

图 3-1 “绘制轴网”对话框

（2）在“直线轴网”界面，选择“下开”选项，然后依次输入轴间距 3300、6000、3300 及个数 1、3、1，如图 3-2 所示。

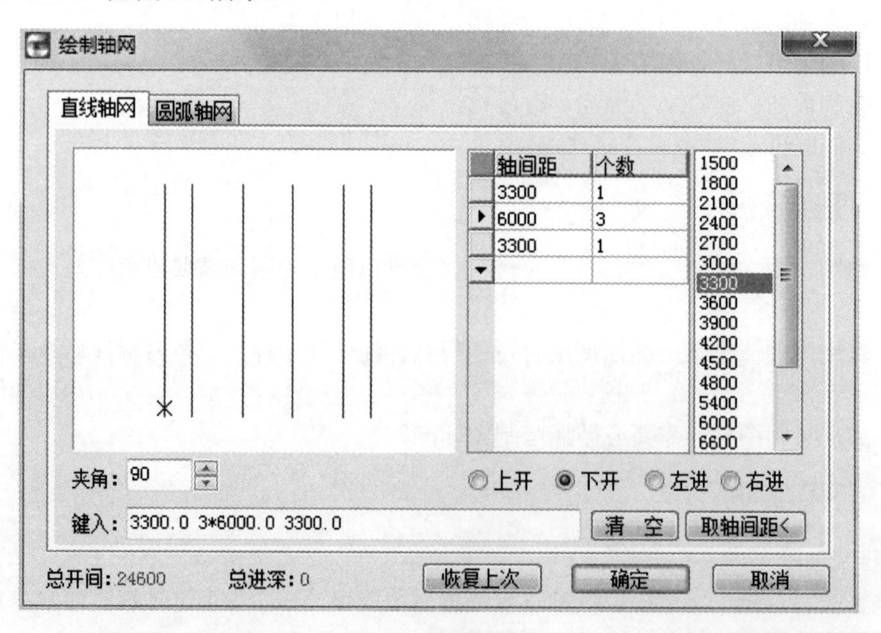

图 3-2 轴间距

（3）选择“左进”选项，然后依次输入轴间距 6000、3000、6000 及个数 1、1、1，如图 3-3 所示。

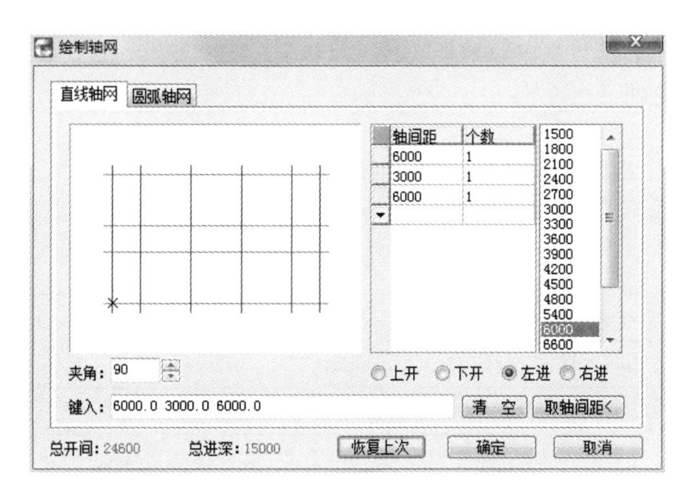

图 3-3 轴间距

（4）点击【确定】按钮，然后通过点击鼠标左键确定轴网布置位置，效果如图 3-4 所示。

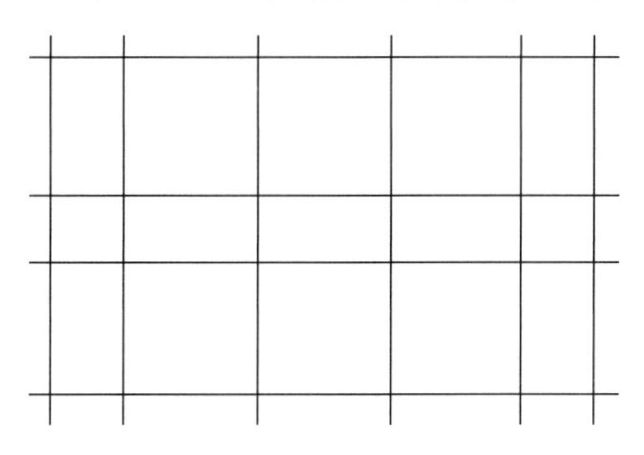

图 3-4 轴网

（5）在建筑工具箱中点击【建筑设计】→【轴网】→【轴改线型】命令，改变轴网线型，效果如图 3-5 所示。

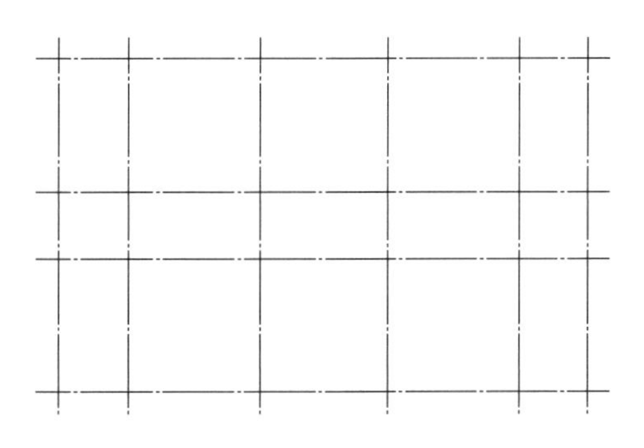

图 3-5 轴改线型

“绘制轴网”命令说明

（1）在本实例中，采用了“直线轴网”的方式。

输入轴网数据的方法：首先，直接在“键入”栏内键入轴网数据，每个数据之间用空格或英文逗号隔开，输入完成后回车生效。然后，在电子表格中键入“轴间距”和“个数”，常用值可直接点取右方数据栏或下拉列表的预设数据。

对话框的控件说明见表 3-3。

表 3-3 “直线轴网”对话框的控件说明

控　件	功　能
上开	在轴网上方进行轴网标注的房间开间尺寸
下开	在轴网下方进行轴网标注的房间开间尺寸
左进	在轴网左侧进行轴网标注的房间进深尺寸
右进	在轴网右侧进行轴网标注的房间进深尺寸
个数	“尺寸”栏中数据的重复次数，点击右方数值栏或下拉列表获得，也可以键入
轴间距	开间或进深的尺寸数据，点击右方数值栏或下拉列表获得，也可以键入
键入	键入一组尺寸数据，用空格或英文逗点隔开，回车数据输入到电子表格中
夹角	输入开间与进深轴线之间的夹角数据，默认为夹角 90° 的正交轴网
清空	把某一组开间或者某一组进深数据栏清空，保留其他组的数据
恢复上次	把上次绘制直线轴网的参数恢复到对话框中
确定/取消	单击后开始绘制直线轴网并保存数据，取消绘制轴网并放弃输入数据

（2）在绘制轴网时，根据某个建筑工程的设计任务和项目要求，还可采用“圆弧轴网”的方式。

圆弧轴网：单击菜单命令后，显示“绘制轴网”对话框，在其中单击【圆弧轴网】标签。圆弧轴网的对话框如图 3-6 所示。

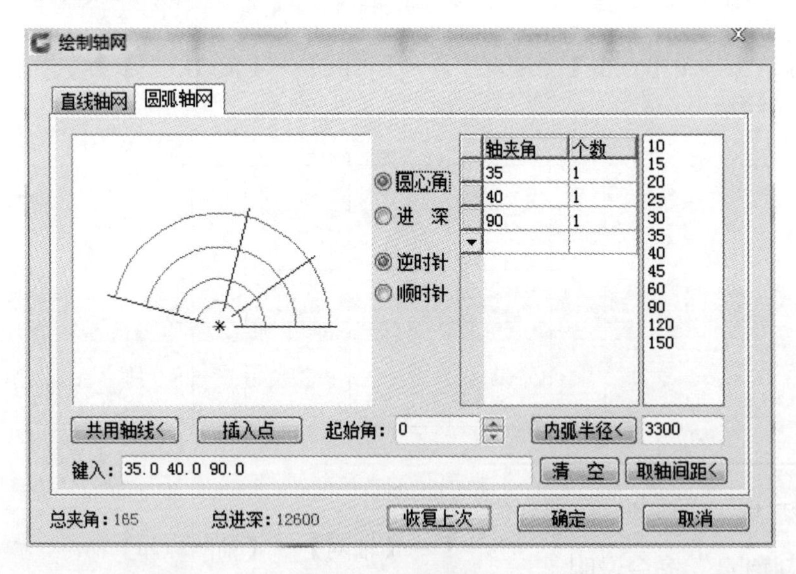

图 3-6　圆弧轴网

输入轴网数据方法：首先，直接在“键入”栏内键入轴网数据，每个数据之间用空格或英文逗号隔开，输入完成后回车生效。然后在电子表格中键入“轴间距”/“轴夹角”和“个数”，常用值可直接点取右方数据栏或下拉列表的预设数据。

对话框的控件说明见表 3-4。

表 3-4 “圆弧轴网”对话框的控件说明

控　　件	功　　能
进深	在轴网径向，由圆心起算到外圆的轴线尺寸序列，单位毫米
圆心角	由起始角起算，按旋转方向排列的轴线开间序列，单位角度
轴间距	进深的尺寸数据，点击右方数值栏或下拉列表获得，也可以键入
轴夹角	开间轴线之间的夹角数据，常用数据从下拉列表获得，也可以键入
个数	栏中数据的重复次数，点击右方数值栏或下拉列表获得，也可以键入
内弧半径<	从圆心起算的最内侧环向轴线圆弧半径，可从图上取两点获得，也可以为 0
起始角	X 轴正方向到起始径向轴线的夹角（按旋转方向定）
逆时针/顺时针	径向轴线的旋转方向
共用轴线<	在与其他轴网共用一根径向轴线时，从图上指定该径向轴线不再重复绘出，点取时通过拖动圆轴网确定与其他轴网连接的方向
键入	键入一组尺寸数据，用空格或英文逗点隔开，回车数据输入到电子表格中
插入点	单击插入点按钮，可改变默认的轴网插入基点位置
清空	把某一组圆心角或者某一组进深数据栏清空，保留其他数据
恢复上次	把上次绘制圆弧轴网的参数恢复到对话框中
确定/取消	单击后开始绘制圆弧轴网并保存数据，取消绘制轴网并放弃输入数据

（3）生成轴网的方法还有许多。在此不做一一介绍了。

制图标准

（1）定位轴线应用细单点长划线绘制。

（2）建筑专业常用轴线图层名称参见表 3-5。

表 3-5　建筑专业常用轴线图层名称

图　　层	中 文 名 称	英 文 名 称	说　　明
轴线	建筑-轴线	A-AXIS	
轴线	建筑-轴线-轴网	A-AXIS-GRID	平面轴网、中心线

2．轴网标注

（1）在建筑工具箱中点击【建筑设计】→【轴网】→【轴网标注】命令，弹出如图 3-7 所示的“轴网标注”对话框，默认为双侧标注、标注尺寸。

（2）鼠标左键点选最左侧垂直轴线作为起始轴线，如图 3-8 所示。

（3）鼠标左键点选最右侧垂直轴线作为终止轴线，如图 3-9 所示。

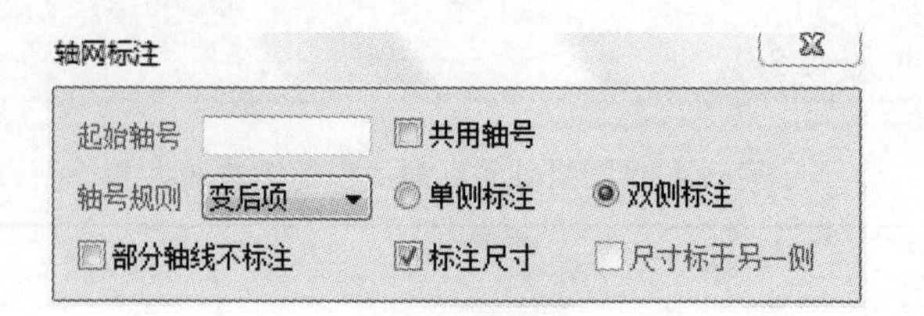

图 3-7　轴网标注

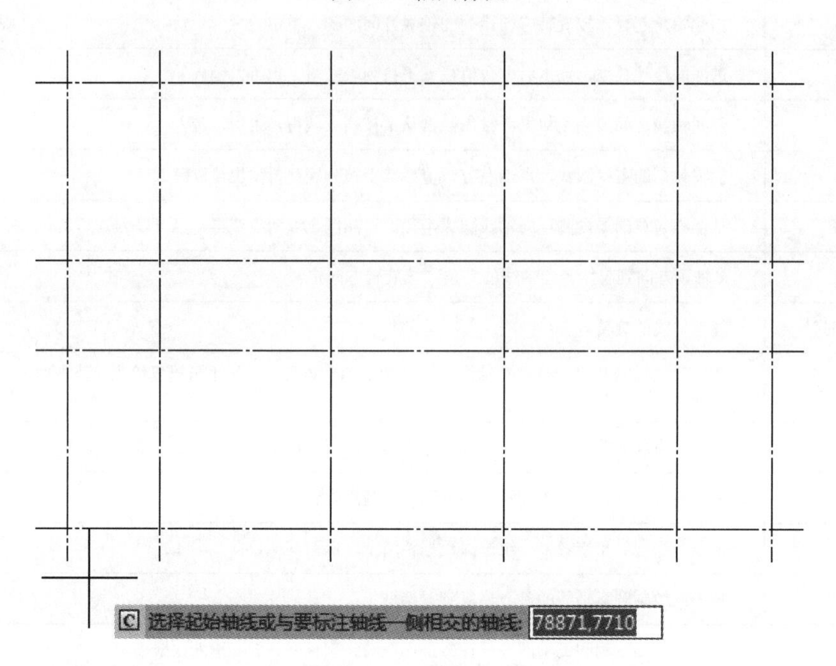

图 3-8　选择起始轴线

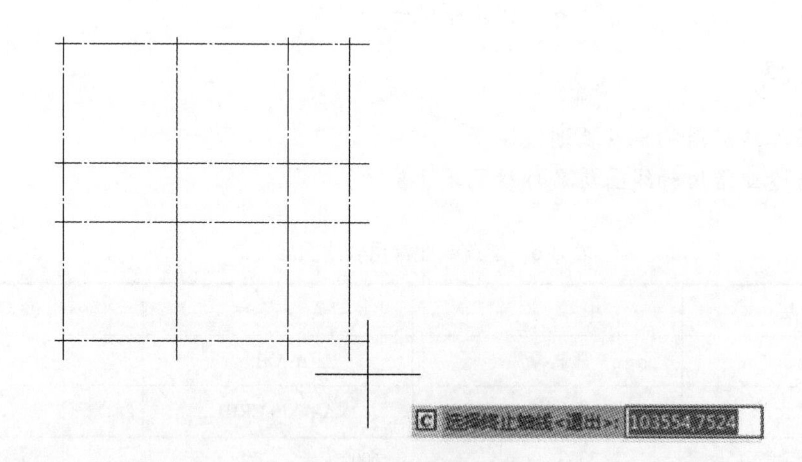

图 3-9　选择终止轴线

（4）选择起始轴线和终止轴线后，软件自动生成轴网标注，轴网标注效果如图 3-10 所示。

（5）鼠标左键点选最下侧水平轴线作为起始轴线，如图 3-11 所示。

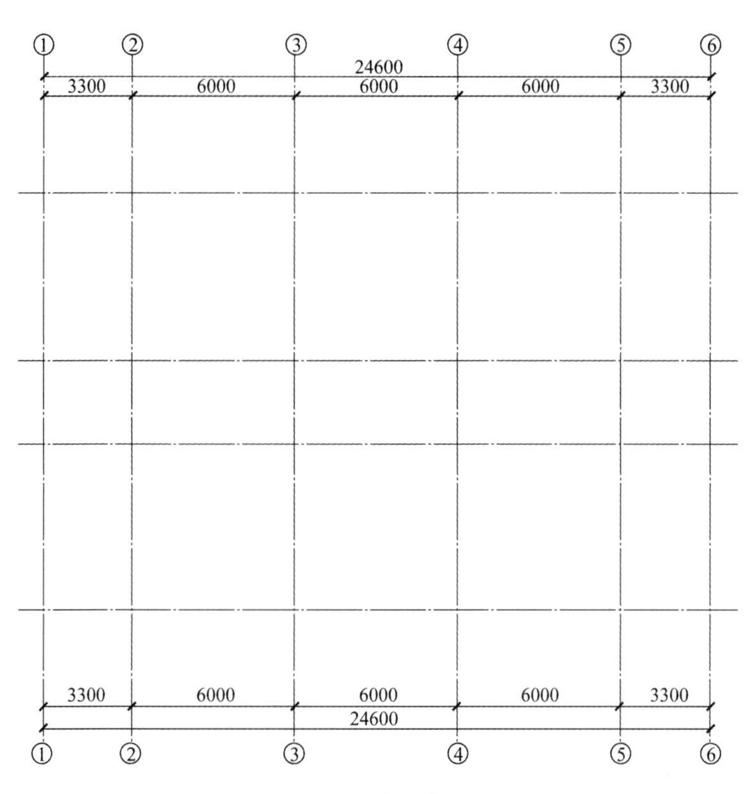

图 3-10　轴网标注

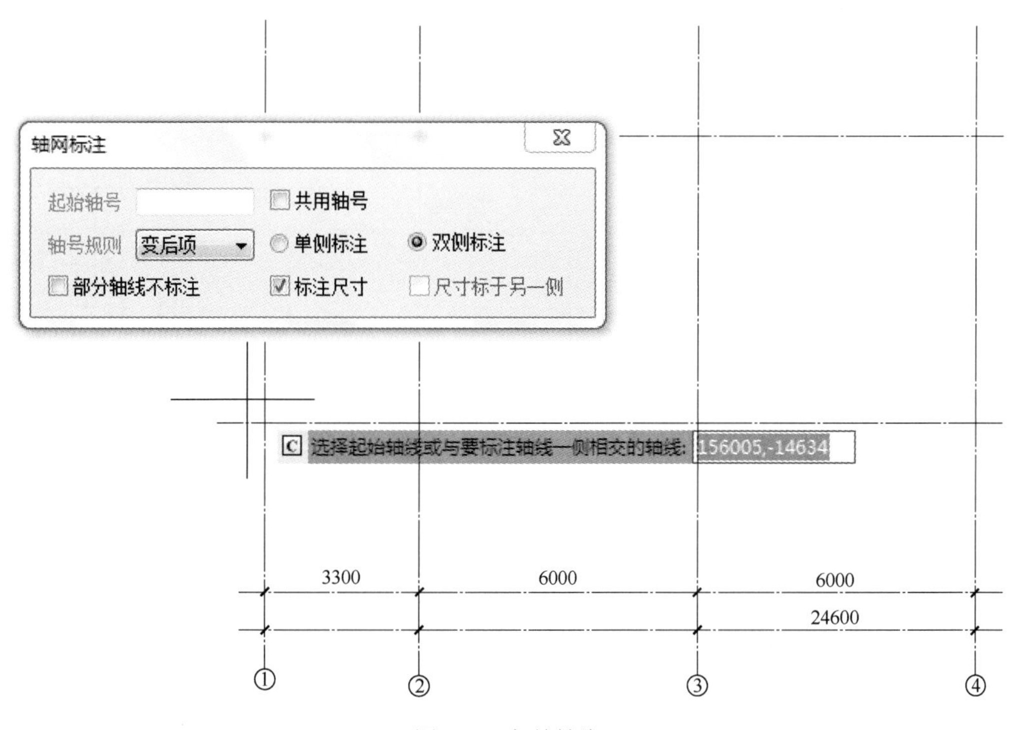

图 3-11　起始轴线

（6）鼠标左键点选最上侧水平轴线作为终止轴线，如图 3-12 所示。

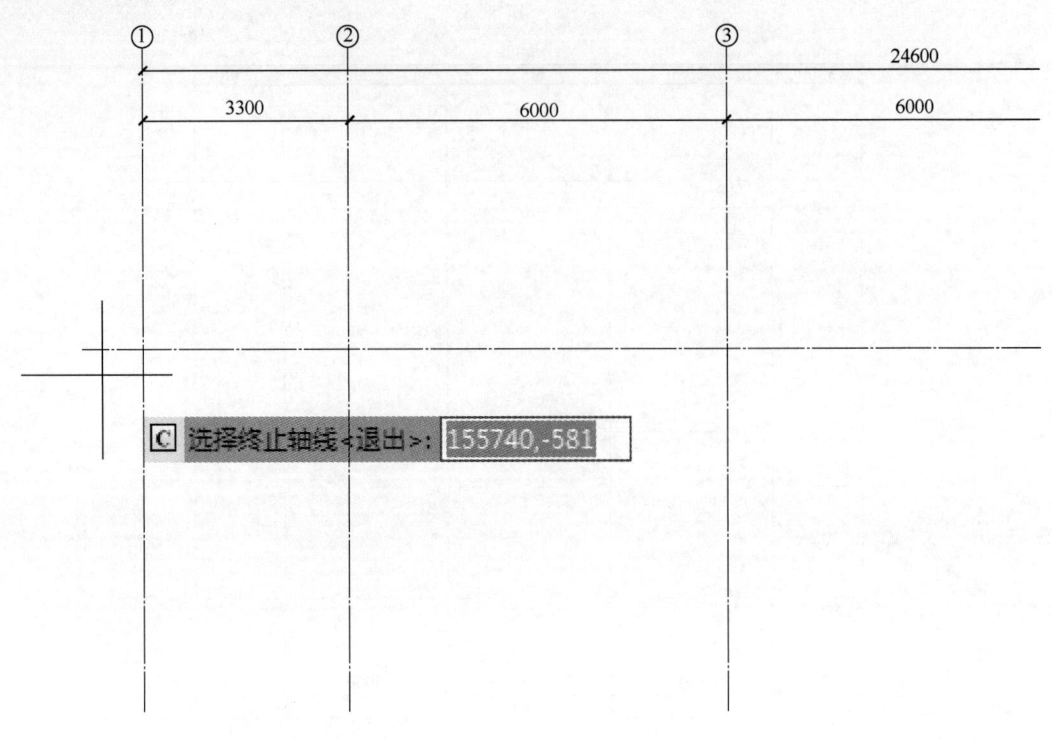

图 3-12　终止轴线

（7）选择完成后，自动生成水平轴线标注，如图 3-13 所示。然后回车结束命令。

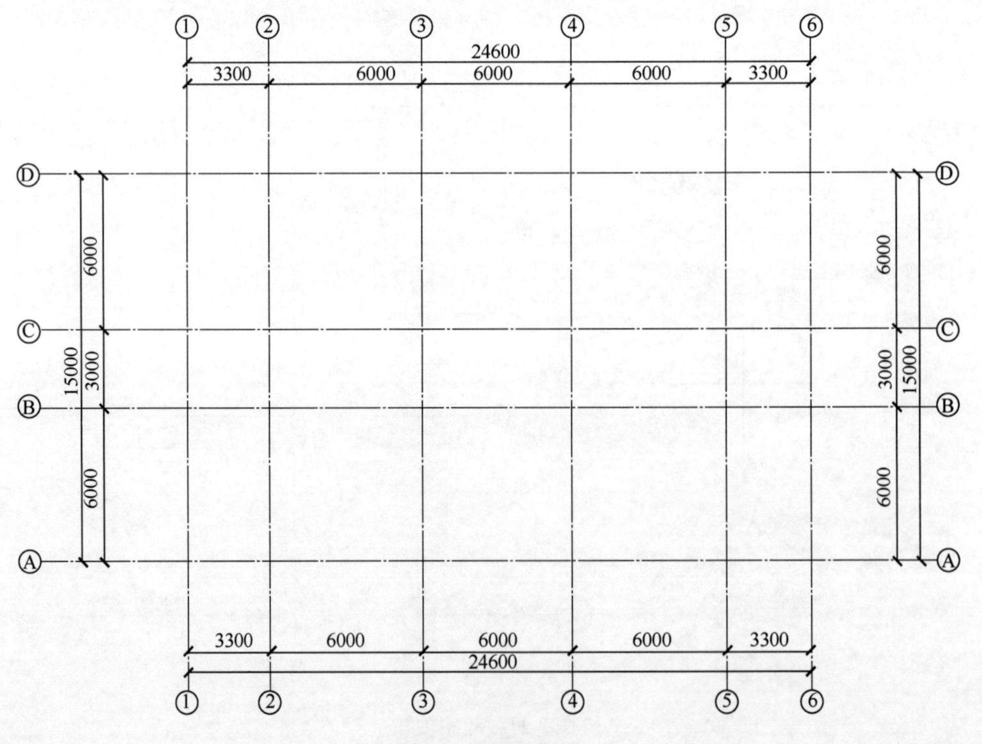

图 3-13　轴网标注

“轴网标注”命令说明

在单侧标注的情况下，选择轴线的哪一侧就标在哪一侧。可按照《房屋建筑制图统一标准》，支持类似 1-1、A-1 与 AA、A1 等分区轴号标注。

默认的“起始轴号”在选择起始和终止轴线后自动给出，水平方向为 1，垂直方向为 A，可在编辑框中自行给出其他轴号，也可删除轴号编号，以标注空白轴号的轴网用于方案等场合。

对话框的控件说明见表 3-6。

表 3-6 “轴网标注”对话框控件说明

控　件	功　能
起始轴号	当起始轴号不是默认值 1 或者 A 时，在此处输入自定义的起始轴号，可以使用字母和数字组合轴号
共用轴号	勾选后表示起始轴号由所选择的已有轴号后继数字或字母决定
单侧标注	表示在当前选择一侧的开间（进深）标注轴号和尺寸
双侧标注	表示在两侧的开间（进深）均标注轴号和尺寸

制图标准

（1）定位轴线应编号，编号应注写在轴线端部的圆内。圆应用细实线绘制，直径为 8～10mm。定位轴线圆的圆心应在定位轴线的延长线或延长线的折线上。

（2）除较复杂时需采用分区编号或圆形、折线形外，一般平面上定位轴线的编号，宜标注在图样的下方或左侧。横向编号应用阿拉伯数字，从左至右顺序编写；竖向编号应用大写拉丁字母，从下至上顺序编写，如图 3-14 所示。

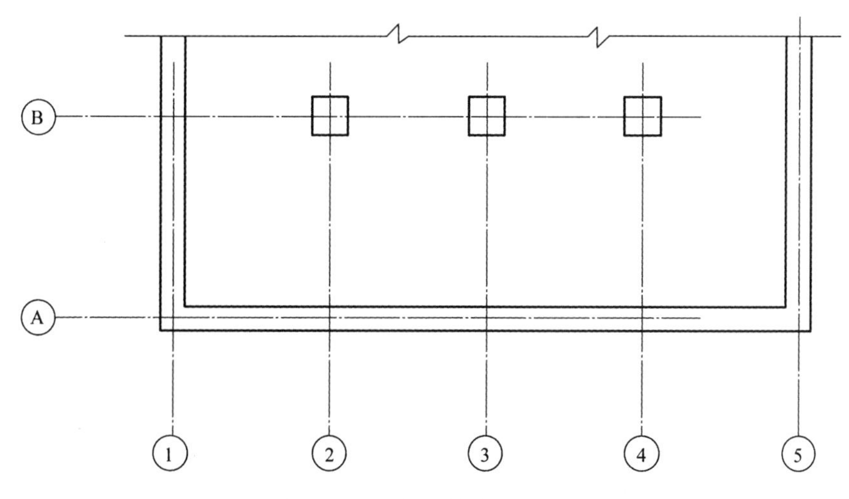

图 3-14　定位轴线的编号顺序

3. 绘制柱子

（1）在建筑工具箱中点击【建筑设计】→【柱梁板】→【标准柱】命令，弹出如图 3-15

所示的“标准柱”对话框。

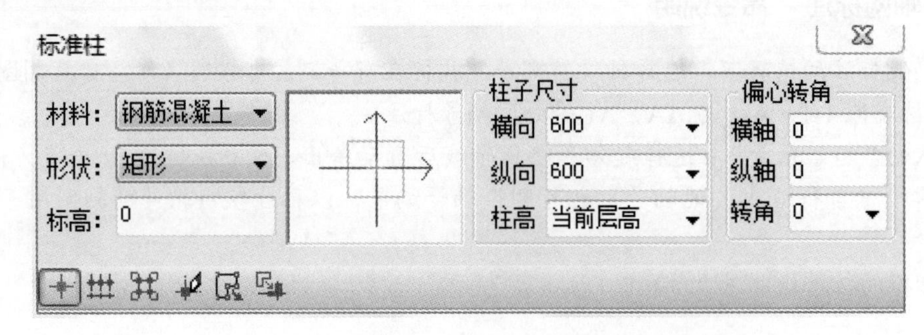

图 3-15 “标准柱”对话框

（2）设置柱子形状为矩形，标高为 0，柱子尺寸为横向 500，纵向 500，其他选项默认即可，如图 3-16 所示。

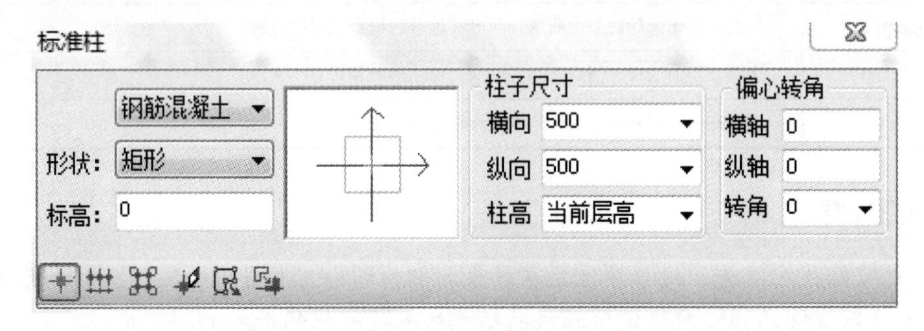

图 3-16 柱参数

（3）点击图 3-17 所示的“点选插入柱子”选项，返回绘图区在相应位置点击鼠标左键插入柱子。

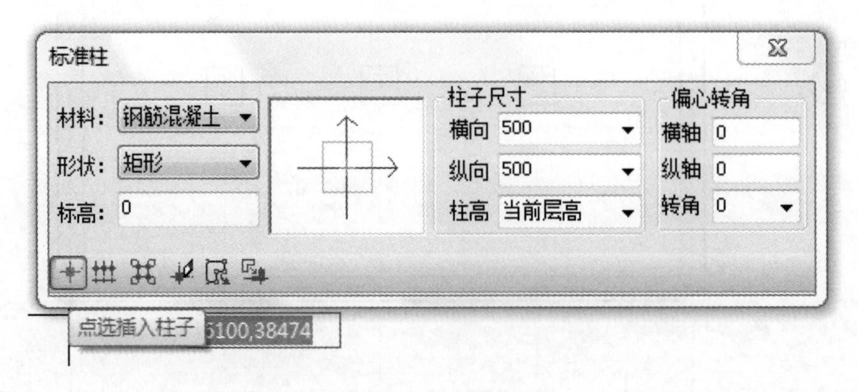

图 3-17 点选插入柱子

（4）首层柱子绘制完成效果如图 3-18 所示。

（5）在建筑工具箱中点击【建筑设计】→【墙体】→【填充关】命令，将当前状态改为“填充开”，自动完成柱子填充，如图 3-19 所示。

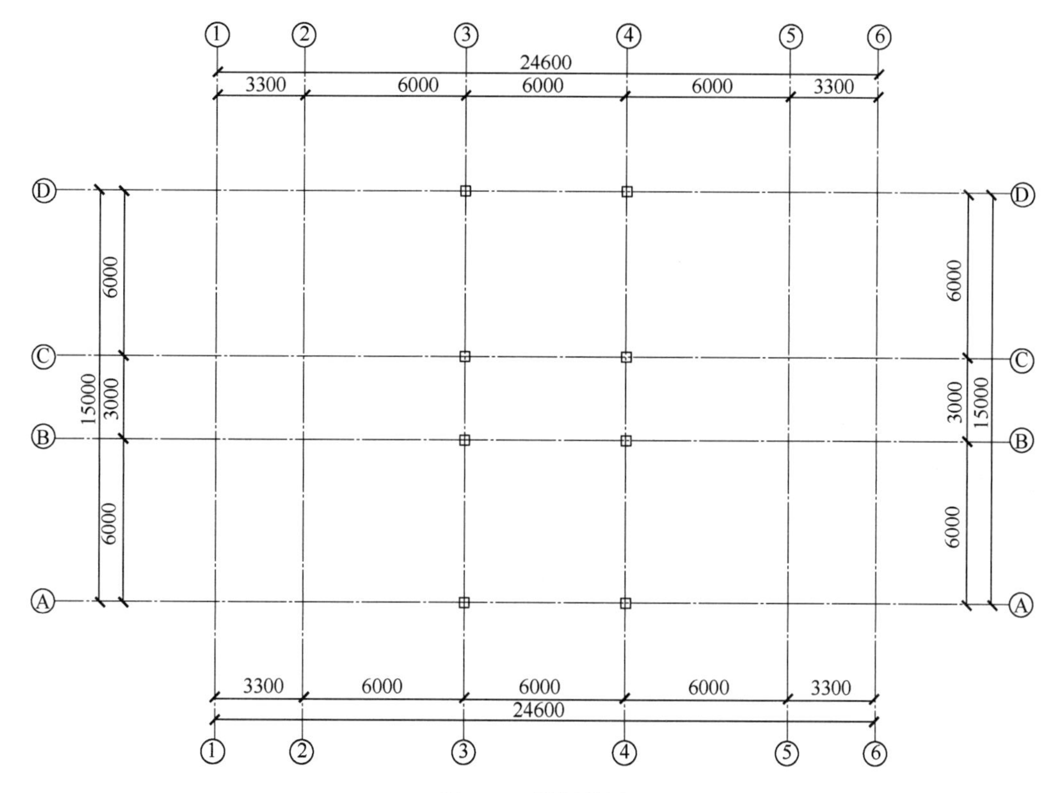

图 3-18　绘制柱子

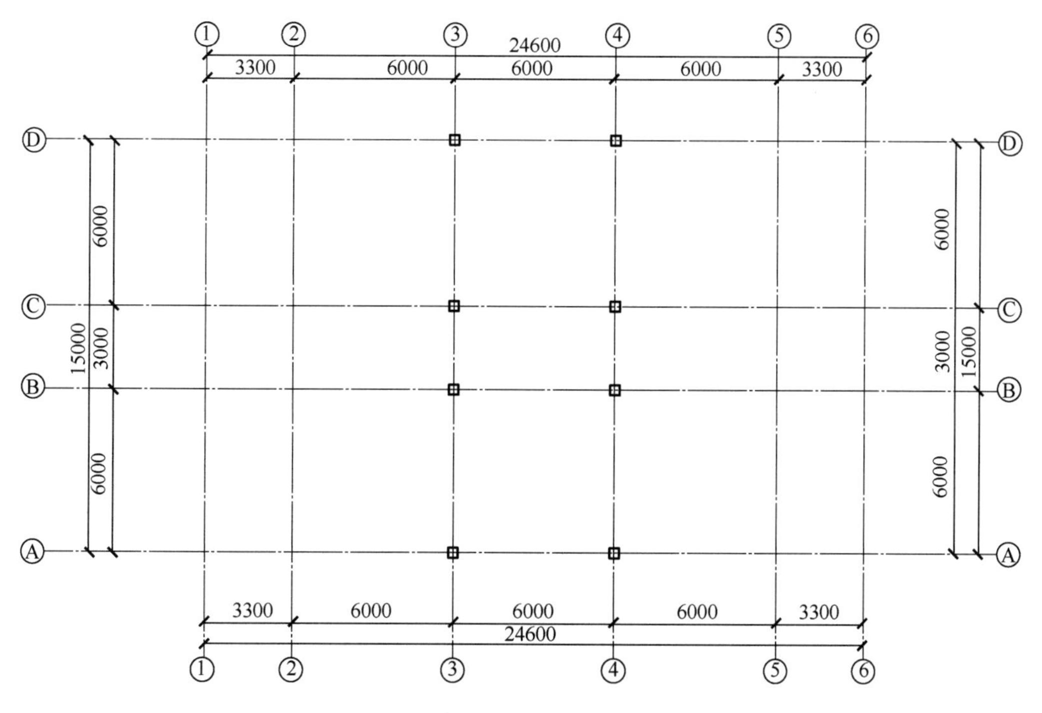

图 3-19　柱子填充

“标准柱”命令说明

对话框的控件说明见表3-7。

表3-7 “标准柱”对话框控件说明

控　件	功　能
材料	由下拉列表选择材料，柱子与墙之间的连接形式以两者的材料决定，目前包括砖、石材、钢筋混凝土或金属，默认为钢筋混凝土
形状	设定柱截面类型，列表框中有矩形、圆形、正三角形……异形柱等柱截面，选择任一类型成为选定类型，当选择异形柱时调出柱子构件库
偏心转角	其中旋转角度在矩形轴网中以 X 轴为基准线；在弧形、圆形轴网中以环向弧线为基准线，以逆时针为正、顺时针为负自动设置
柱高	柱高默认取当前层高，也可从列表选取常用高度
标高	柱子底标高默认为0，也可重新键入标高值
柱子尺寸	其中的参数因柱子形状不同而略有差异
点选插入柱子	优先捕捉轴线交点插柱，如未捕捉到轴线交点，则在点取位置按当前UCS方向插柱
沿一根轴线布置柱子	在选定的轴线与其他轴线的交点处插柱
指定的矩形区域内的轴线交点插入柱子	在指定的矩形区域内、所有的轴线交点处插柱
替换图中已插入的柱子	以当前参数的柱子替换图上的已有柱，可以单个替换或者以窗选成批替换
选择Pline线创建异形柱	以图上已绘制的闭合Pline线就地创建异形柱
在图中拾取柱子形状或已有柱子	以图上已绘制的闭合Pline线或者已有柱子作为当前标准柱读入界面，接着插入该柱

制图标准

（1）图线的宽度 b，宜从1.4mm、1.0mm、0.7mm、0.5mm、0.35mm、0.25mm、0.18mm、0.13mm 线宽系列中选取。图线宽度不应小于 0.1mm。每个图样，应根据复杂程度与比例大小，先选定基本线宽 b，再选用表3-8中相应的线宽组。

表3-8 线宽组

线宽比	线宽组/mm			
b	1.4	1.0	0.7	0.5
$0.7b$	1.0	0.7	0.5	0.35
$0.5b$	0.7	0.5	0.35	0.25
$0.25b$	0.35	0.25	0.18	0.13

注：1. 需要缩微的图纸，不宜采用0.18mm及更细的线宽。

2. 同一张图纸内，各不同线宽中的细线，可统一采用较细的线宽组的细线。

（2）工程建设制图应选用表3-9所示的图线（柱子轮廓线属于主要可见轮廓线）。

表 3-9　图线

名　称		线　型	线　宽	一般用途
实线	粗		b	主要可见轮廓线
	中粗		$0.7b$	可见轮廓线
	中		$0.5b$	可见轮廓线、尺寸线、变更云线
	细		$0.25b$	图例填充线、家具线
虚线	粗		b	见各有关专业制图标准
	中粗		$0.7b$	不可见轮廓线
	中		$0.5b$	不可见轮廓线、图例线
	细		$0.25b$	图例填充线、家具线
单点长画线	粗		b	见各有关专业制图标准
	中		$0.5b$	见各有关专业制图标准
	细		$0.25b$	中心线、对称线、轴线等
双点长画线	粗		b	见各有关专业制图标准
	中		$0.5b$	见各有关专业制图标准
	细		$0.25b$	假想轮廓线、成型前原始轮廓线
折断线	细		$0.25b$	断开界线
波浪线	细		$0.25b$	断开界线

（3）使用浩辰CAD建筑软件绘制的图形，满足制图标准，无须设置线宽及图线。

4．绘制墙体

墙体是建筑设计的主要元素，它通过模拟实际墙体的专业特性构建而成，因此可实现墙角的自动修剪、墙体之间按材料特性连接、与柱子和门窗互相关联的智能特性，并且墙体是建筑房间的划分依据，因此理解墙对象的概念非常重要。墙对象还包括高度、厚度、用途、材料等信息。

（1）在建筑工具箱中点击【建筑设计】→【墙体】→【绘制墙体】命令，弹出图 3-20 所示的"绘制墙体"对话框。

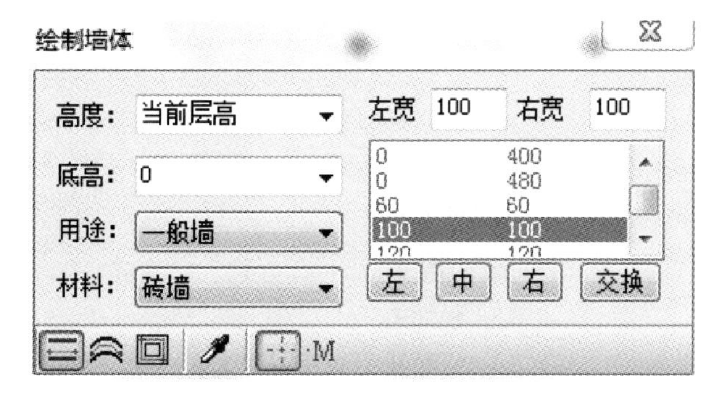

图 3-20 "绘制墙体"对话框

（2）设置墙体左宽为100，右宽为100，用途为“一般墙”，材料为“砖墙”，选择“绘制直墙”命令，如图3-21所示。

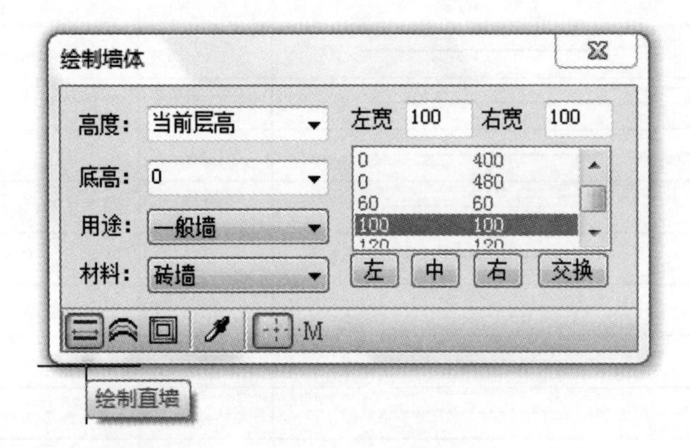

图3-21　墙体参数

（3）捕捉特征点绘制墙体，如图3-22所示。

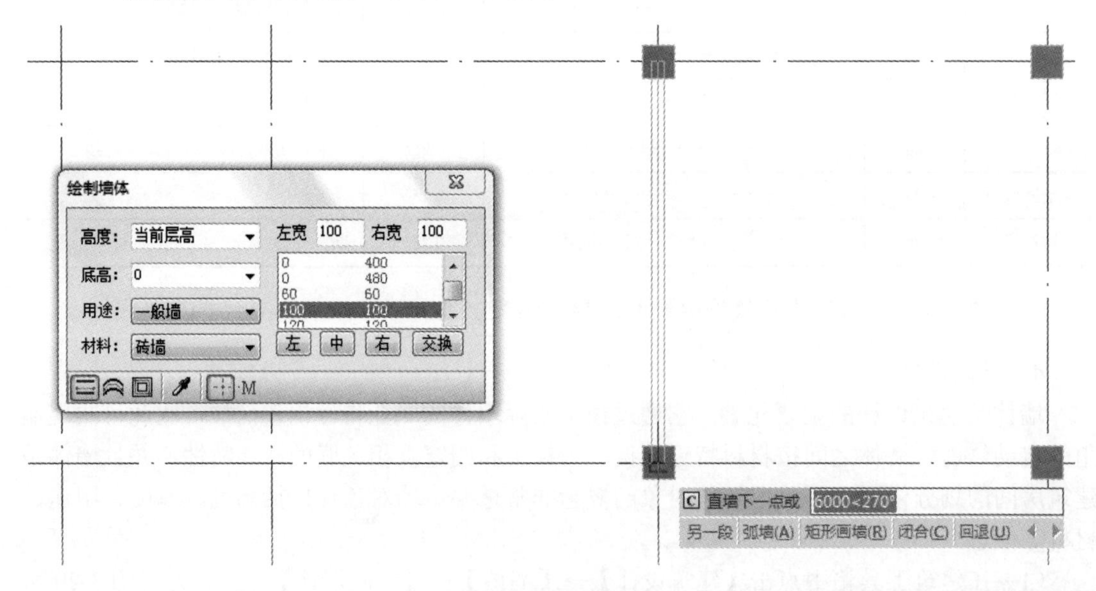

图3-22　绘制墙体

（4）在建筑工具箱中点击【建筑设计】→【墙体】→【打断关】命令，将当前状态改为“打断开”，如图3-23所示。

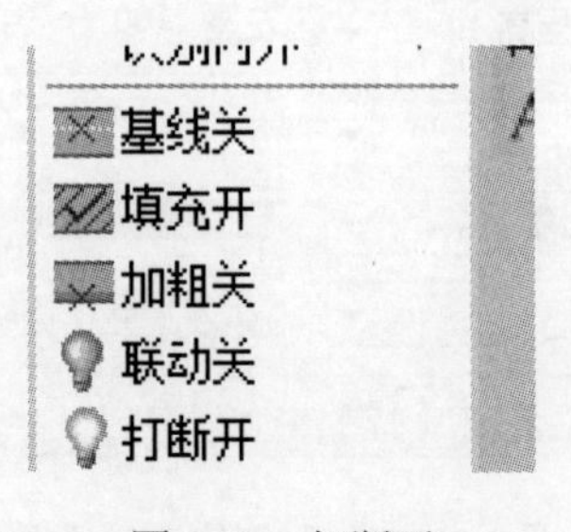

图3-23　打断开

（5）设置墙体左宽为200，右宽为0，用途为“一般墙”，材料为“砖墙”，选择“绘制直墙”命令，绘制与柱子边齐平的墙体，如图3-24所示。

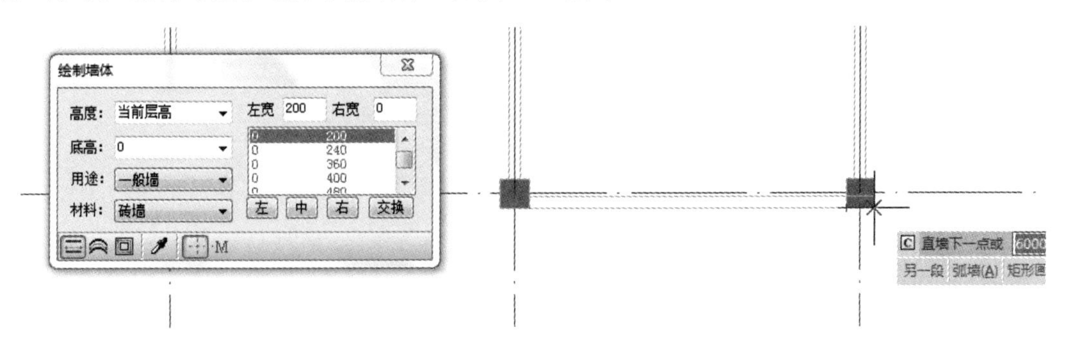

图3-24　绘制墙体

（6）绘制完成的墙体如图3-25所示。

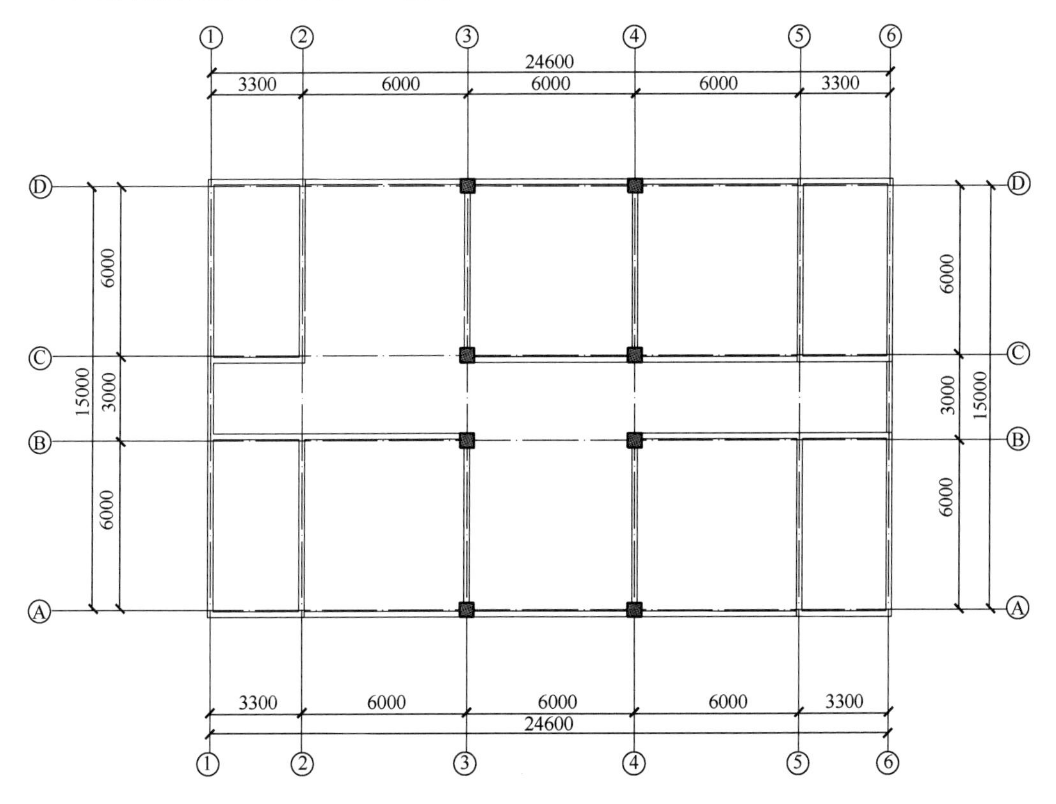

图3-25　绘制墙体

（7）利用C轴向上偏移1500得到厕所墙体轴线，然后利用【绘制墙体】命令绘制墙体，利用【修剪】命令，修剪多余的轴线，最终效果如图3-26所示。

（8）利用【绘制墙体】命令，补充男女厕所中间的墙体，然后点击【轴网】→【墙生轴网】命令，自动生成轴网，如图3-27所示。

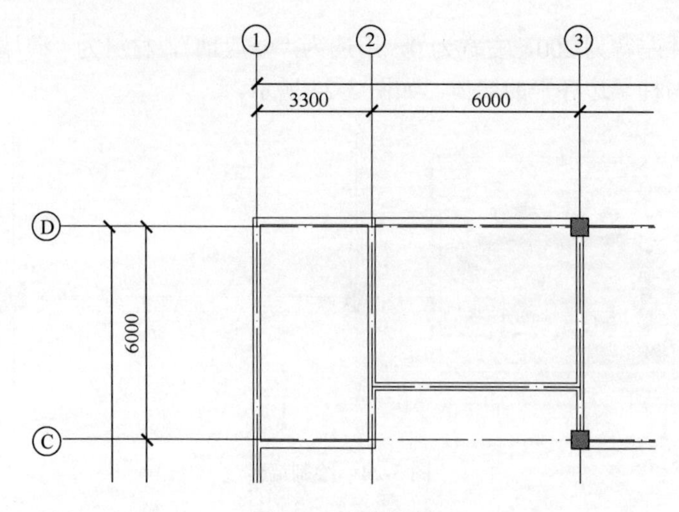

图 3-26　绘制墙体

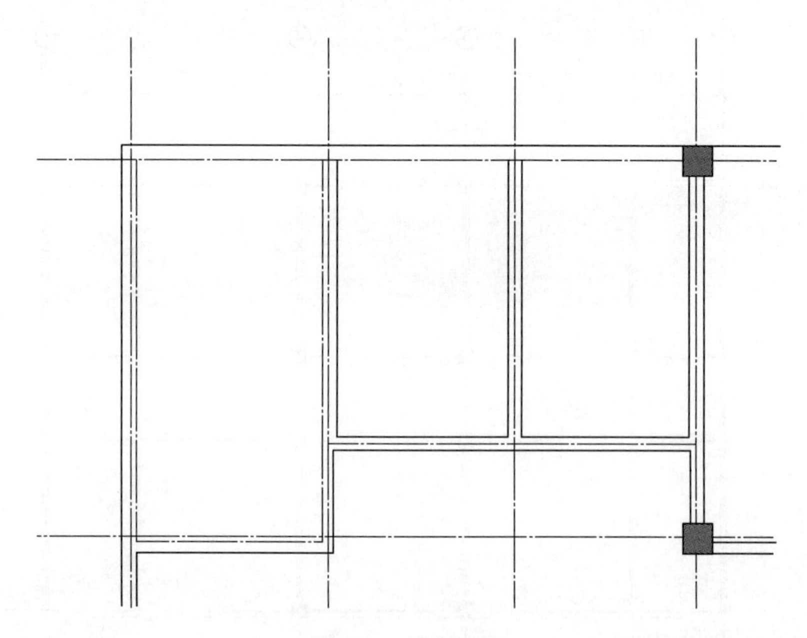

图 3-27　墙生轴网

（9）点击建筑工具箱中的【建筑设计】→【墙体】→【墙体分段】命令，弹出如图 3-28 所示的“墙体分段”对话框，选择“任意点处打断墙体”选项。

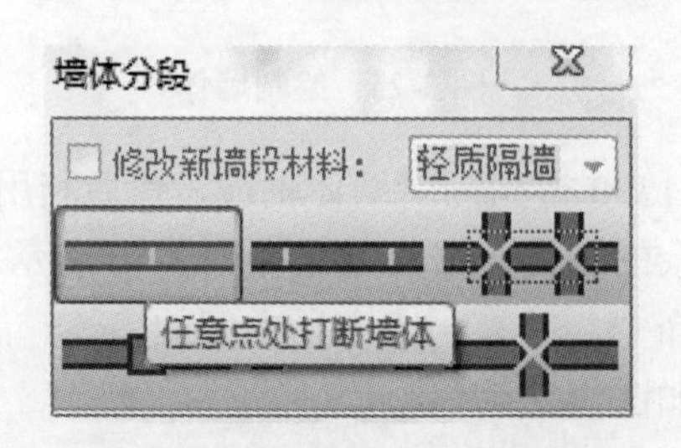

图 3-28　“墙体分段”对话框

（10）点击墙体需要分段的点，如图 3-29 所示，完成墙体分段。

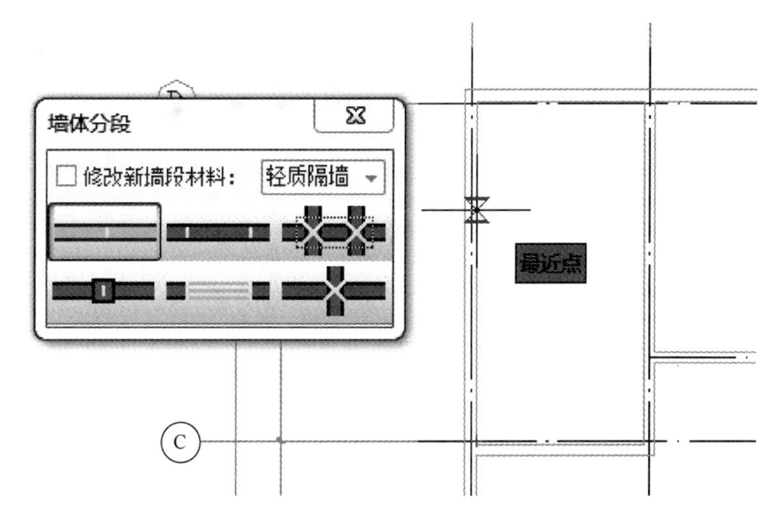

图 3-29　选择打断点

（11）双击需要修改墙体材料的墙体，弹出“编辑墙体”对话框，如图 3-30 所示。

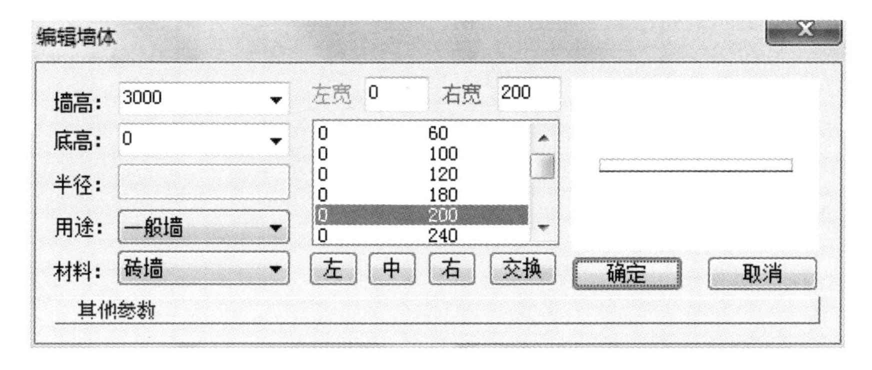

图 3-30　“编辑墙体”对话框

（12）修改墙体材料为“钢筋混凝土”，如图 3-31 所示，然后点击【确定】按钮。

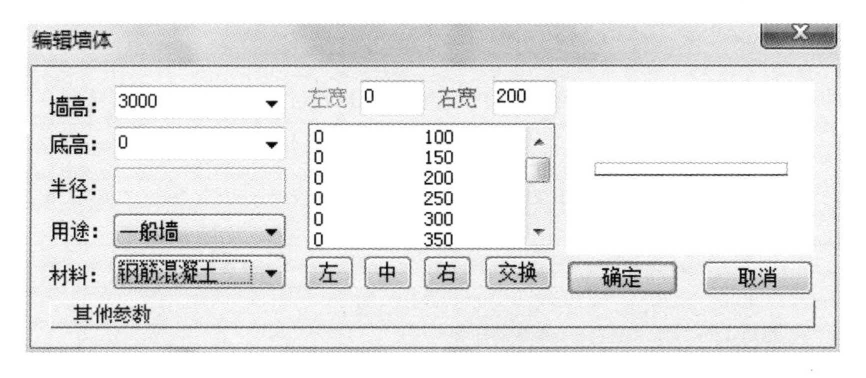

图 3-31　修改墙体参数

（13）重复上述操作，修改其他墙体，修改完成效果如图 3-32 所示。

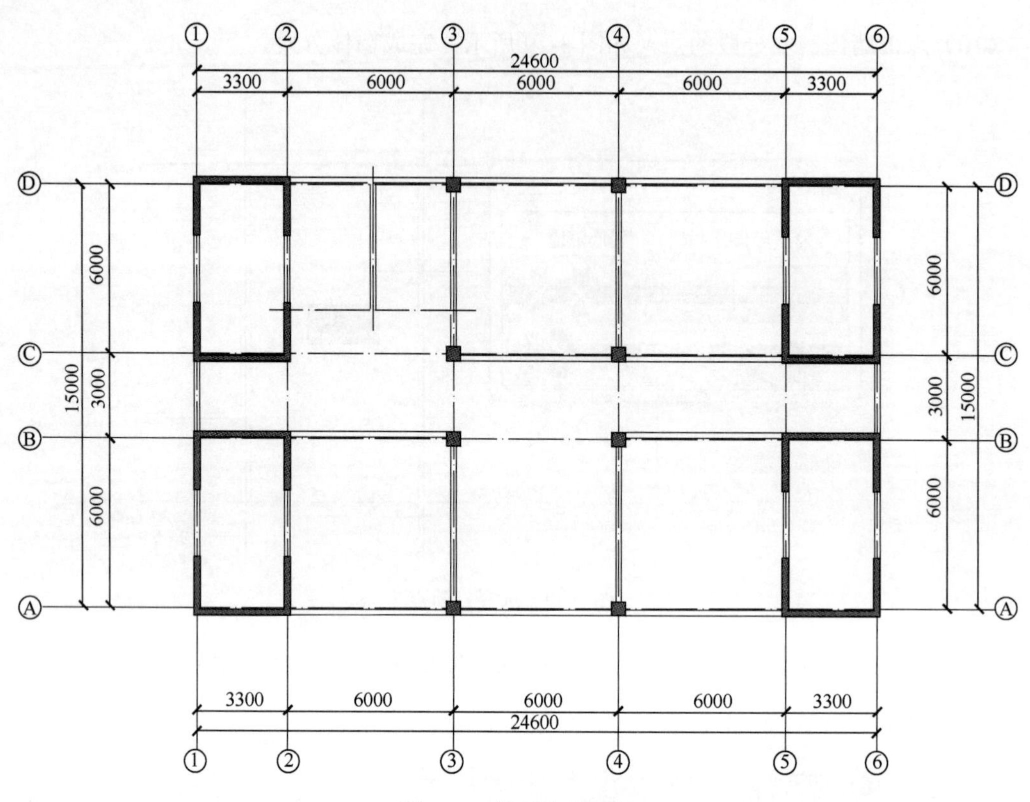

图 3-32 修改墙体参数

“绘制墙体”命令说明

对话框控件说明见表 3-10。

表 3-10 “绘制墙体”对话框控件说明

控 件	功 能
墙宽参数	包括左宽、右宽两个参数，其中墙体的左、右宽度，指沿墙体定位点顺序，基线左侧和右侧部分的宽度；对于矩形布置方式，则分别对应基线内侧宽度和基线外侧的宽度，按对话框相应提示改为内宽、外宽。其中左宽（内宽）、右宽（外宽）都可以是正数，也可以是负数，也可以为零
墙宽组	在数据列表预设有常用的墙宽参数，每一种材料都有各自常用的墙宽组系列供选用，新的墙宽组定义使用后会自动添加进列表中。选择其中某组数据，按【Del】键可删除当前这个墙宽组
墙基线	基线位置设“左”、“中”、“右”、“交换”共四种控制，“左”、“右”是计算当前墙体总宽后，全部左偏或右偏的设置，例如当前墙宽组为 120、240，按【左】按钮后即可改为 360、0，“中”是当前墙体总宽居中设置，上例单击【中】按钮后即可改为 180、180，“交换”就是把当前左右墙厚交换方向，把上例数据改为 240、120
高度/底高	高度是墙高，从墙底到墙顶计算的高度；底高是墙底标高，从本图零标高（Z=0）到墙底的高度
材料	包括从轻质隔墙、玻璃幕墙、填充墙到钢筋混凝土共 6 种材质，按材质的密度预设了不同材质之间的遮挡关系；通过设置材料绘制玻璃幕墙
用途	包括一般墙、卫生隔断、阳台板、虚墙和矮墙五种类型
模数开关	在工具栏提供模数开关，打开模数开关，墙的拖动长度按【通用设置】→【选项配置】→【高级选项】页面中的模数变化
自动打断	在工具栏提供墙体自动打断功能

5. 绘制门

门主要供人们出入通行，同时还具有分隔和围护的作用。

门是建筑设计当中最常见的绘制的对象之一。要想设计一栋实用、美观的建筑，在功能、外观上相匹配的门是必不可少的。

（1）点击建筑工具箱中的【建筑设计】→【门窗】→【门窗】命令，选择“门”选项，在如图 3-33 所示“门”对话框中设置门的相关参数。

图 3-33 “门”对话框

（2）设置门编号为 M1521，类型为“普通门”，门宽为 1500，门高为 2100，门的二维样式、三维样式设置如图 3-34 所示。

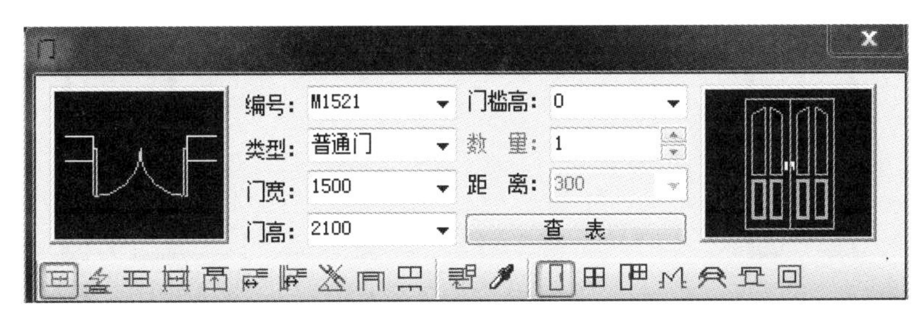

图 3-34 门参数设置

（3）布置方式选择“依据点取位置两侧的轴线进行等分插入”，然后在图中合适位置插入门，如图 3-35 所示。

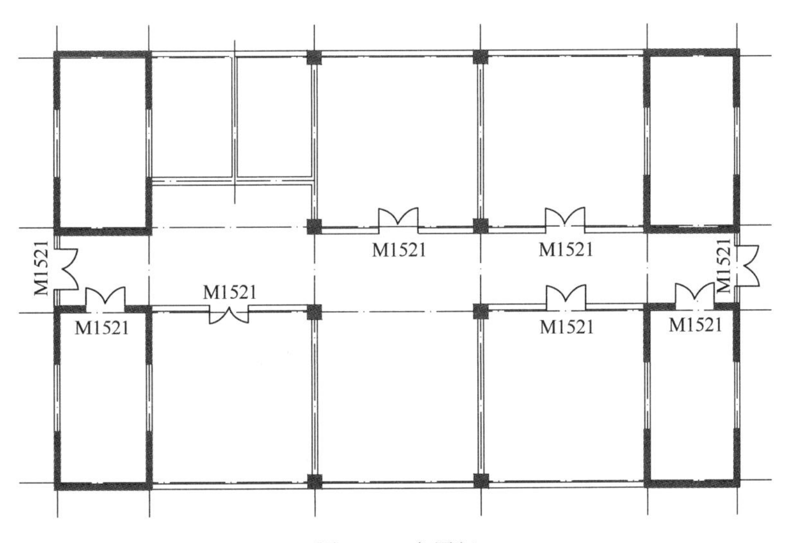

图 3-35 布置门

（4）鼠标点选开启方向不正确的门，点击“改变开启方向”夹点即可改变门的开启方向，如图3-36所示。

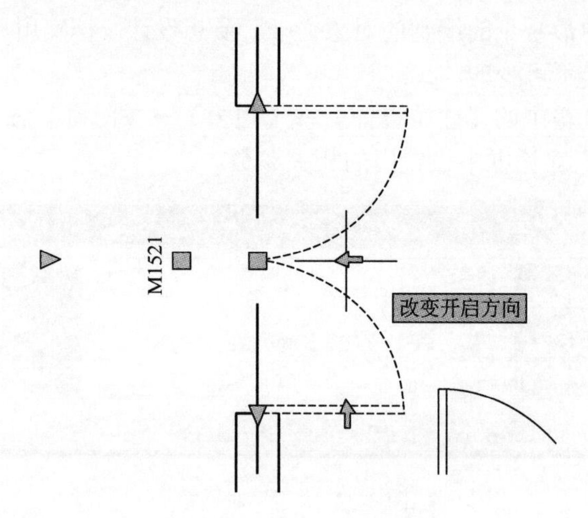

图3-36 改变门开启方向

（5）采用相同方式插入其它门，效果如图3-37所示。

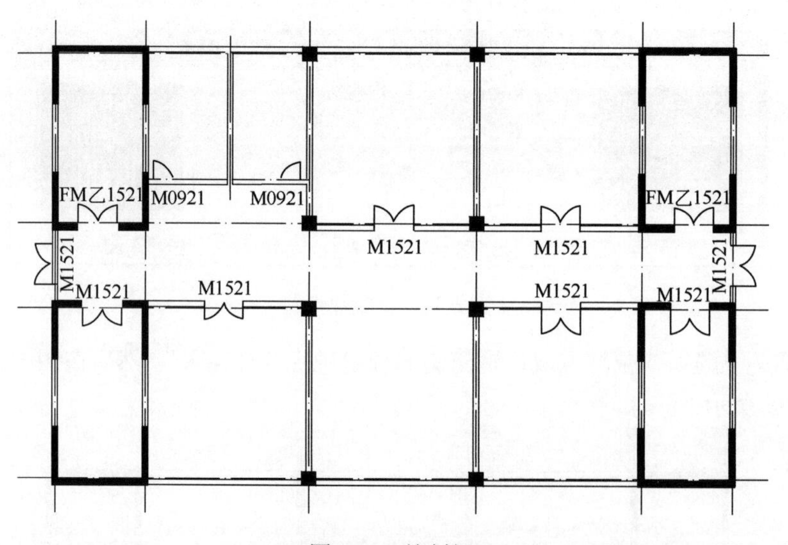

图3-37 绘制门

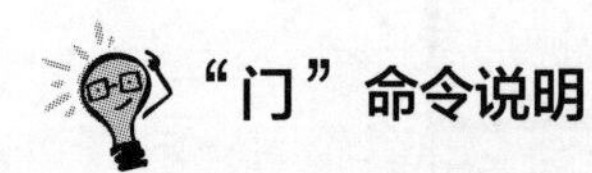

“门”命令说明

对话框控件说明见表3-11。

表3-11 “门”对话框控件说明

控　件	功　能
二维门样式	设置门二维样式，用鼠标左键点击，可以进入二维门样式库，进行门的三维样式选择
编号	门窗的编号前缀除了自己在编号栏设置外，也可以在编号栏中设为“自动编号”，在下面的下拉列表选择合适的“类型”，由命令自动给出编号前缀

续表

控　件	功　能
类型	包括普通门、铝合金门、塑钢门、铝推拉门、塑钢推拉门、甲级防火门、乙级防火门、丙级防火门、防火卷帘、人防门、字母门、门联窗、组合门、户门
门宽	设置门的宽度
门高	设置门的高度，为门净高
门槛高	门槛高指门的下缘到所在的墙底标高的距离，通常就是离本层地面的距离。当门槛高大于 0 时，会在洞口两边加入门口线，门槛高改为 0 时，门口线自动取消
数量	设置一次插入门的数量
距离	配合插入方式设置的距离参数
查表	查本图中的门窗参数
三维门样式	设置门三维样式，用鼠标左键点击，可以进入三维门样式库，进行门的三维样式选择

门窗插入的方法较多，很多方法通用，这里一起进行介绍如下。

（1）自由插入

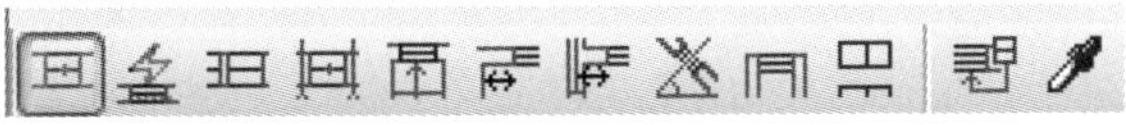

可在墙段的任意位置插入，速度快但不易准确定位，通常用在方案设计阶段。以墙中线为分界内外移动光标，可控制内外开启方向；按【Shift】键控制左右开启方向，点击墙体后，门窗的位置和开启方向就完全确定了。

（2）智能插入

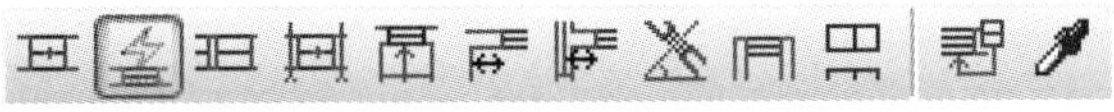

本命令在墙段中按规则自动插入门窗，可适用于直墙与弧墙，定距可选垛宽或者轴线。当选择轴线定距插入，但当前墙段两端无轴线时，会自动把相交墙的墙基线作为轴线；当墙对象跨过多个开间/进深合并时，插入门窗时定位依然仅针对当前光标所在的开间。

（3）沿墙顺序插入

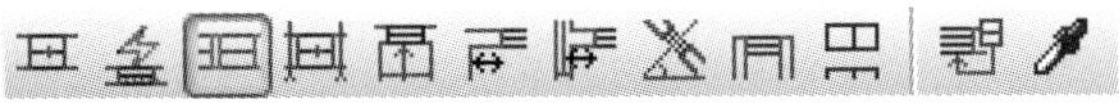

以距离点取位置较近的墙边端点或基线端为起点，按给定距离插入选定的门窗。此后顺着前进方向连续插入，插入过程中可以改变门窗类型和参数。在弧墙顺序插入时，门窗按照墙基线弧长进行定位。

（4）轴线等分插入

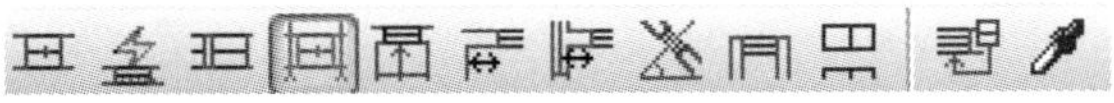

将一个或多个门窗等分插入到两根轴线间的墙段等分线中间，如果墙段内没有轴线，则该侧按墙段基线等分插入。提供多墙插窗选项，支持合并和分段墙。在多个开间的墙体合并时，只需要选择任意一个开间的墙，门窗即可插入其他所有开间；当合并墙内某个开间已有门窗时，多墙插窗不适用。

【例】有两组窗，每组有两个窗，在对话框右侧的“数量”中输入 2，表示每一组连续插入 2 个窗，“等分数”中输入 2，表示一个轴线开间内等分插入 2 组窗。设置参数如图 3-38 所示。

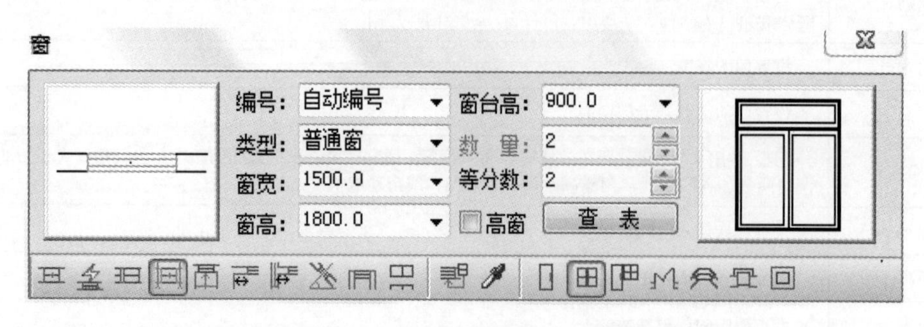

图 3-38 参数

软件按照给定的单个门窗尺寸自动布置在该墙，如果等分数改变，则每组门窗的间距也随之调整。布置效果如图 3-39 所示。

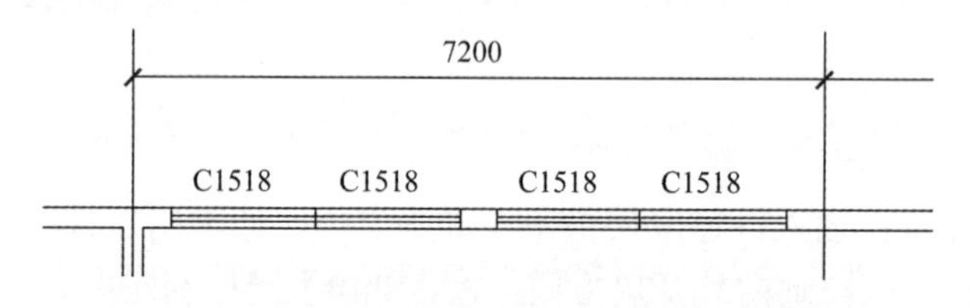

图 3-39 布置效果

（5）墙段等分插入

与轴线等分插入相似，本命令在一个墙段上按墙体较短的一侧边线，插入若干个门窗，按墙段等分使各门窗之间墙垛的长度相等。提供多墙插窗选项，支持合并和分段墙，在多个开间的墙体合并时，只需要选择任意一个开间的墙，门窗即可插入其他所有开间；当合并墙内某个开间已有门窗时，多墙插窗不适用。

（6）垛宽定距插入

系统选取距点取位置最近的墙边线顶点，作为参考点，按指定垛宽距离插入门窗。

【例】 设置垛宽 100，分别在靠近墙角和柱子右侧插入窗，垛宽距离和轴线距离各自独立保存并永久记忆。其中距离栏中的数值即控制垛宽大小，垛宽距离从柱子边（没有柱子从墙边）起算，如图 3-40 所示。

（7）轴线定距插入

与垛宽定距插入相似，系统自动搜索距离点取位置最近的轴线与墙体的交点，将该点作为参考位置按预定距离插入门窗，如图 3-41 所示，轴线距离与垛宽距离各自独立并永久记忆。

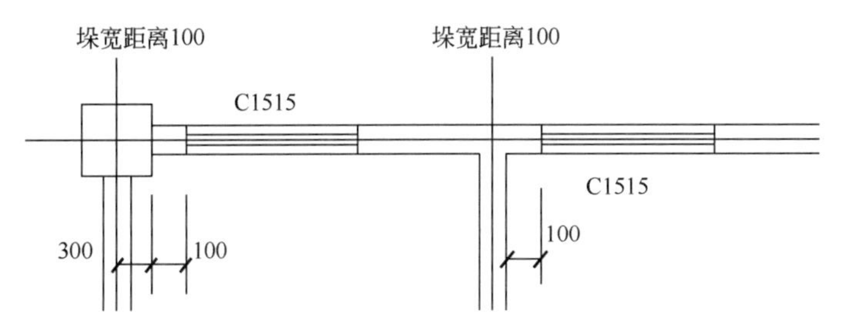

图 3-40 垛宽距离

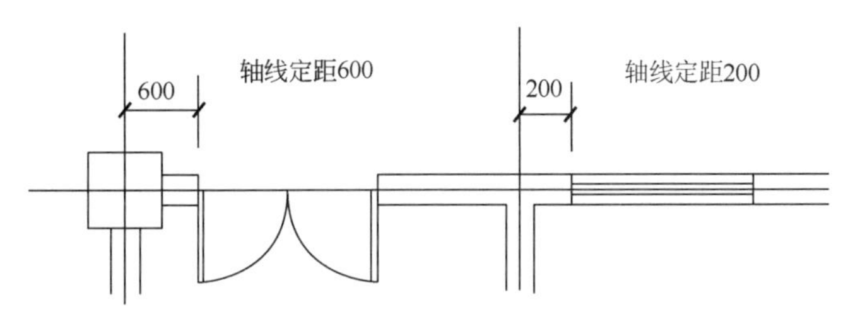

图 3-41 轴线定距

（8）按角度定位插入

本命令专用于弧墙插入门窗，按给定角度在弧墙上插入直线型门窗。

（9）满墙插入

满墙插入即门窗在门窗宽度方向上完全充满一段墙，使用这种方式时，门窗宽度参数由系统自动确定。

（10）插入上层门窗

在同一个墙体已有的门窗上方再加一个宽度相同、高度不同的窗，这种情况常常出现在高大的厂房外墙中。本命令对上层门窗的特殊处理，即使上层门窗不显示编号也能被对象选择方式框选。

先单击【插入上层门窗】图标，然后输入上层窗的编号、窗高和上下层窗间距离，插入后上层门窗编号在下层门窗外侧显示，如图 3-42 所示。注意：使用本方式时尺寸参数中上层窗的顶标高不能超过墙顶高。上下层窗间距离独立与其他距离并永久记忆。

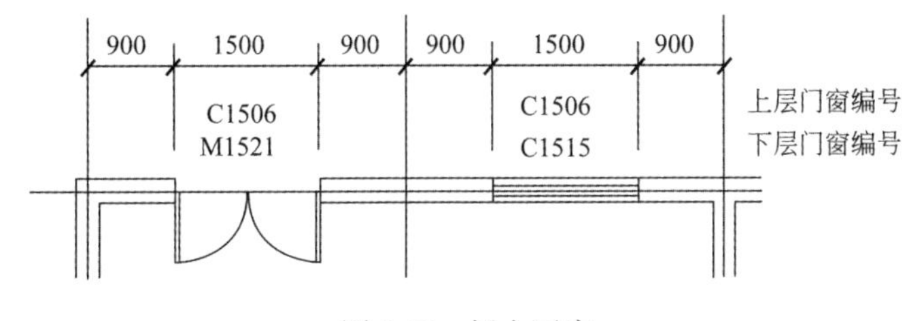

图 3-42 插上层窗

（11）门窗替换

用于批量修改门窗，包括门窗类型之间的转换，替换后会自动更新对应的门窗编号。

用对话框内的当前参数作为目标参数，替换图中已经插入的门窗。单击“替换”按钮，对话框右侧出现参数过滤开关，如图 3-43 所示。

图 3-43 门窗替换

如果不打算改变某一参数，可去除该参数开关的勾选项，对话框中该参数按原图保持不变。例如将门改为窗要求宽度不变，应将宽度开关去除勾选。

（12）拾取门窗参数

用于选取已有门窗对象，将它的尺寸参数提取到门窗对话框中，包括二维、三维外观和编号，方便在原有门窗参数基础上加以修改作为新门窗使用。

6．绘制窗

窗主要供室内采光、通风、眺望之用。

窗是建筑设计当中最常见的绘制的对象之一。要想设计一栋实用、美观的建筑，在功能、外观上相匹配的窗是必不可少的。

（1）点击建筑工具箱中的【建筑设计】→【门窗】→【门窗】命令，选择“窗”选项，在如图 3-44 所示“窗”对话框中设置门的相关参数。

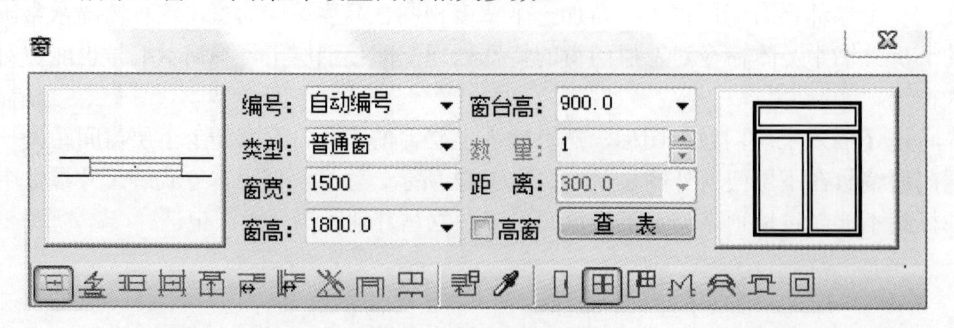

图 3-44 “窗”对话框

（2）设置窗编号为 C1818，类型为“铝合金窗”，“窗宽”为 1800，“窗高”为 1800，布置方式选择“依据点取位置两侧的轴线进行等分插入”选项，设置“数量”为 1，“等分数”为 2，如图 3-45 所示。

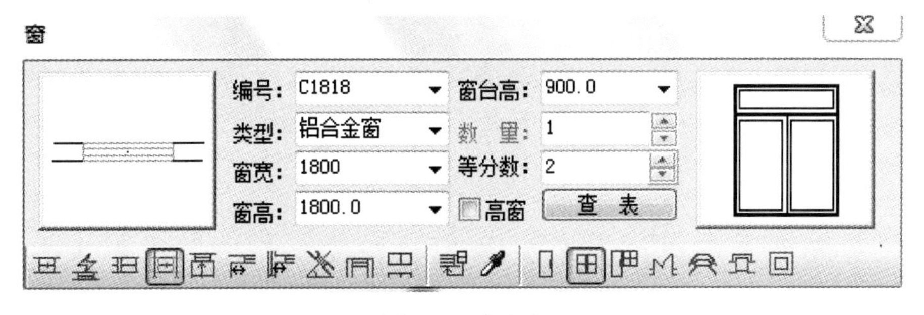

图 3-45　窗参数

（3）点选一段墙体，也可点选多段墙体，布置效果如图 3-46 所示。

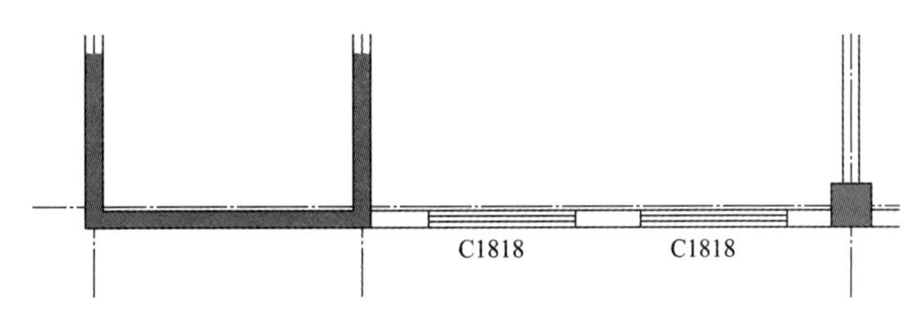

图 3-46　插入窗（一）

（4）重复上述操作，插入首层其他窗，效果如图 3-47 所示。

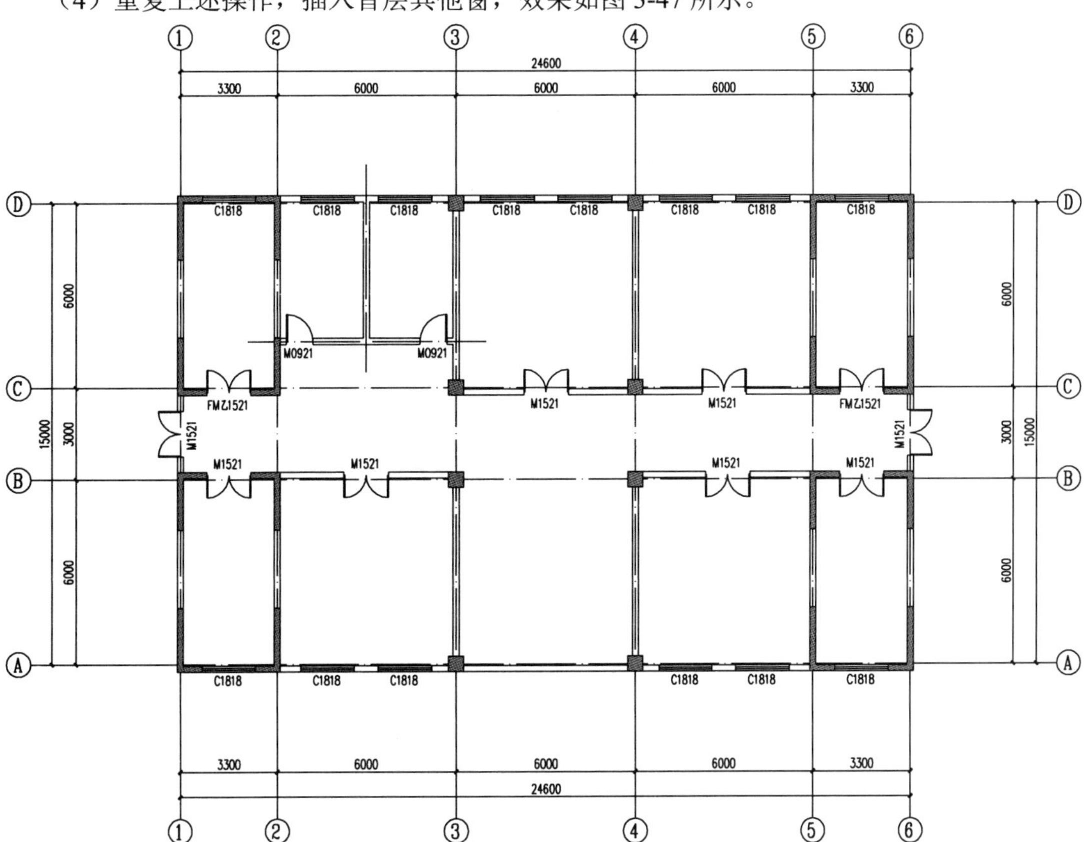

图 3-47　插入窗（二）

（5）绘制大厅处的门联窗，点击建筑工具箱中的【建筑设计】→【门窗】→【门窗】命令，选择“门”选项，设置门的相关参数如图 3-48 所示。

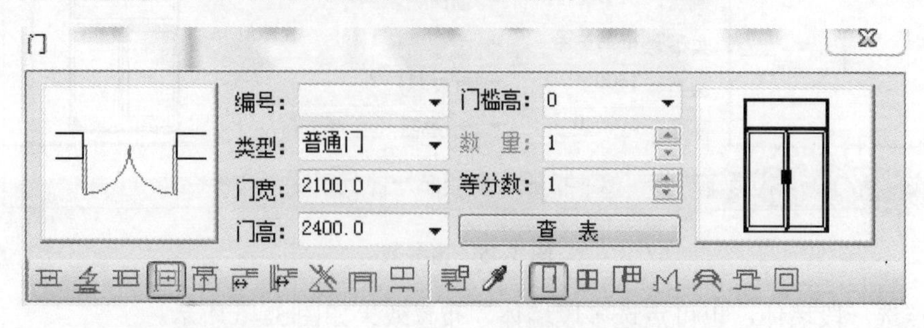

图 3-48 门参数

（6）绘制好的门如图 3-49 所示。

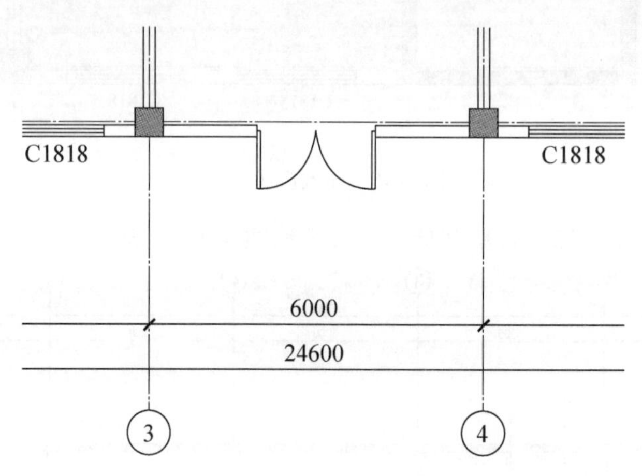

图 3-49 绘制门

（7）绘制大厅处的门联窗，点击建筑工具箱中的【建筑设计】→【门窗】→【门窗】命令，选择“窗”选项，设置窗的相关参数如图 3-50 所示。

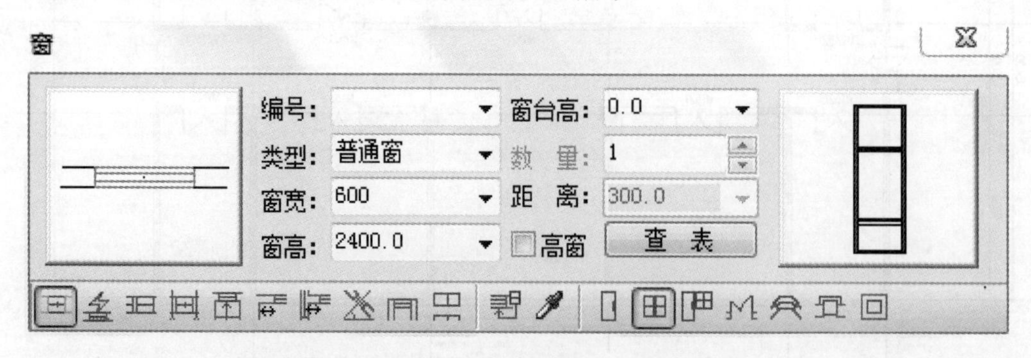

图 3-50 窗参数

（8）绘制好的窗如图 3-51 所示。

（9）点击建筑工具箱中的【建筑设计】→【门窗】→【组合门窗】命令，将刚才绘制的门和窗户组合成门联窗，命令行提示如下：

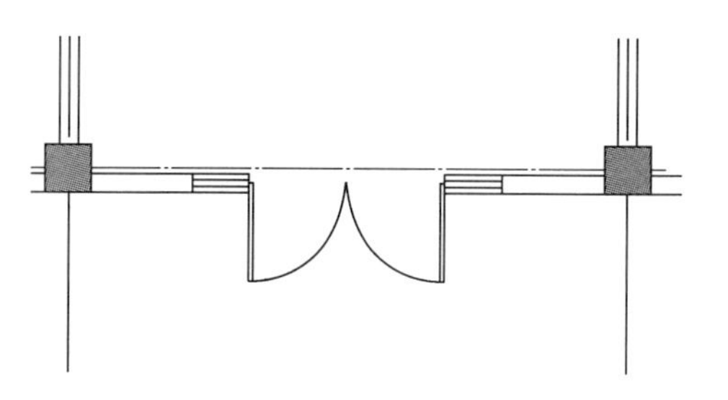

图 3-51 绘制窗

命令:IcGroupWin
选择需要组合的门窗和编号文字:找到 1 个
选择需要组合的门窗和编号文字:找到 1 个，总计 2 个
选择需要组合的门窗和编号文字:找到 1 个，总计 3 个
选择需要组合的门窗和编号文字:
输入门窗编号<空>:MLC-1
选择需要组合的门窗和编号文字:

（10）绘制完成效果如图 3-52 所示。

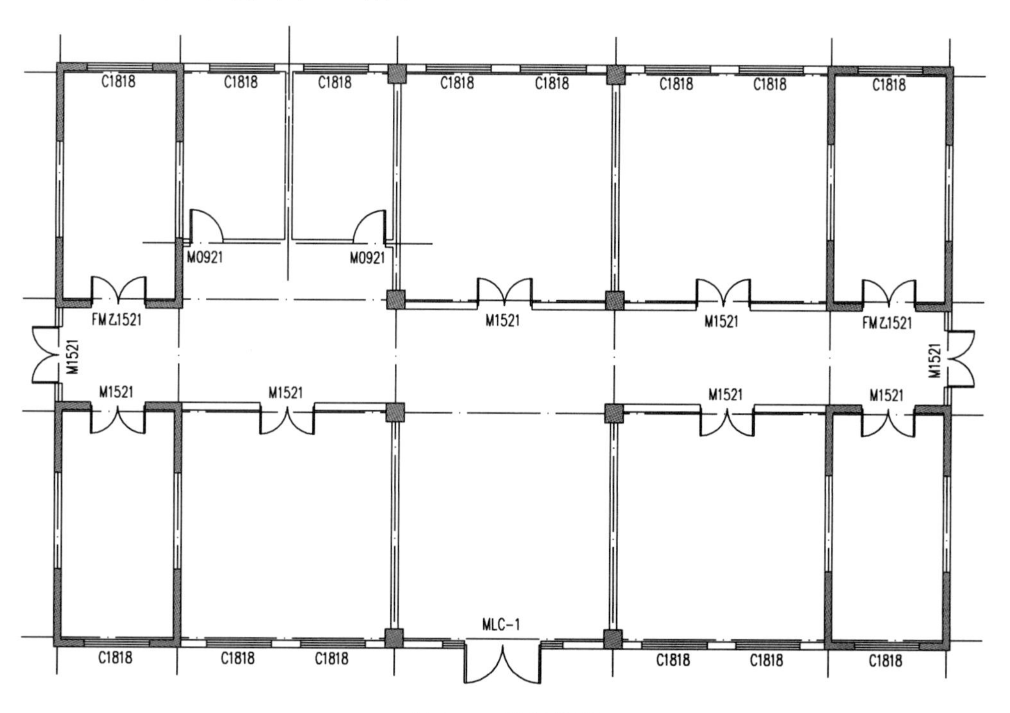

图 3-52 绘制门窗

“绘制窗”命令说明

在实际建筑设计过程中，可以利用建筑软件绘制各种异形窗，例如:

（1）三角形轮廓凸窗（图 3-53）。

（2）弧墙或弧窗开圆洞（图 3-54）。

（3）带型凸窗（图 3-55）。

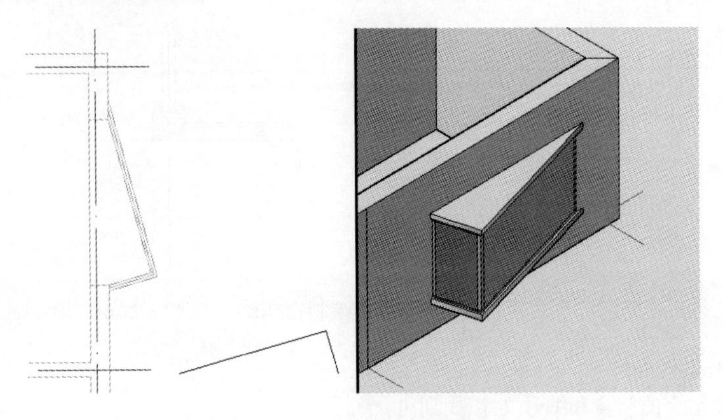

图 3-53　三角形轮廓凸窗

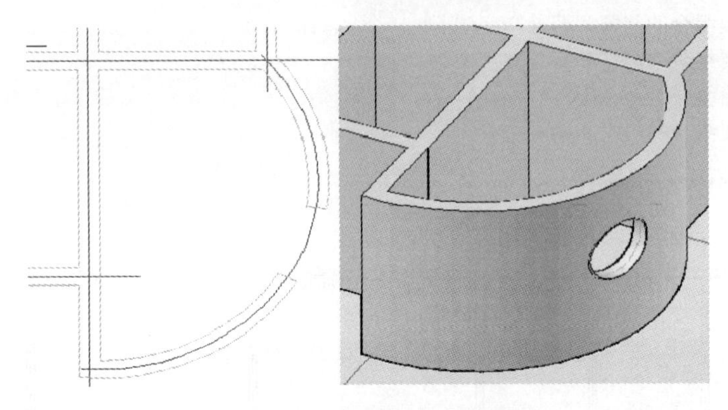

图 3-54　弧墙或弧窗开圆洞

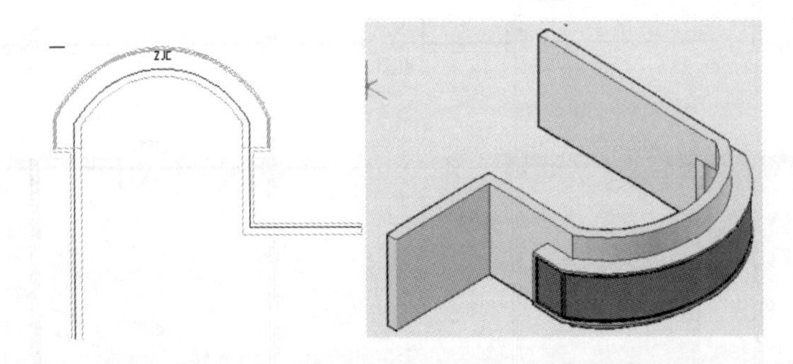

图 3-55　带型凸窗

（4）阴角转角窗（图 3-56）。

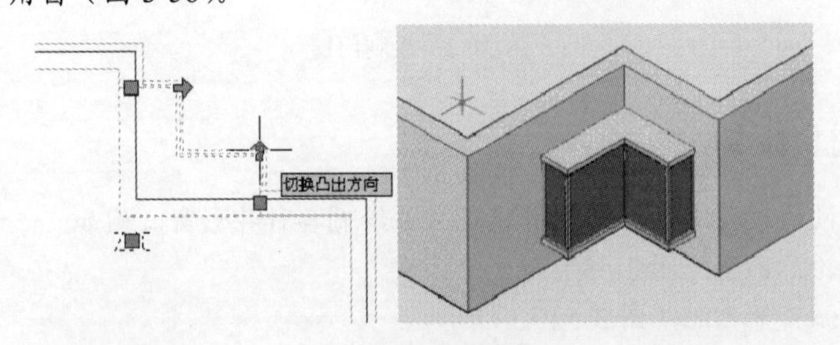

图 3-56　阴角转角窗

（5）自定义轮廓转角窗（图 3-57）。

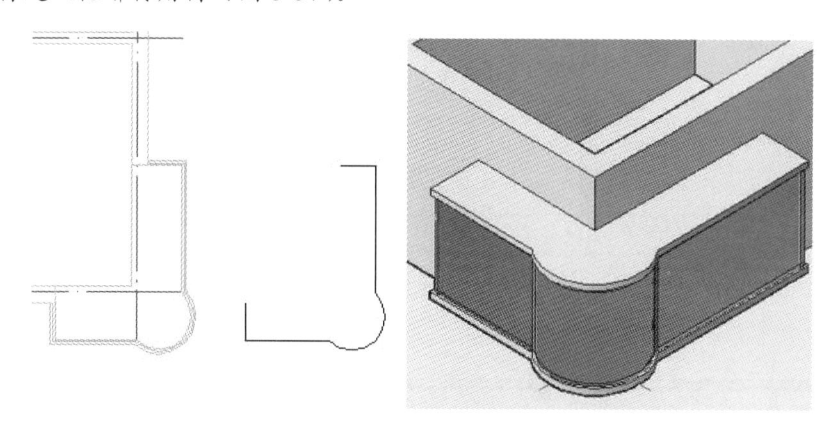

图 3-57　自定义轮廓转角窗

7. 绘制楼梯

楼梯是楼房建筑中的垂直交通设施，供人们上下楼层和紧急疏散之用。在布置楼梯时，按梯段的数量和形式等来选择相应类型的楼梯。在本实例中，选择了最常见的“双跑楼梯”。

双跑楼梯，由两跑直线梯段、一个休息平台、一个或两个扶手和一组或两组栏杆构成的自定义对象，可分解为基本构件即直线梯段、平板和扶手栏杆等，楼梯方向线属于楼梯对象的一部分。双跑楼梯对象内包括常见的构件组合形式变化，如是否设置两侧扶手、中间扶手在平台是否连接、设置扶手伸出长度、有无梯段边梁(尺寸需在特性栏中调整)、休息平台是半圆形或矩形等。

（1）点击建筑工具箱中的【建筑设计】→【楼梯其它】→【双跑楼梯】命令，弹出如图 3-58 所示“双跑楼梯”对话框。

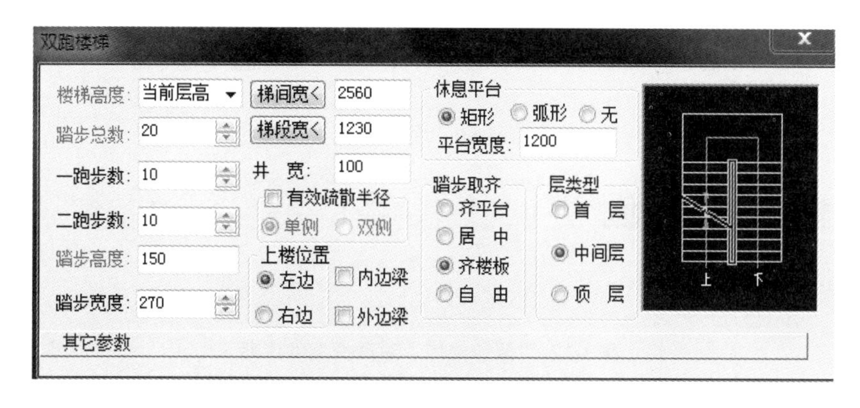

图 3-58 “双跑楼梯”对话框

（2）设置休息平台宽度为 1600，点击【梯间宽】按钮，返回绘图区，量取楼梯间的净宽，如图 3-59 所示。

（3）设置好楼梯参数后，将楼梯布置到图中合适位置，如图 3-60 所示。

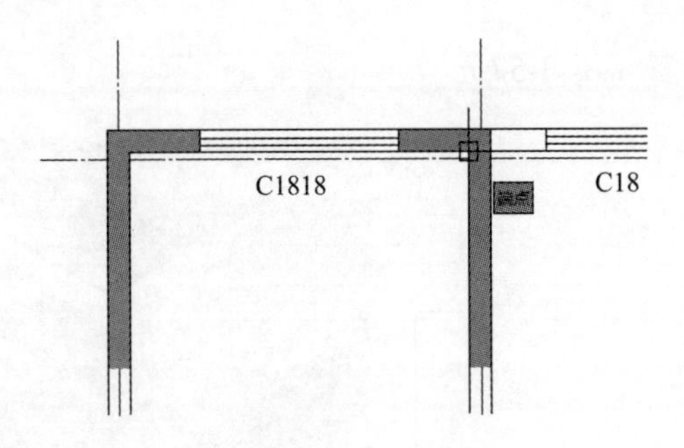

图 3-59　量梯间净宽

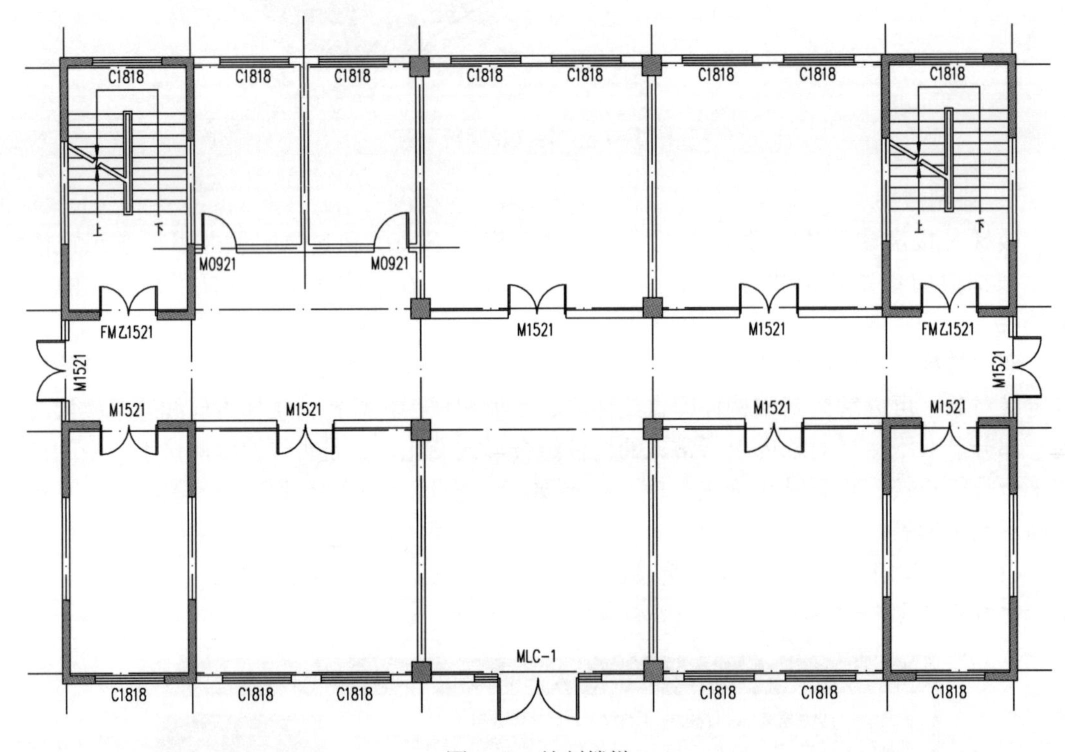

图 3-60　绘制楼梯

"双跑楼梯"命令说明

对话框控件说明见表 3-12。

表 3-12 "双跑楼梯"对话框控件说明

控　件	功　能
梯间宽<	双跑楼梯总宽。单击按钮可从平面图中直接量取楼梯间净宽作为双跑楼梯宽
梯段宽<	默认宽度或由总宽计算，余下二等分作梯段宽初值,单击按钮可以从平面图中直接量取
楼梯高度	双跑楼梯的总高，默认自动取当前层高的值，对相邻楼层高度不等时应按实际情况调整
井宽	设置井宽参数，井宽＝梯间宽－(2×梯段宽)，最小井宽可以等于 0，这三个数值互相关联
踏步总数	默认踏步总数 20，是双跑楼梯的关键参数

续表

控　　件	功　　能
一跑步数	以踏步总数推算一跑与二跑步数，总数为奇数时先增二跑步数
二跑步数	二跑步数默认与一跑步数相同，两者都允许修改
踏步高度	踏步高度。可先输入大约的初始值，由楼梯高度与踏步数推算出最接近初值的设计值，推算出的踏步高有均分的舍入误差
踏步宽度	踏步沿梯段方向的宽度，是优先决定的楼梯参数，但在勾选“作为坡道”后，仅用于推算出的防滑条宽度
休息平台	有矩形、弧形、无三种选项，在非矩形休息平台时，可以选无平台，以便自己用平板功能设计休息平台
平台宽度	按建筑设计规范，休息平台的宽度应大于梯段宽度，在选弧形休息平台时应修改宽度值，最小值不能为零
踏步取齐	除了两跑步数不等时可直接在“齐平台”、“居中”、“齐楼板”中选择两梯段相对位置外，也可以通过拖动夹点任意调整两梯段之间的位置，此时踏步取齐为“自由”
层类型	在平面图中按楼层分为三种类型绘制：①首层只给出一跑的下剖断；②中间层的一跑是双剖断；③顶层的一跑无剖断
扶手高宽	默认值分别为900高，60×100的扶手断面尺寸
扶手距边	在1∶100图上一般取0，在1∶50详图上应标以实际值
转角扶手伸出	设置在休息平台扶手转角处的伸出长度，默认60，为0或者负值时扶手不伸出
层间扶手伸出	设置在楼层间扶手起末端和转角处的伸出长度，默认60，为0或者负值时扶手不伸出
扶手连接	默认勾选此项，扶手过休息平台和楼层时连接，否则扶手在该处断开
有外侧扶手	在外侧添加扶手，但不会生成外侧栏杆，在室外楼梯时需要选择以下项添加
有外侧栏杆	外侧绘制扶手也可选择是否勾选绘制外侧栏杆，边界为墙时常不用绘制栏杆
有内侧栏杆	默认创建内侧扶手，勾选此复选框自动生成默认的矩形截面竖栏杆
标注上楼方向	默认勾选此项，在楼梯对象中，按当前坐标系方向创建标注上楼下楼方向的箭头和“上”、“下”文字
剖切步数（高度）	作为楼梯时按步数设置剖切线中心所在位置，作为坡道时按相对标高设置剖切线中心所在位置
作为坡道	勾选此复选框，楼梯段按坡道生成，对话框中会显示出“单坡长度”的编辑框输入长度
单坡长度	勾选作为坡道后，显示此编辑框，在这里输入其中一个坡道梯段的长度，但精确值依然受踏步数×踏步宽度的制约
注意	①勾选“作为坡道”前要求楼梯的两跑步数相等，否则坡长不能准确定义 ②坡道的防滑条的间距用步数来设置，要在勾选“作为坡道”前设置好

8．绘制台阶

台阶，一般是指用砖、石、混凝土等筑成的一级一级供人上下的建筑物，多在大门前或坡道上。工程量的计算中一般会涉及台阶的工程量的计算。

（1）点击建筑工具箱中的【建筑设计】→【楼梯其它】→【台阶】命令，弹出如图3-61所示“台阶”对话框。

（2）设置“台阶总高”为450，“踏步数目”为3，“踏步高度”为150，“基面标高”为0，“平台宽度”为1000，“门洞外延”250，布置方式选择“门窗中心对齐”，如图3-62所示。

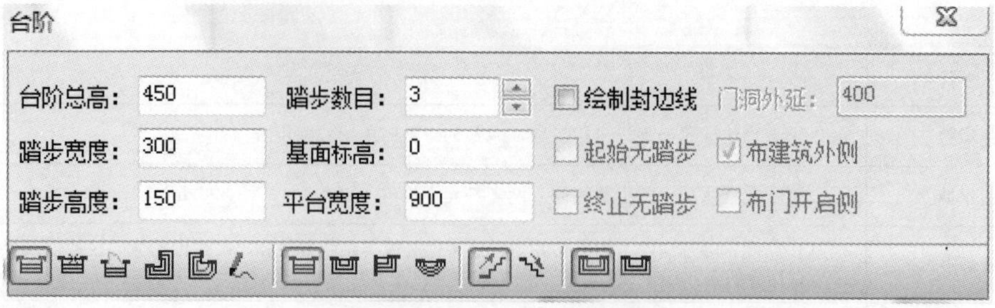

台阶
台阶总高： 450
踏步数目： 3
绘制封边线
门洞外延： 400
踏步宽度： 300
基面标高： 0
起始无踏步
布建筑外侧
踏步高度： 150
平台宽度： 900
终止无踏步
布门开启侧

图 3-61 “台阶”对话框

台阶
台阶总高： 450
踏步数目： 3
绘制封边线
门洞外延： 250
踏步宽度： 300
基面标高： 0
起始无踏步
布建筑外侧
踏步高度： 150
平台宽度： 1000
终止无踏步
布门开启侧

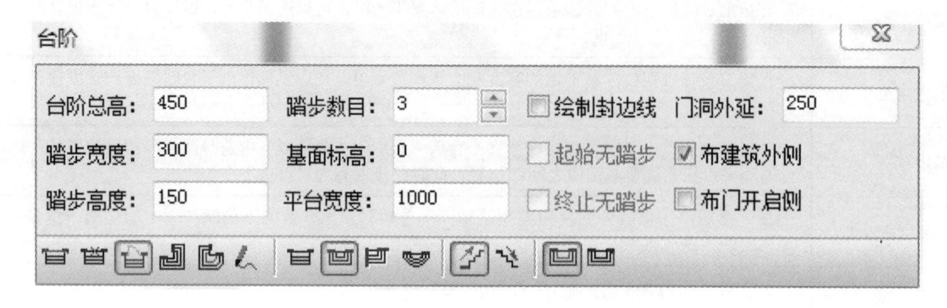

图 3-62 台阶参数

（3）点选门，进行布置，布置效果如图 3-63 所示。

FM乙1521
M1521
M1521

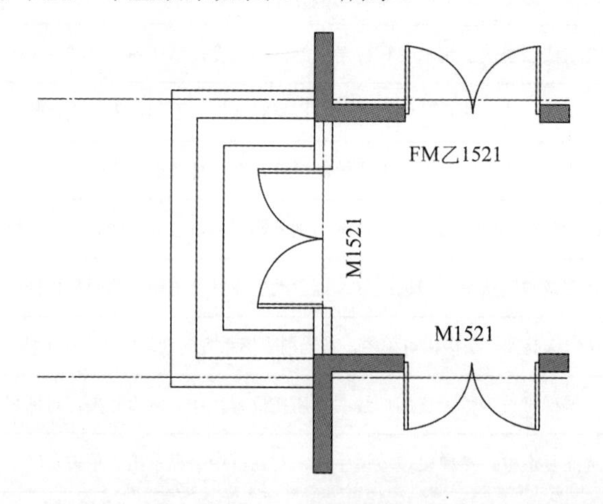

图 3-63 布置台阶

（4）重复“台阶”命令，布置大厅门前的台阶，设置参数如图 3-64 所示。

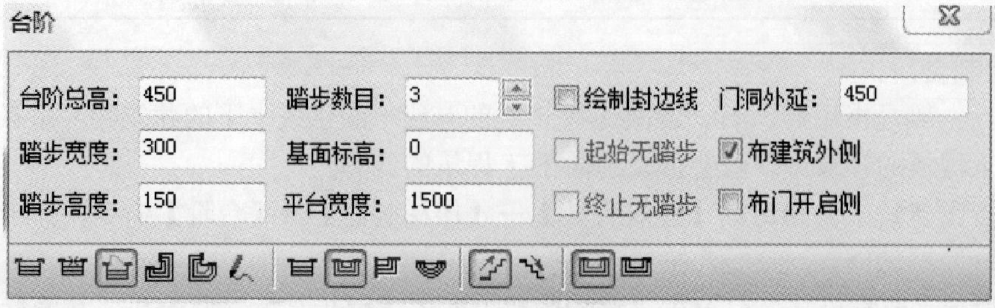

台阶
台阶总高： 450
踏步数目： 3
绘制封边线
门洞外延： 450
踏步宽度： 300
基面标高： 0
起始无踏步
布建筑外侧
踏步高度： 150
平台宽度： 1500
终止无踏步
布门开启侧

图 3-64 台阶参数

（5）点选门，进行布置，布置效果如图3-65所示。

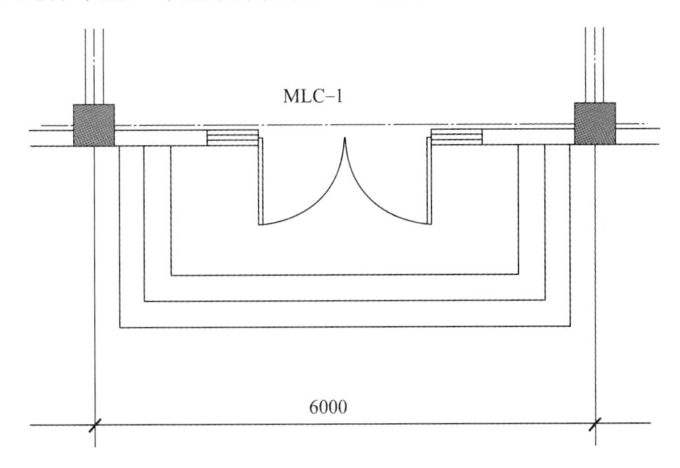

图3-65 布置台阶

“台阶”命令说明

对话框控件说明见表3-13。

表3-13 “台阶”对话框控件说明

控 件	功 能
台阶总高	台阶总净高度
踏步宽度	台阶踏步宽度
踏步高度	台阶踏步高度
踏步数目	台阶踏步数目
基面标高	基面相对于本层地平面标高
平台宽度	休息平台宽度
端点定位	台阶布置方式一种，通过指定台阶端点进行定位
中心定位	台阶布置方式一种，通过指定台阶中点、端点进行定位
门窗中心定位	台阶布置方式一种，通过指定台阶对齐门窗进行定位
沿墙偏移绘制	台阶布置方式一种，通过指定台阶相邻墙体进行绘制
选择已有路径绘制	台阶布置方式一种，以绘制好的Pline线作为台阶轮廓线进行绘制
任意绘制	台阶布置方式一种，手动任意绘制
矩形单面台阶	台阶样式一种，只有一面有台阶
矩形三面台阶	台阶样式一种，三面有台阶
矩形阴角台阶	台阶样式一种，两面有台阶
圆弧台阶	台阶样式一种，圆弧形台阶
普通台阶	用于门口高于地坪的情况
下沉式台阶	用于门口低于地坪的情况

续表

控　件	功　能
基面为平台面	多用于普通台阶
基面为外轮廓面	多用于下沉式台阶

制图标准

（1）公共建筑室内外台阶踏步宽度不宜小于300mm，踏步高度不宜大于150mm，并不宜小于100mm，踏步应防滑。室内台阶踏步数不应少于2级；当高差不足2级时，应按坡道设置。

（2）人流密集的场所台阶高度超过700mm并侧面临空时，应有防护设施。

（3）室外台阶由平台和踏步组成，平台面应比门洞口每边宽出500mm左右，并比室内地坪低20～50mm，向外做出约1%的排水坡度。台阶踏步所形成的坡度应比楼梯平缓，一般踏步的宽度不小于300mm，高度不大于150mm。当室内外高差超过1000mm时，应在台阶临空一侧设置围护栏杆或栏板。

9．绘制散水

散水是指建筑物（构筑物）为保证基础或地下室不被雨水入侵所设置的沿建筑物外墙一圈的防水（排水）设施，散水根部一般与室外地坪同高，目的是防止屋面流下的水损坏地基，位置一般布在房屋四周。

（1）点击建筑工具箱中的【建筑设计】→【楼梯其它】→【散水】命令，弹出如图3-66所示“散水”对话框。

图3-66　“散水”对话框

（2）设置散水“室内外高差”为450，“散水宽度”为600，布置方式选择“搜索自动生成”，如图3-67所示。

图3-67　台阶参数

（3）框选首层平面图，如图3-68所示，然后回车。

（4）绘制完成散水效果如图3-69所示。

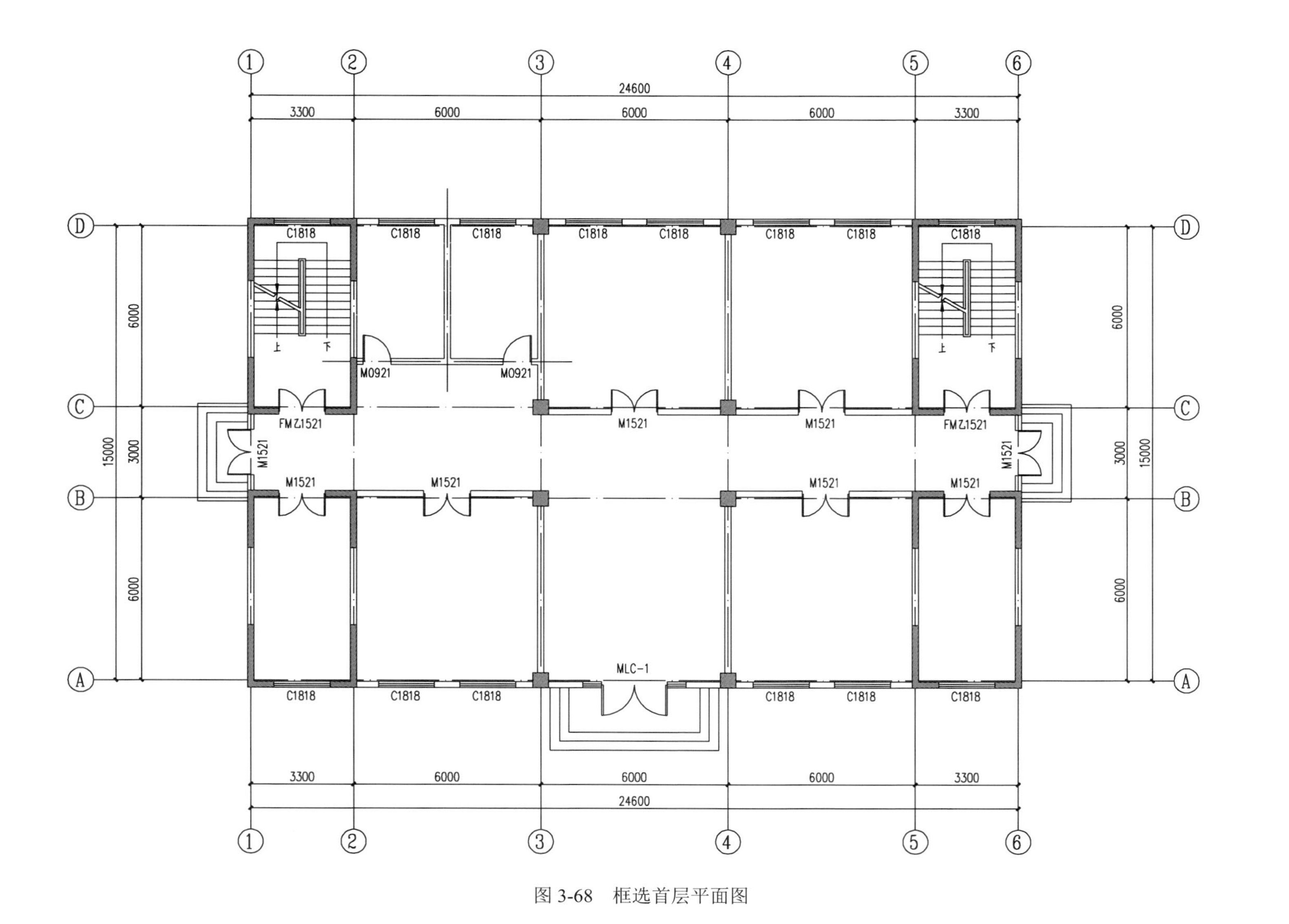

图 3-68 框选首层平面图

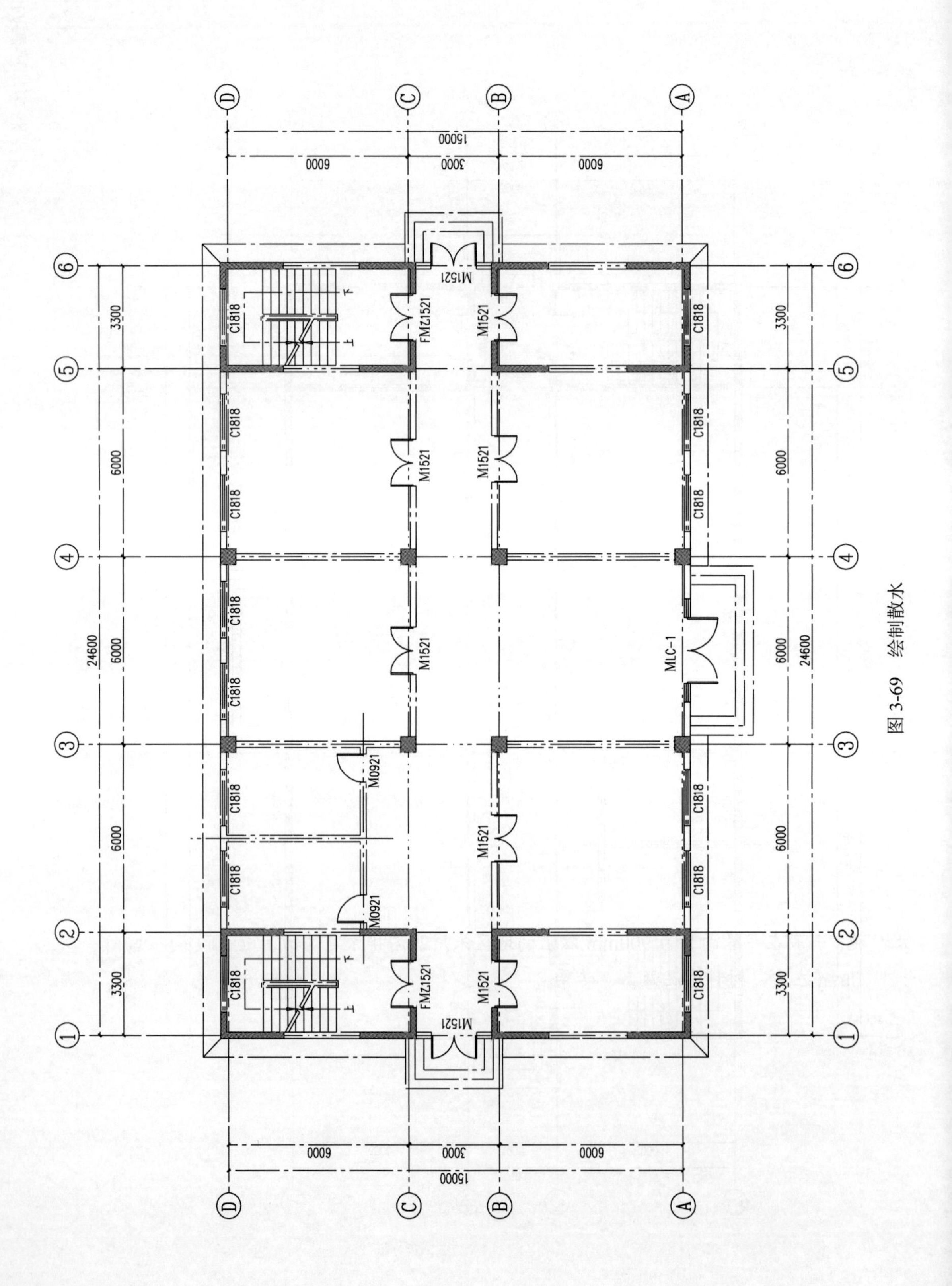
D
C
B
A
15000
6000
3000
6000
1
2
3
4
5
6
3300
6000
6000
6000
3300
24600
C1818
M1521
FMZ1521
M0921
MLC-1

图 3-69 绘制散水

“散水”命令说明

对话框控件说明见表 3-14。

表 3-14 “散水”对话框控件说明

控　件	功　能
室内外高差	键入本工程范围使用的室内外高差，默认为 450
偏移外墙皮	键入本工程外墙勒脚对外墙皮的偏移值
散水宽度	键入新的散水宽度，默认为 600
创建高差平台	勾选复选框后，在各房间中按零标高创建室内地面
散水绕柱子/阳台/墙体造型	勾选复选框后，散水绕过柱子、阳台、墙体造型创建，否则穿过这些构件，请按设计实际要求勾选
搜索自动生成	搜索闭合外墙自动生成散水对象，要求平面图事先执行“识别内外”命令，识别出外墙
任意绘制	逐点给出散水路径基点，动态绘制散水对象，散水生成方向由用户给出
选择已有路径生成	选择已有的直线、多段线或圆作为散水的路径生成散水对象，多段线不要求闭合

制图标准

（1）散水是与外墙勒脚垂直交接倾斜的室外地面部分，用以排除雨水，保护墙基免受雨水侵蚀。散水的宽度应根据土壤性质、气候条件、建筑物的高度和屋面排水形式确定，一般为 600～1000mm。当屋面采用无组织排水时，散水宽度应大于檐口挑出长度 200～300mm。为保证排水顺畅，一般散水的坡度为 3%～5%左右，散水外缘高出室外地坪 30～50mm。散水常用材料为混凝土、水泥砂浆、卵石、块石等。

（2）在年降雨量较大的地区可采用明沟排水。明沟是将雨水导入城市地下排水管网的排水设施。一般在年降雨量为 900mm 以上的地区采用明沟排除建筑物周边的雨水。明沟宽一般为 200mm 左右，材料为混凝土、砖等。

（3）建筑中为防止房屋沉降后，散水或明沟与勒脚结合处出现裂缝，在此部位应设缝，用弹性材料进行柔性连接。

10. 布置洁具

（1）点击建筑工具箱下的【建筑设计】→【房间屋顶】→【房间布置】→【布置洁具】命令，弹出如图 3-70 所示的洁具“图库”对话框。

（2）双击选择一个合适洗脸盆，弹出如图 3-71 所示的洗脸盆布置对话框。

（3）选择“自由插入”布置方式，将洗脸盆插入到合适位置，如图 3-72 所示。

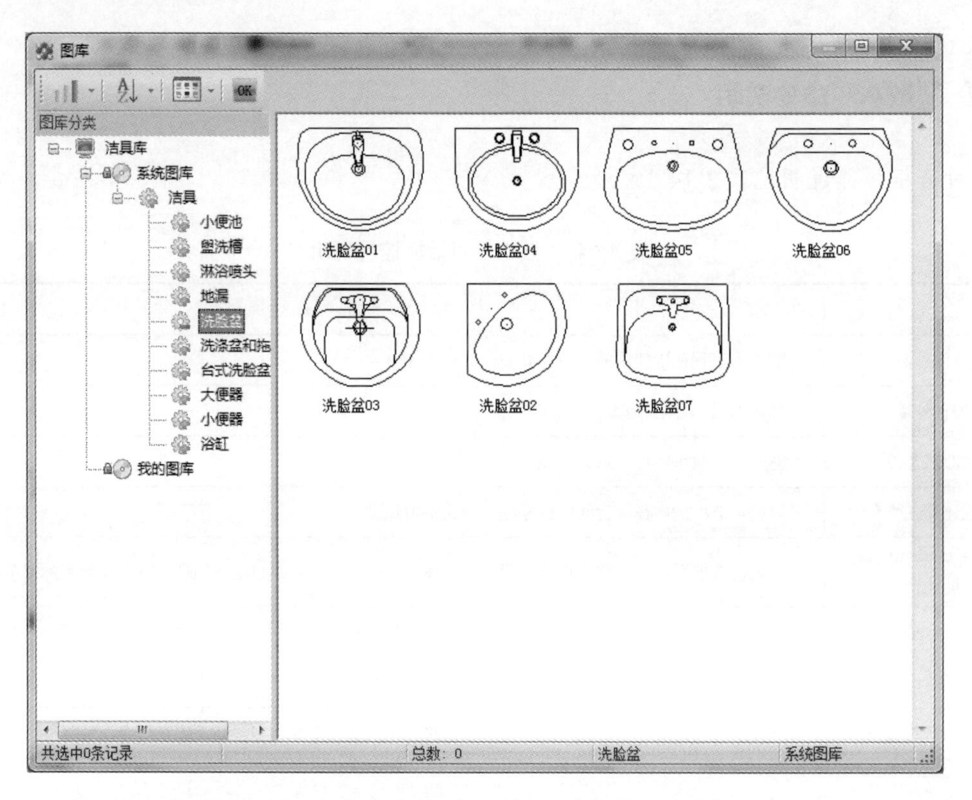

图 3-70 洁具“图库”对话框

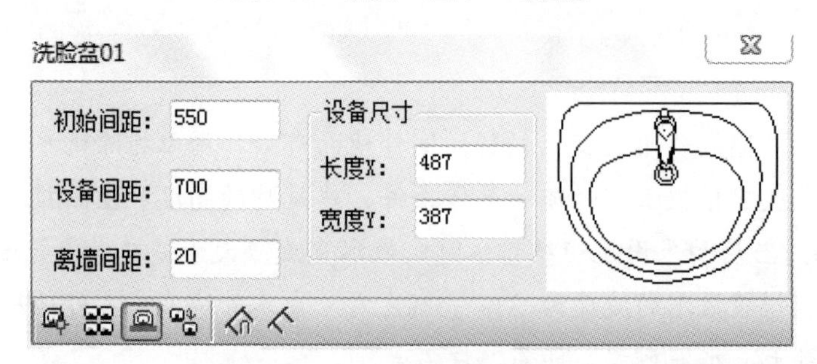

图 3-71 洗脸盆布置对话框

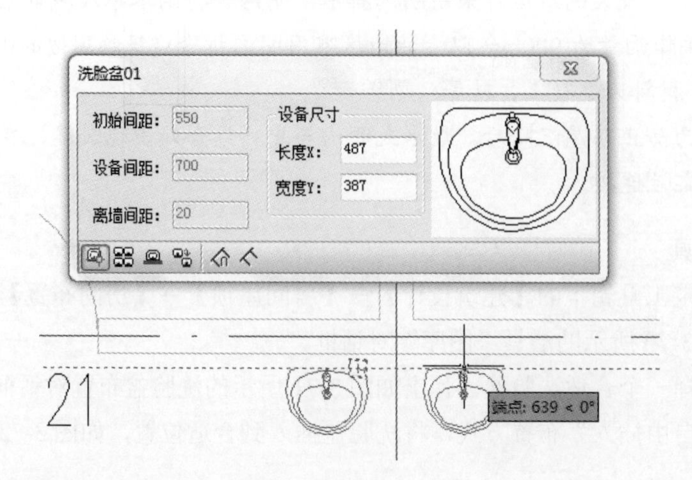

图 3-72 布置洗脸盆

（4）点击建筑工具箱下的【建筑设计】→【房间屋顶】→【房间布置】→【布置洁具】命令，双击选择一个合适大便器，如图3-73所示。

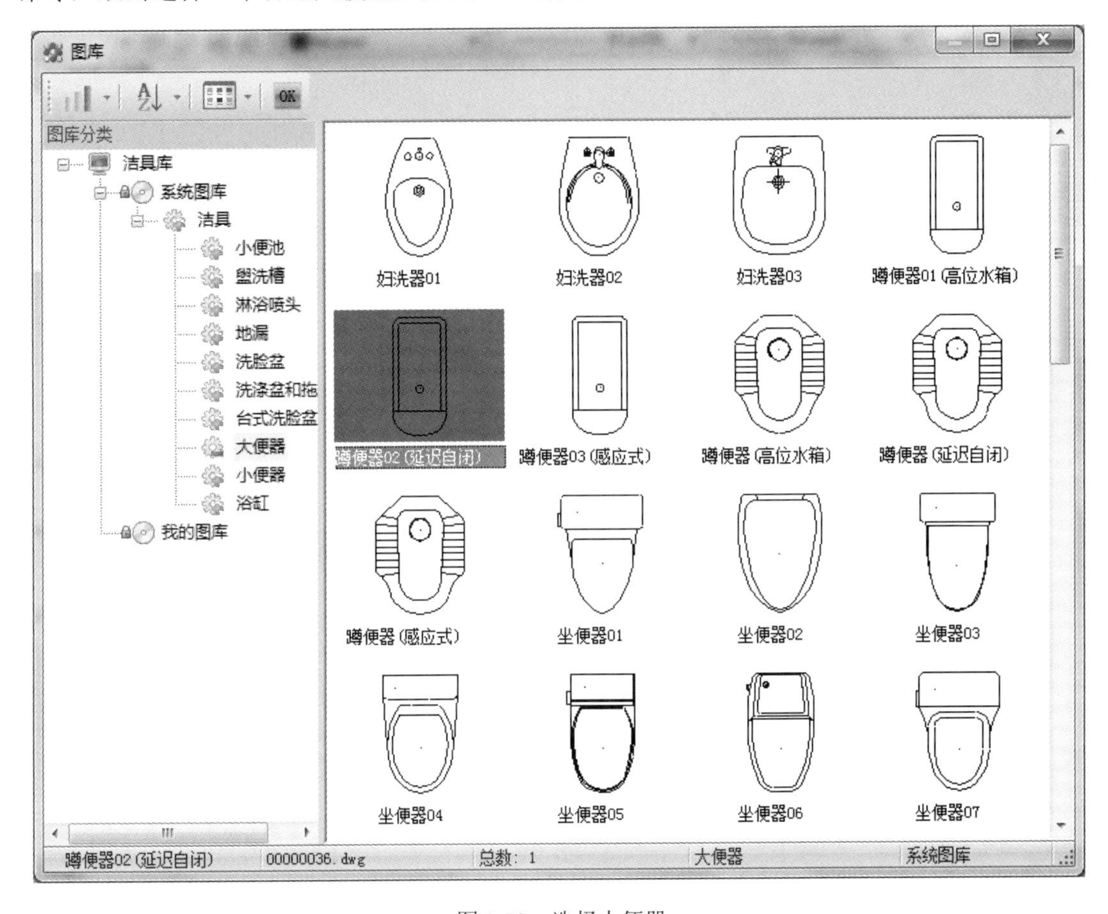

图3-73 选择大便器

（5）选择“沿墙内侧边线布置”选项，其他参数设置如图3-74所示。

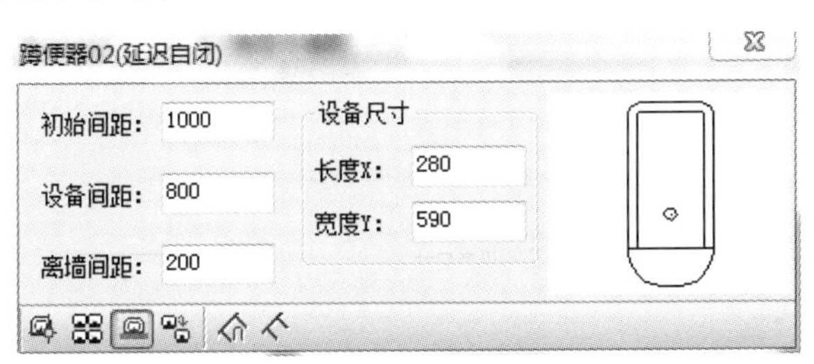

图3-74 布置参数

（6）根据命令提示选择沿墙边线，如图3-75所示。

（7）点击指定插入洁具方向，如图3-76所示。

（8）采用相同方式插入其他洁具，绘制效果如图3-77所示。

（9）点击建筑工具箱下的【建筑设计】→【房间屋顶】→【房间布置】→【卫生隔断】命令，弹出如图3-78所示的“卫生隔断”对话框。

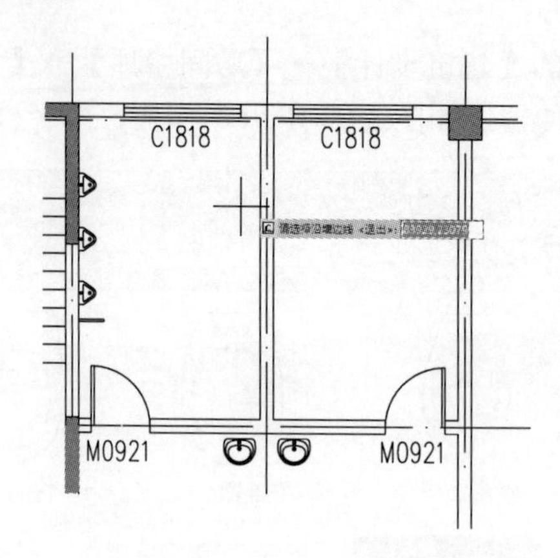

图 3-75 选择沿墙边线

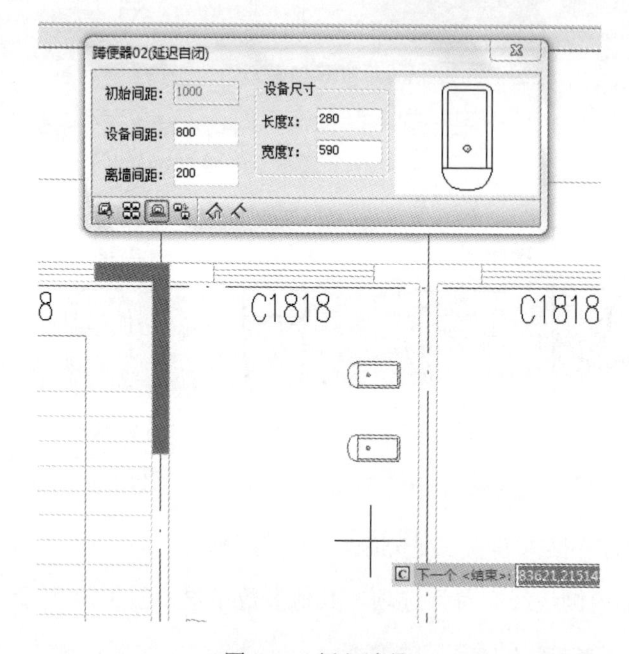

图 3-76 插入洁具

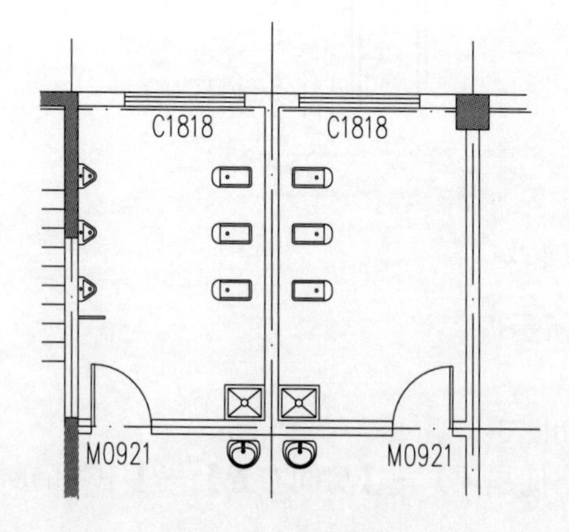

图 3-77 插入洁具

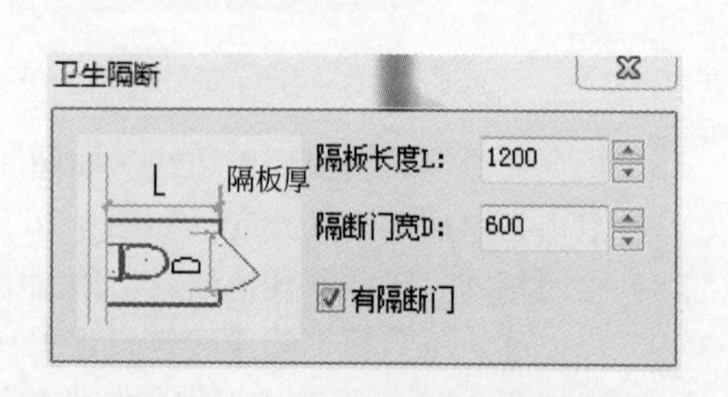

图 3-78 “卫生隔断”对话框

（10）默认勾选“有隔断门”，插入定制的卫生间隔断，设置隔断相关参数后，根据命令提示，绘制一根通过洁具的线，如图 3-79 所示。

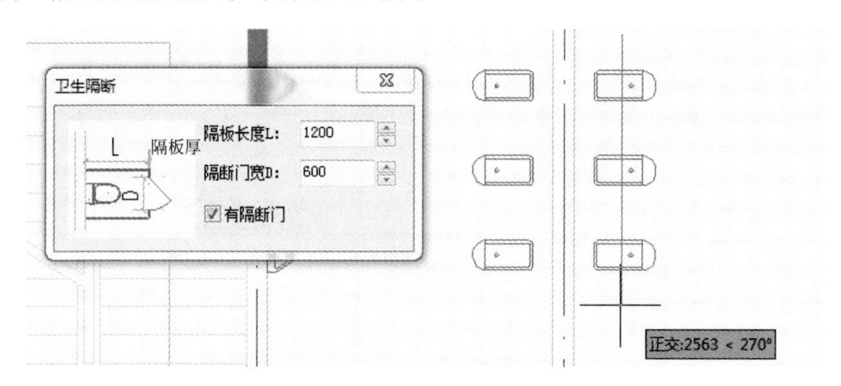

图 3-79　插入隔断

（11）绘制好的卫生隔断如图 3-80 所示。

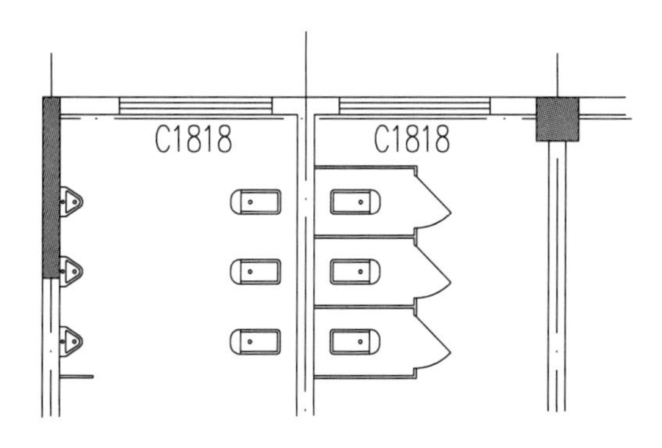

图 3-80　卫生隔断

（12）采用相同方式插入其它卫生隔断，绘制效果如图 3-81 所示。
（13）使用多段线命令，绘制台式洗脸盆轮廓线，绘制效果如图 3-82 所示。

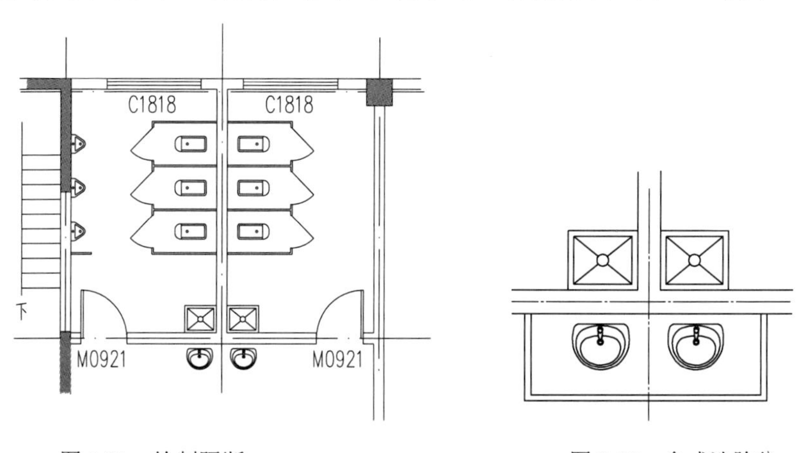

图 3-81　绘制隔断　　　　图 3-82　台式洗脸盆

11．尺寸标注

尺寸标注是设计图纸中的重要组成部分，图纸中的尺寸标注在国家颁布的建筑制图标准中有严格的规定，为此浩辰软件提供了自定义的尺寸标注系统，完全取代了 AutoCAD 的尺寸标注功能，提供随比例自动变化大小的先进功能；在分解后为 AutoCAD 的尺寸标注，此时不能随比例变化大小。

（1）点击建筑工具箱下的【建筑设计】→【尺寸标注】→【门窗标注】命令，根据命令行提示，绘制一根同时通过第一、第二道尺寸线和门窗的线，如图 3-83 所示。

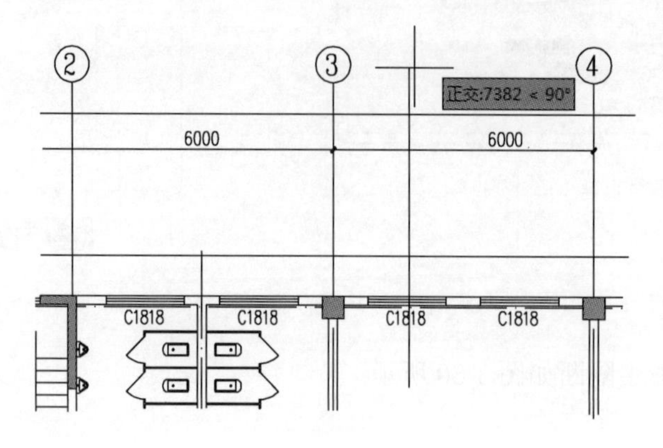

图 3-83　绘制尺寸线

（2）绘制完成后，自动生成此段墙体的门窗标注，如图 3-84 所示。注意，此时命令还没有结束。

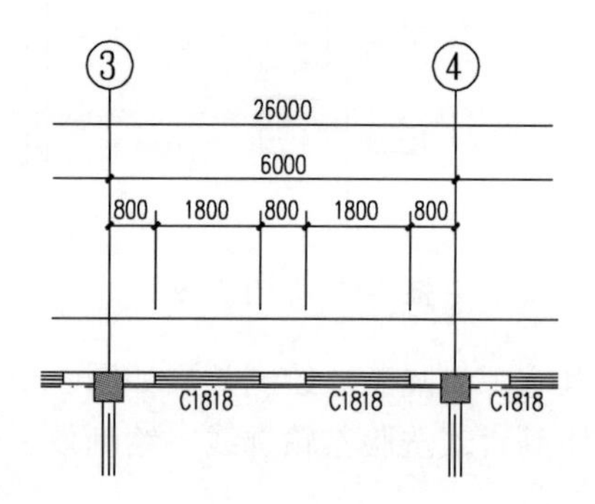

图 3-84　门窗标注

（3）根据命令行提示，选择同侧的墙体，如图 3-85 所示。

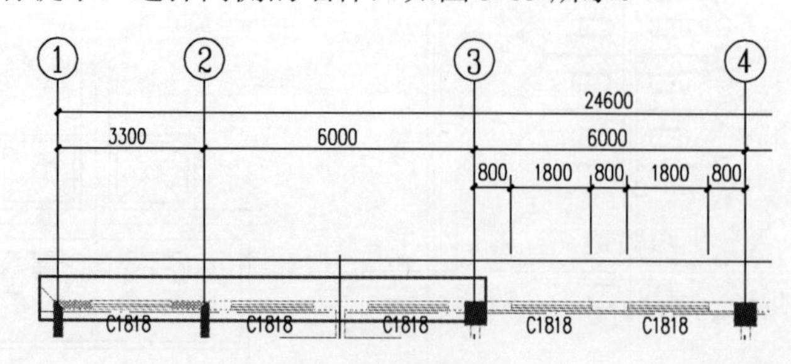

图 3-85　选择墙体

（4）选择完成后，回车，一次完成一侧墙体上的门窗标注，如图 3-86 所示。

（5）采用相同的方式标注其他方向的门窗，绘制效果如图 3-87 所示。

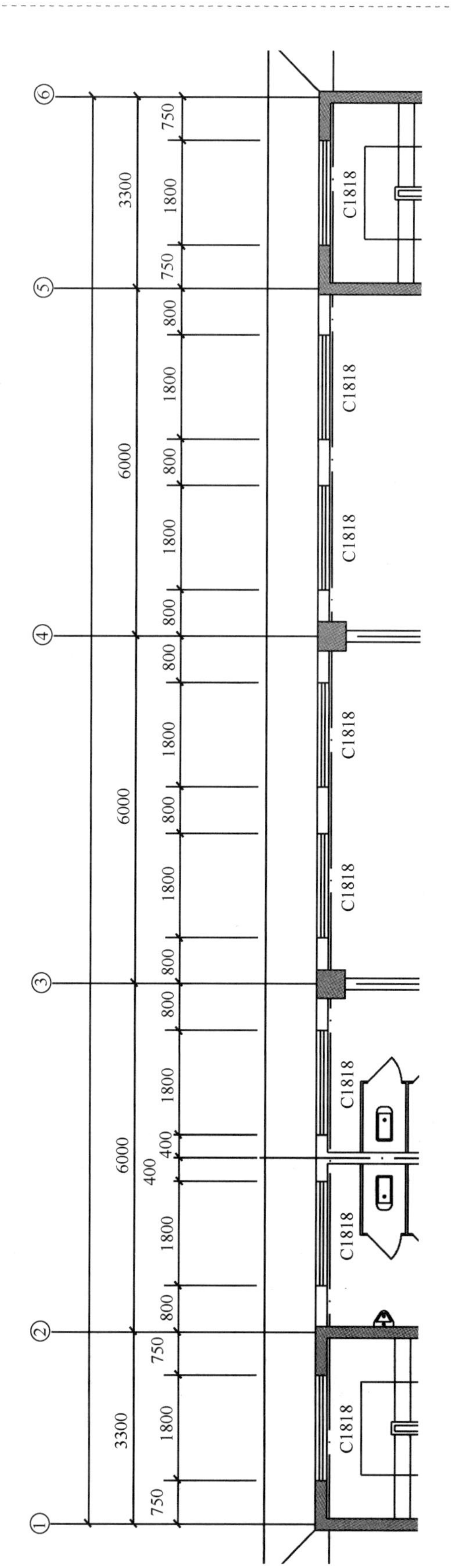
⑥
⑤
④
③
②
①
3300
6000
6000
6000
3300
750
1800
750
800
1800
800
1800
800
800
1800
800
1800
800
800
1800
400
400
1800
800
750
1800
750
C1818
C1818
C1818
C1818
C1818
C1818
C1818
C1818

图3-86　门窗标注

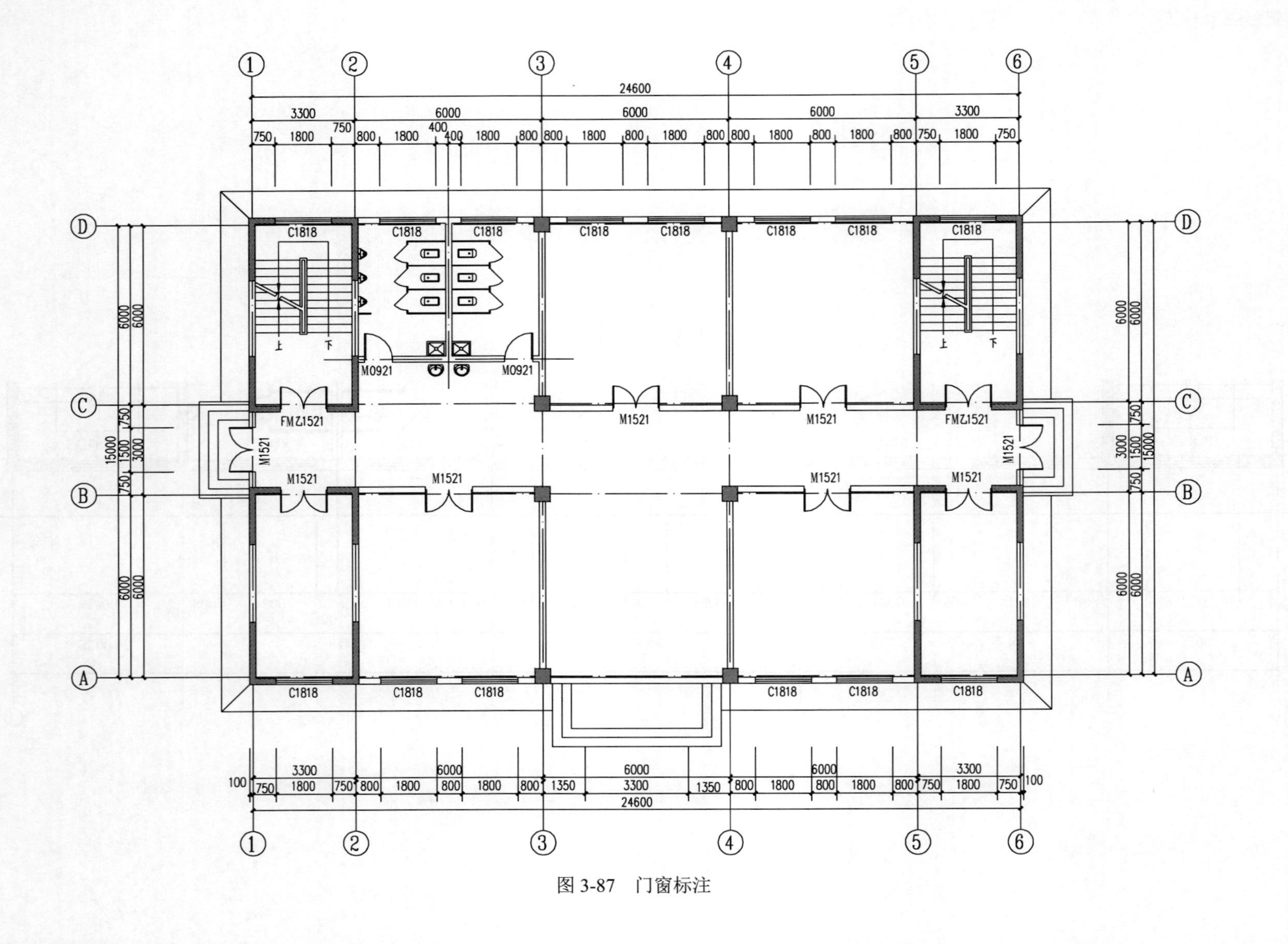
1
2
3
4
5
6
A
B
C
D
24600
3300
6000
1800
800
750
400
1350
100
15000
3000
1500
C1818
M1521
FMZ1521
M0921
上
下

图 3-87 门窗标注

（6）点击建筑工具箱下的【建筑设计】→【尺寸标注】→【逐点标注】命令，弹出如图 3-88 所示的“逐点标注”对话框。

图 3-88 “逐点标注”对话框

（7）选择标注尺寸的第一点和第二点，如图 3-89 所示。

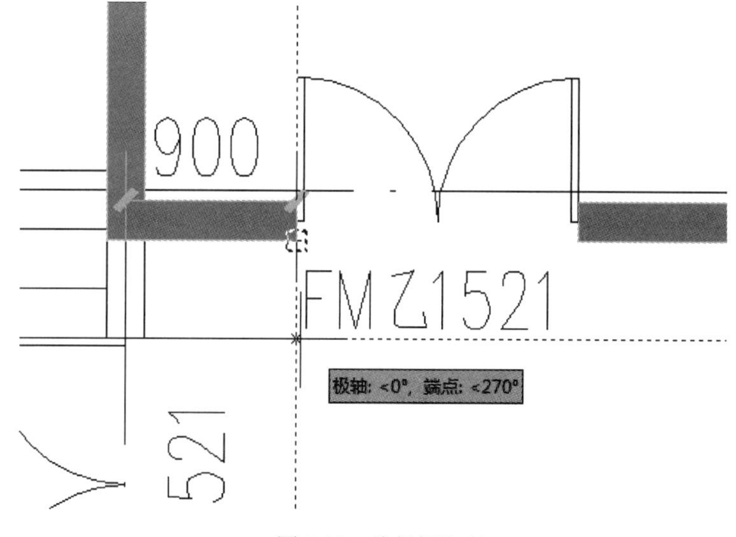

图 3-89 选择标注点

（8）根据命令行提示，点取尺寸线位置，如图 3-90 所示。

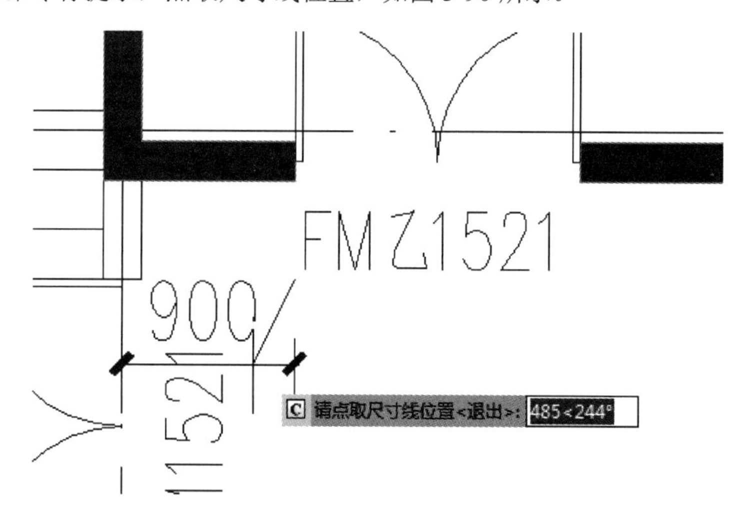

图 3-90 选择尺寸线位置

（9）根据命令行提示，选取其他标注点，如图 3-91 所示。

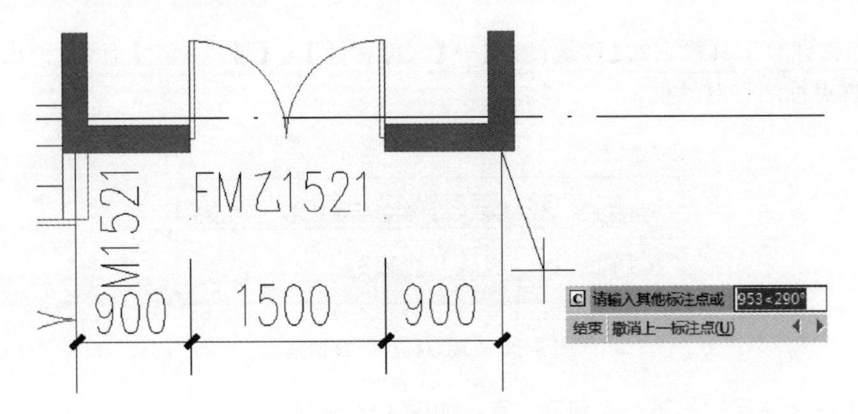

图 3-91　选择其他标注点

（10）标注点选择完成后，回车，即可完整逐点标注，如图 3-92 所示。

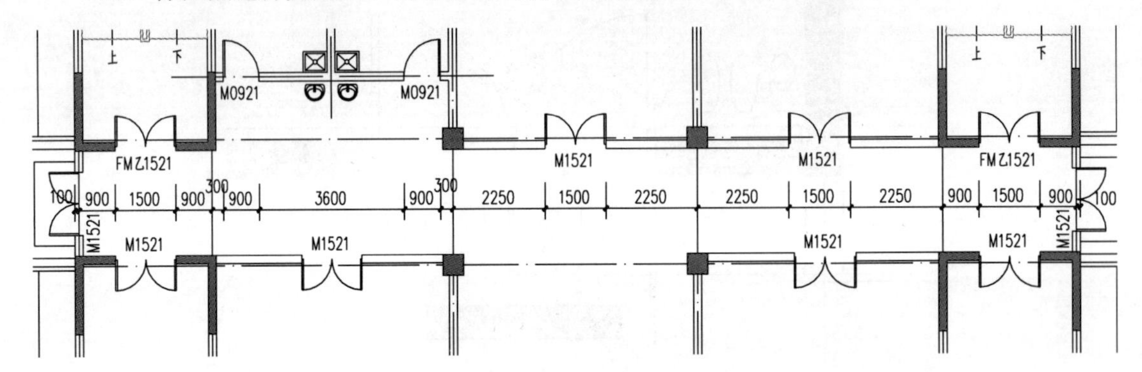

图 3-92　逐点标注

（11）使用“逐点标注”命令，标注台阶，标注效果如图 3-93 所示。

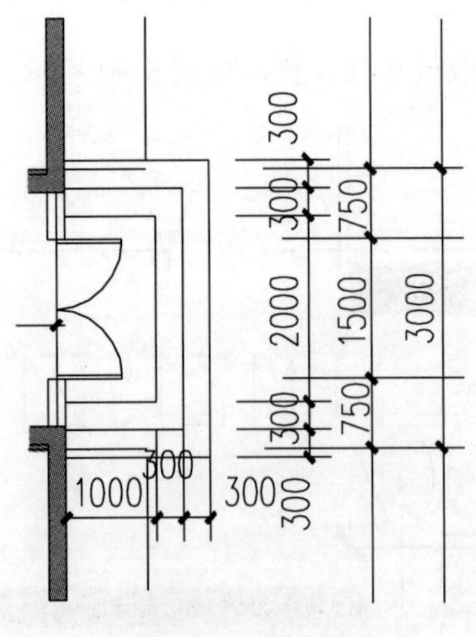

图 3-93　标注台阶

（12）最终标注效果如图 3-94 所示。

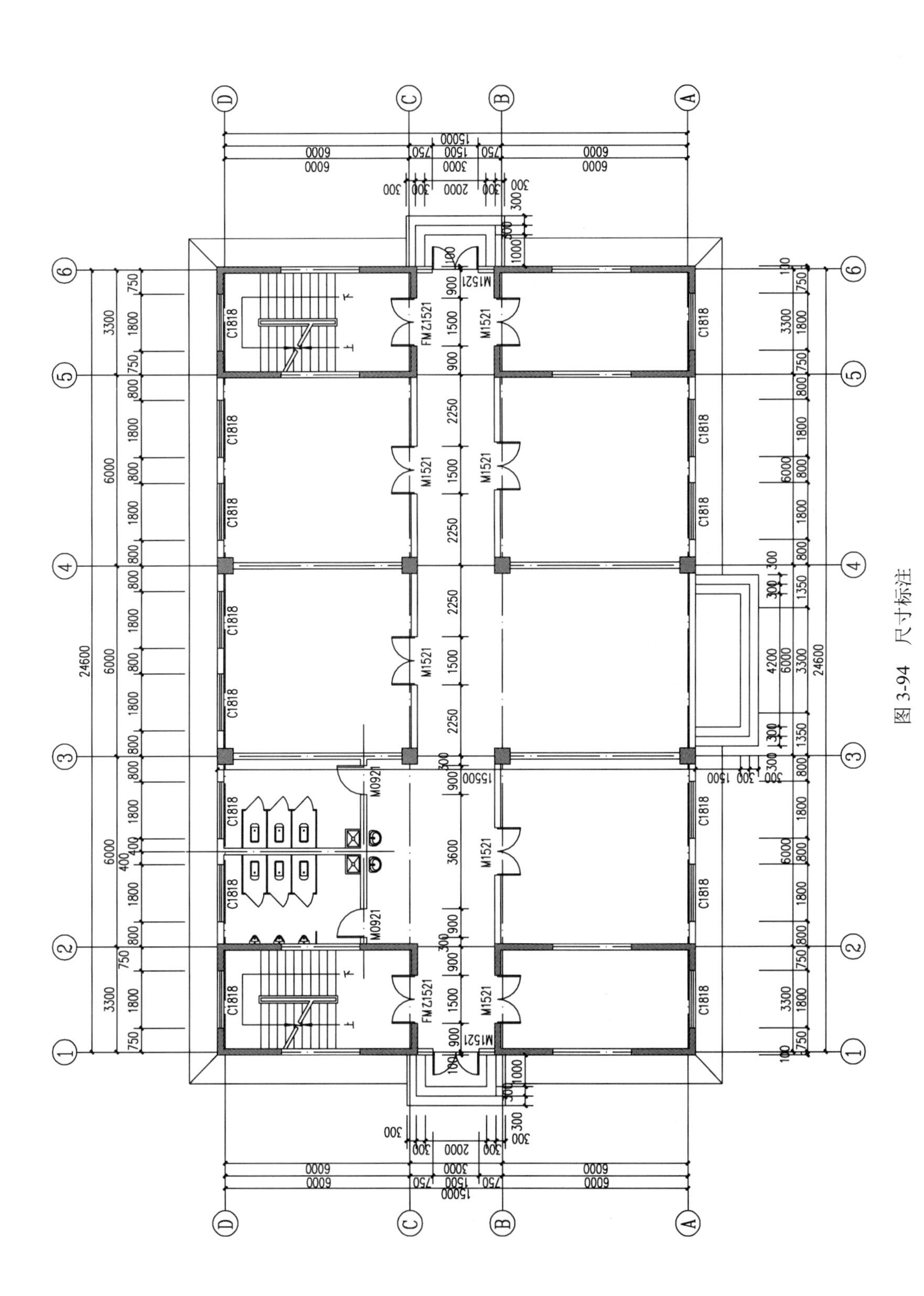

图 3-94　尺寸标注

制图标准

（1）尺寸界线应用细实线绘制，一般应与被注长度垂直，其一端应离开图样轮廓线不应小于2mm，另一端宜超出尺寸线2～3mm，如图3-95所示。图样轮廓线可用作尺寸界线。

（2）尺寸线应用细实线绘制，应与被注长度平行。图样本身的任何图线均不得用作尺寸线。

（3）尺寸起止符号一般用中粗斜短线绘制，其倾斜方向应与尺寸界线成顺时针45°角，长度宜为2～3mm。半径、直径、角度与弧长的尺寸起止符号，宜用箭头表示，如图3-96所示。

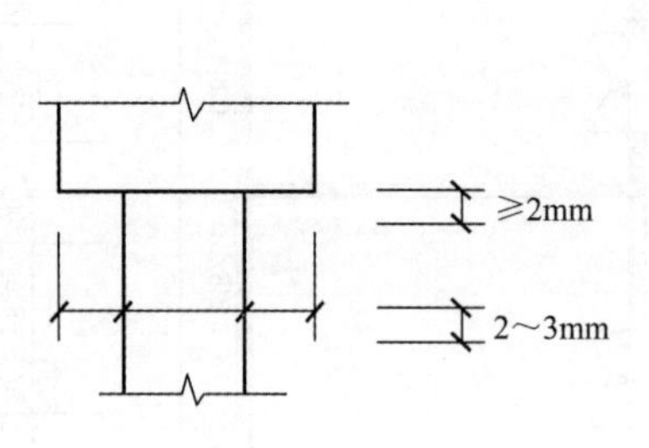

图3-95　尺寸界线

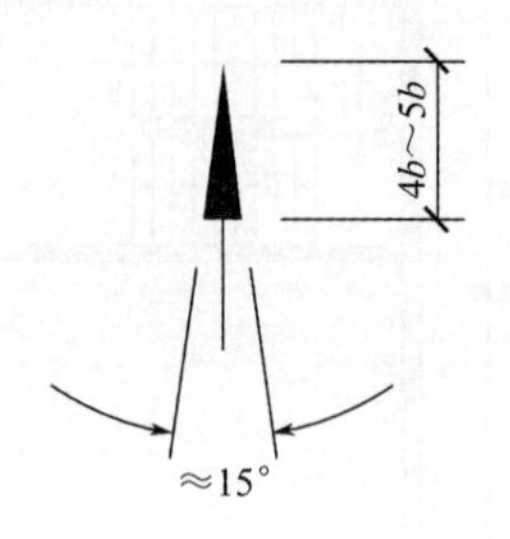

图3-96　箭头尺寸起止符号

（4）图样上的尺寸单位，除标高及总平面以“米”为单位外，其他必须以“毫米”为单位。

12．其他标注

（1）点击建筑工具箱下的【建筑设计】→【符号标注】→【图名标注】命令，弹出如图3-97所示的“图名标注”对话框。

图3-97　“图名标注”对话框

（2）输入名称为“一层平面图”，比例设置为“1∶100”，根据提示，点取插入位置，如图3-98所示。

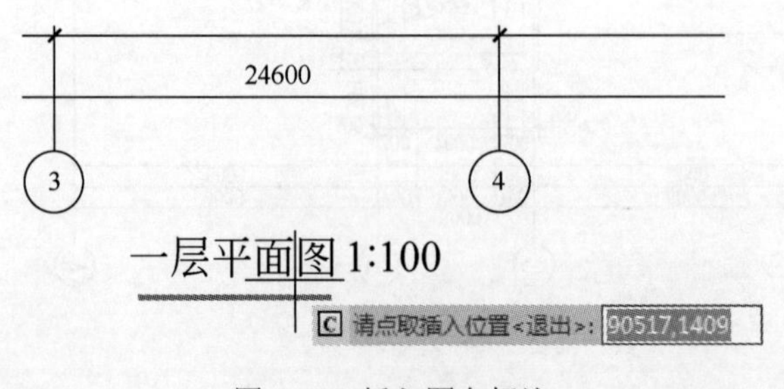

图3-98　插入图名标注

（3）点击建筑工具箱下的【建筑设计】→【符号标注】→【画指北针】命令，弹出如图 3-99 所示的指北针，点击鼠标确定指北针位置。

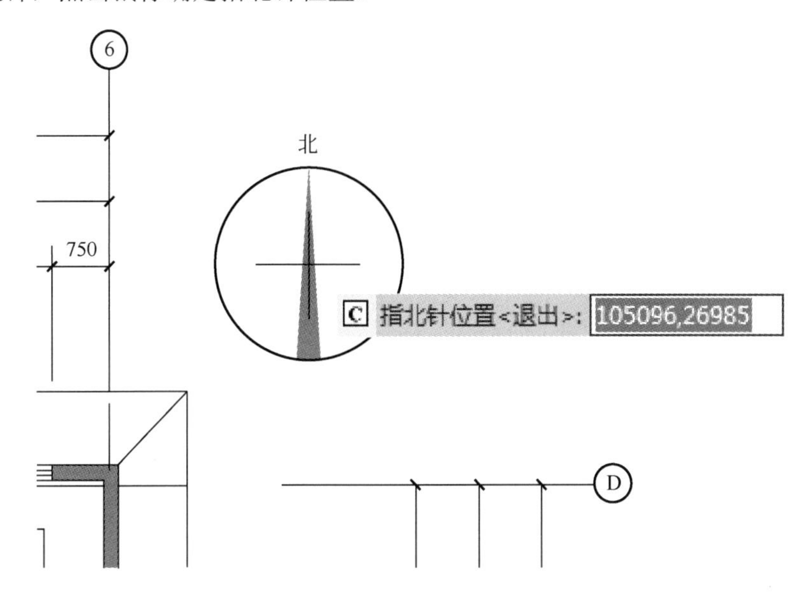

图 3-99　指定指北针位置

（4）然后指定指北针方向，如图 3-100 所示。默认为 90°。

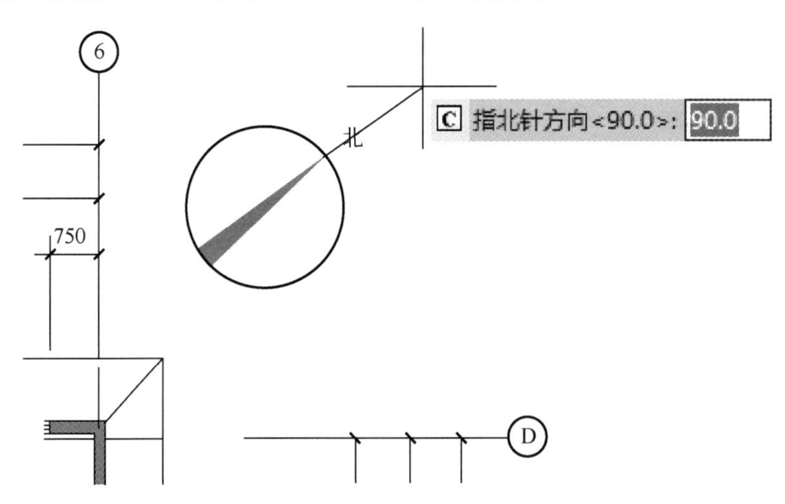

图 3-100　指定指北针位置

（5）插入完成效果如图 3-101 所示。

（6）点击建筑工具箱下的【建筑设计】→【符号标注】→【索引符号】命令，弹出如图 3-102 所示的“索引符号”对话框。

（7）设置索引符号参数如图 3-103 所示。

6
北
750
D

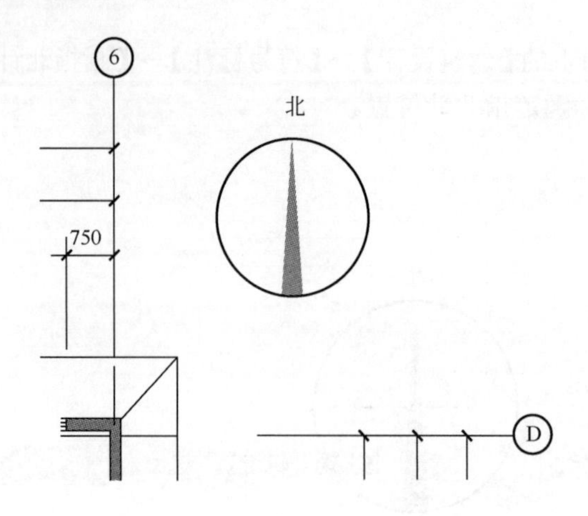

图 3-101　指北针

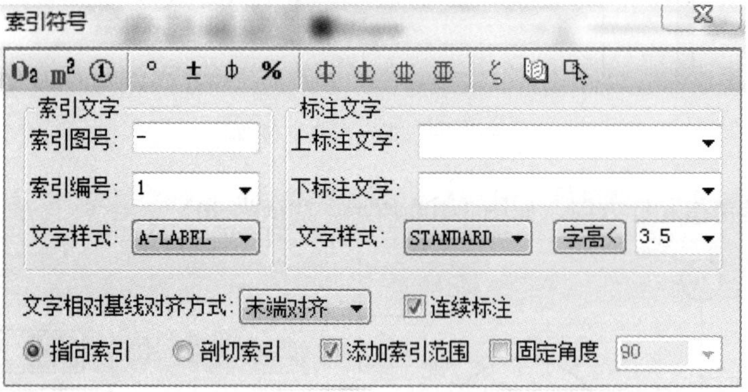

索引符号
索引文字
索引图号: -
索引编号: 1
文字样式: A-LABEL
标注文字
上标注文字:
下标注文字:
文字样式: STANDARD
字高<
3.5
文字相对基线对齐方式: 末端对齐
连续标注
指向索引
剖切索引
添加索引范围
固定角度
90

图 3-102 “索引符号”对话框

索引符号
索引文字
索引图号: 102
索引编号: 1
文字样式: A-LABEL
标注文字
上标注文字: 12YJ9
下标注文字: 室外踏步详
文字样式: STANDARD
字高<
3.5
文字相对基线对齐方式: 末端对齐
连续标注
指向索引
剖切索引
添加索引范围
固定角度
90

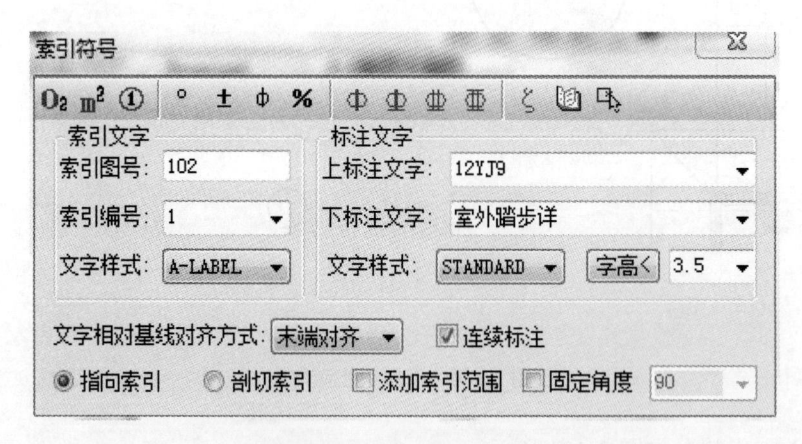

图 3-103 “索引符号”参数

（8）根据命令行提示，点击鼠标确定索引节点位置，如图 3-104 所示。

（9）根据命令行提示，指定索引符号其他节点位置，绘制完成索引符号效果如图 3-105 所示。

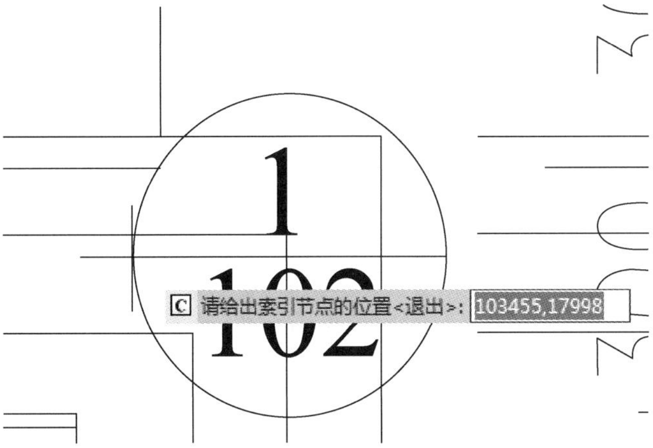

图 3-104　指定索引节点位置

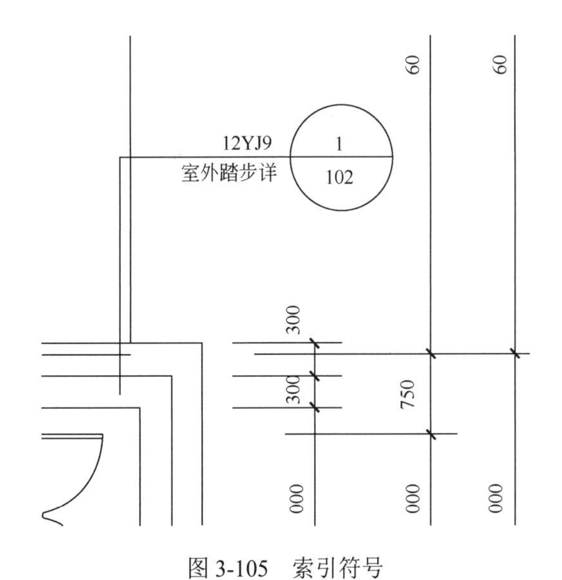

图 3-105　索引符号

（10）点击建筑工具箱下的【建筑设计】→【符号标注】→【剖切符号】命令，弹出如图 3-106 所示的“剖切符号”对话框。

图 3-106 “剖切符号”对话框

（11）选择“正交剖切”方式，根据命令行提示，指定剖切符号剖切点，然后指定剖视方向，绘制完成剖切符号如图 3-107 所示。

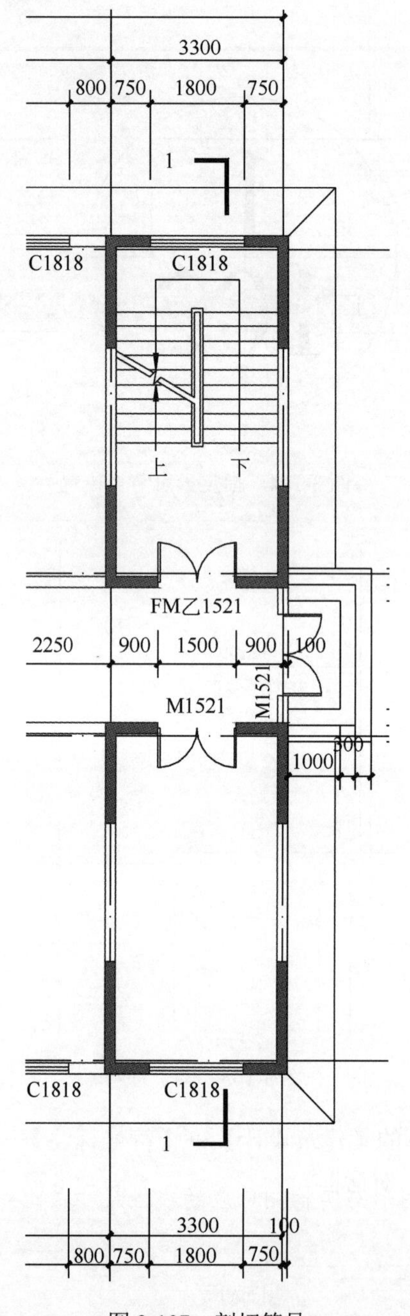

图 3-107 剖切符号

（12）点击建筑工具箱下的【建筑设计】→【符号标注】→【标高标注】命令，弹出如图 3-108 所示的“标高标注”对话框。

（13）选择“平面标高”选项，选择标高样式为“基准标高”，其他参数设置如图 3-109 所示。

（14）根据命令行提示，点击鼠标指定标高标注位置和方向，绘制完成标高标注效果如图 3-110 所示。

图 3-108 “标高标注”对话框

图 3-109 标高参数

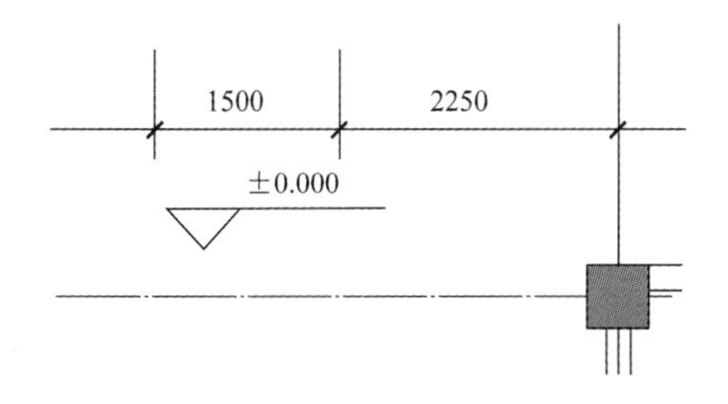

图 3-110 标高标注

制图标准

（1）图样的比例，应为图形与实物相对应的线性尺寸之比。

（2）比例的符号为“:”，比例应以阿拉伯数字表示。

（3）比例宜注写在图名的右侧，字的基准线应取平；比例的字高宜比图名的字高小一号或二号，如图 3-111 所示。

（4）指北针的形状符合图 3-112 的规定，其圆的直径宜为 24 mm，用细实线绘制；指针尾部的宽度宜为 3mm，指针头部应注“北”或“N”字。需用较大直径绘制指北针时，指针尾部的宽度宜为直径的 1/8。

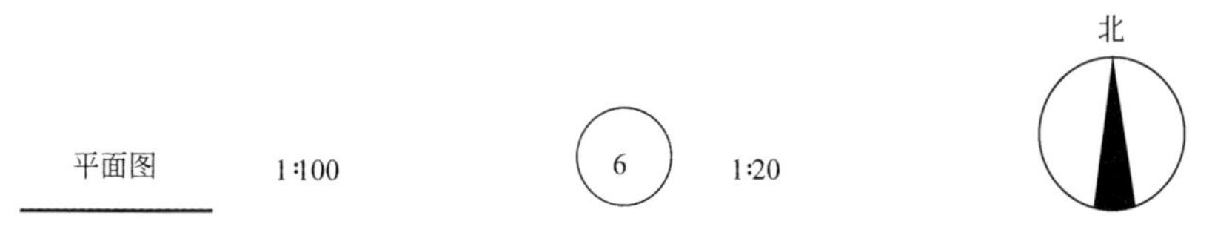

图 3-111 比例的注写　　图 3-112 指北针

（5）索引符号是由直径为8～10mm的圆和水平直径组成，圆及水平直径应以细实线绘制，如图3-113（a）所示。索引符号应按下列规定编写。

① 索引出的详图，如与被索引的详图同在一张图纸内，应在索引符号的上半圆中用阿拉伯数字注明该详图的编号，并在下半圆中间画一段水平细实线，如图3-113（b）所示。

② 索引出的详图，如与被索引的详图不在同一张图纸内，应在索引符号的上半圆中用阿拉伯数字注明该详图的编号，在索引符号的下半圆用阿拉伯数字注明该详图所在图纸的编号，如图3-113（c）所示。数字较多时，可加文字标注。

③ 索引出的详图，如采用标准图，应在索引符号水平直径的延长线上加注该标准图册的编号，如图3-113（d）所示。需要标注比例时，文字在索引符号右侧或延长线下方，与符号下对齐。

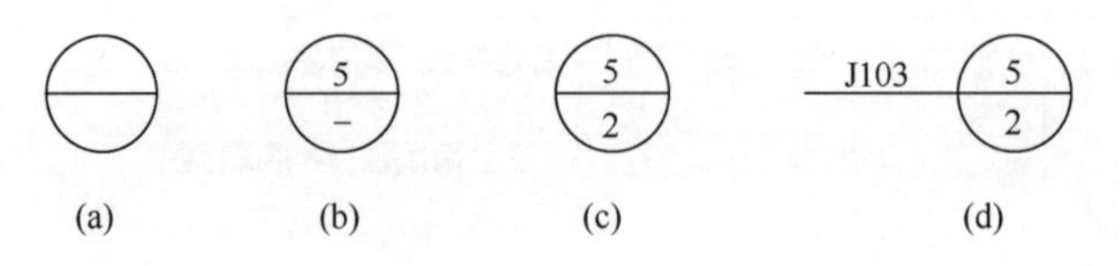

图3-113　索引符号

（6）剖视的剖切符号应由剖切位置线及剖视方向线组成，均应以粗实线绘制。剖视的剖切符号应符合下列规定。

① 剖切位置线的长度宜为6～10mm；剖视方向线应垂直于剖切位置线，长度应短于剖切位置线，宜为4～6mm，如图3-114所示。

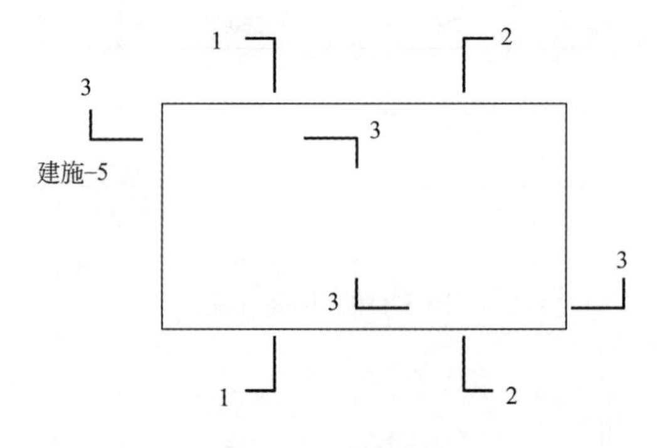

图3-114　剖切符号

② 剖视剖切符号的编号宜采用粗阿拉伯数字，按剖切顺序由左至右、由下向上连续编排，并应注写在剖视方向线的端部。

③ 需要转折的剖切位置线，应在转角的外侧加注与该符号相同的编号。

④ 建(构)筑物剖面图的剖切符号应注在±0.000标高的平面图或首层平面图上。

⑤ 局部剖面图（不含首层）的剖切符号应注在包含剖切部位的最下面一层的平面图上。

（7）标高符号的尖端应指至被注高度的位置。尖端宜向下，也可向上。标高数字应注写在标高符号的上侧或下侧，如图3-115所示。

（8）标高数字应以米为单位，注写到小数点以后第三位。在总平面图中，可注写到小数字点以后第二位。

（9）零点标高应注写成±0.000，正数标高不注“+”，负数标高应注“–”，例如3.000、

–0.600。

（10）在图样的同一位置需表示几个不同标高时，标高数字可按图 3-116 的形式注写。

图 3-115　标高的指向　　　　图 3-116　在同一位置注写多个标高数字

13．插入文字

（1）点击建筑工具箱下的【建筑设计】→【文字表格】→【单行文字】命令，弹出如图 3-117 所示的“单行文字”对话框。

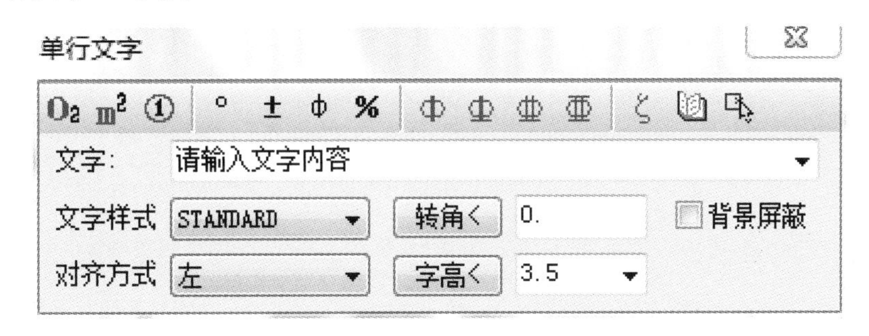

图 3-117　“单行文字”对话框

（2）输入文字内容为“大厅”，然后将文字布置在合适位置，如图 3-118 所示。

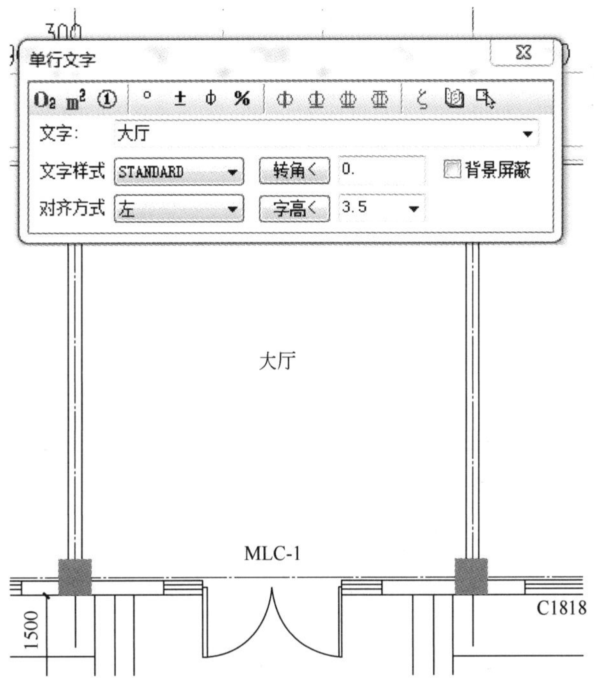

图 3-118　单行文字

（3）采用相同的方式布置其他文字，布置效果如图 3-119 所示。

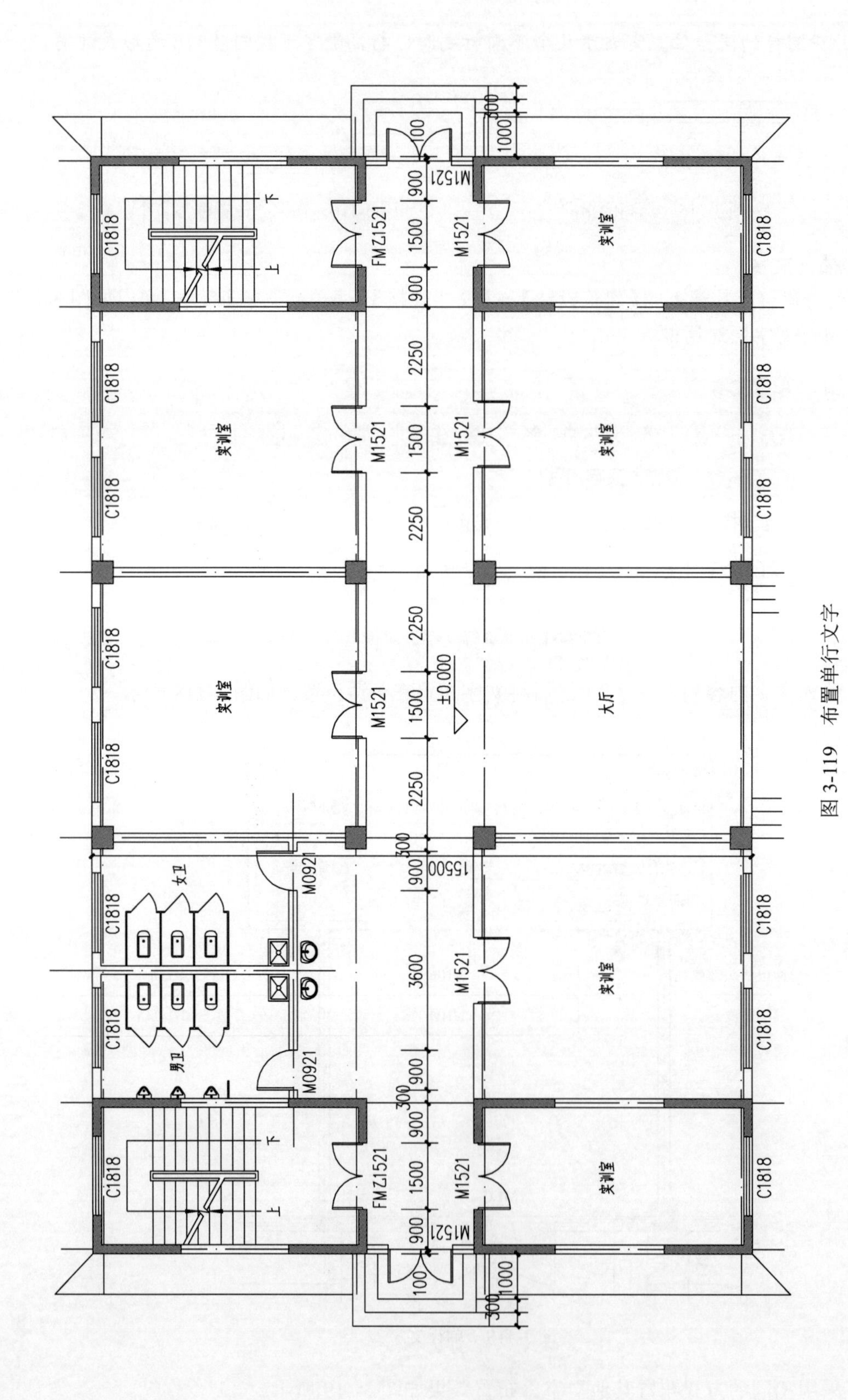

图 3-119　布置单行文字

制图标准

（1）图纸上所需书写的文字、数字或符号等，均应笔画清晰、字体端正、排列整齐；标点符号应清楚正确。

（2）文字的字高，应从表3-15中选用。字高大于10mm的文字宜采用TRUETYPE字体，如需书写更大的字，其高度应按$\sqrt{2}$的倍数递增。

表3-15　文字的字高　　单位：mm

字体种类	中文矢量字体	TRUETYPE字体及非中文矢量字体
字高	3.5、5、7、10、14、20	3、4、6、8、10、14、20

（3）图样及说明中的汉字，宜采用长仿宋体（矢量字体）或黑体，同一图纸字体种类不应超过两种。长仿宋体的宽度与高度的关系应符合表3-16的规定，黑体字的宽度与高度应相同。大标题、图册封面、地形图等的汉字，也可书写成其他字体，但应易于辨认。

表3-16　长仿宋字高宽关系　　单位：mm

字高	20	14	10	7	5	3.5
字宽	14	10	7	5	3.5	2.5

（4）汉字的简化字书写应符合国家有关汉字简化方案的规定。

（5）图样及说明中的拉丁字母、阿拉伯数字与罗马数字，宜采用单线简体或ROMAN字体。拉丁字母、阿拉伯数字与罗马数字的书写规则，应符合表3-17的规定。

表3-17　拉丁字母、阿拉伯数字与罗马数字的书写规则

书写格式	字体	窄字体
大写字母高度	h	h
小写字母高度（上下均无延伸）	$7/10h$	$10/14h$
小写字母伸出的头部或尾部	$3/10h$	$4/14h$
笔画宽度	$1/10h$	$1/14h$
字母间距	$2/10h$	$2/14h$
上下行基准线的最小间距	$15/10h$	$21/14h$
字间距	$6/10h$	$6/14h$

（6）拉丁字母、阿拉伯数字与罗马数字，如需写成斜体字，其斜度应是从字的底线逆时针向上倾斜75°。斜体字的高度和宽度应与相应的直体字相等。

（7）拉丁字母、阿拉伯数字与罗马数字的字高，不应小于2.5mm。

（8）数量的数值注写，应采用正体阿拉伯数字。各种计量单位凡前面有量值的，均应采用国家颁布的单位符号注写。单位符号应采用正体字母。

（9）分数、百分数和比例数的注写，应采用阿拉伯数字和数学符号。

（10）当注写的数字小于1时，应写出各位的“0”，小数点应采用圆点，齐基准线书写。

（11）长仿宋汉字、拉丁字母、阿拉伯数字与罗马数字示例应符合国家现行标准《技术制图 字体》（GB/T 14691—93）的有关规定。

14．插入图框

（1）点击建筑工具箱下的【建筑设计】→【文件布图】→【插入图框】命令，弹出如图3-120所示的“插入图框”对话框。

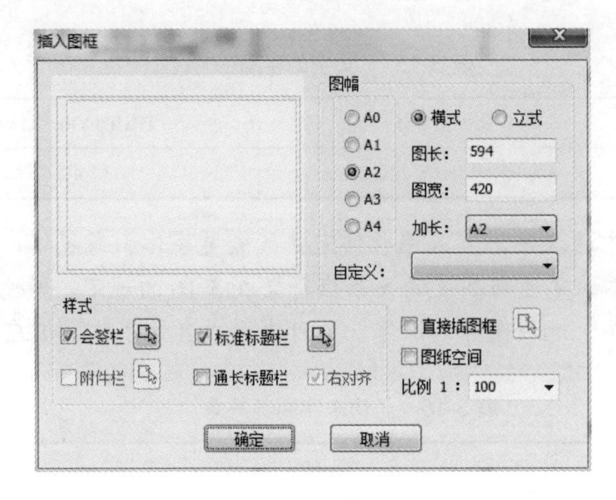

图3-120 “插入图框”对话框

（2）图幅选择“A3”、“横式”，勾选“会签栏”选项，点击其后的图库按钮，打开如图3-121所示的“图库”对话框，双击确认选择一种会签栏样式。

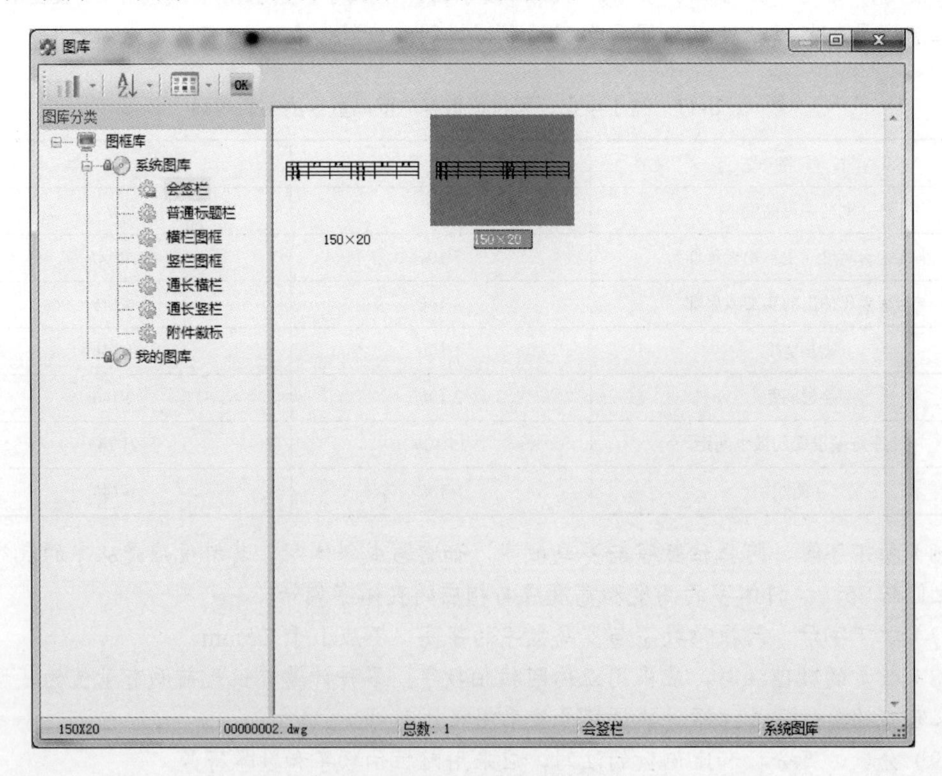

图3-121 选择会签栏样式

（3）勾选“标注标题栏”选项，点击其后的图库按钮，打开如图 3-122 所示的“图库”对话框，双击确认选择一种标题栏样式。

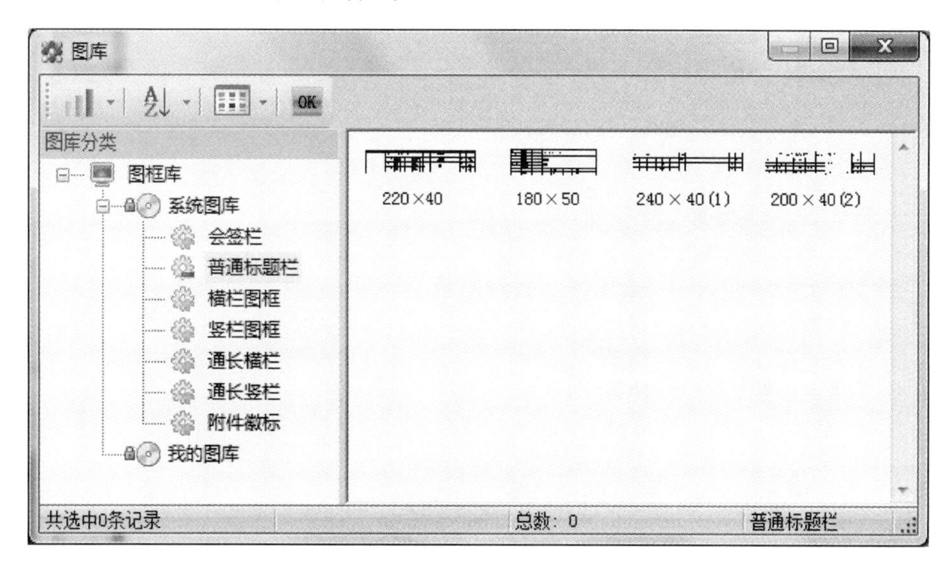

图 3-122　选择标题栏样式

（4）点击【确认】按钮，将图框布置到绘图区，如图 3-123 所示。

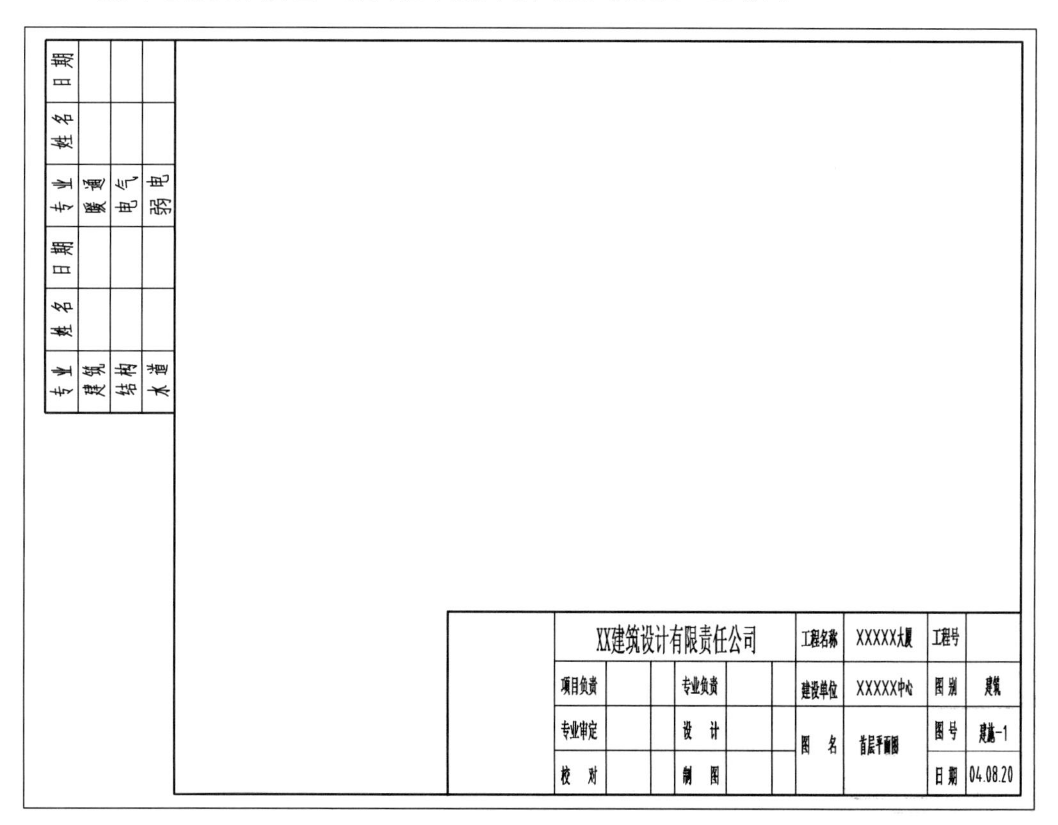

图 3-123　布置图框

（5）双击标题栏，弹出如图 3-124 所示的“增强属性编辑器”对话框，可以在此对话框中填写标题栏内容。

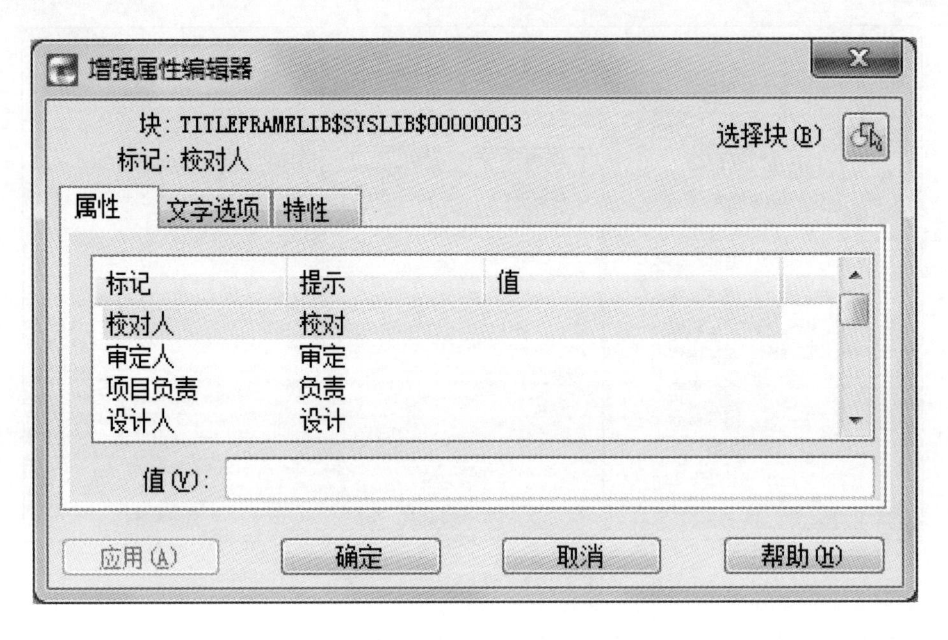

图 3-124 “增强属性编辑器”对话框

（6）选中标题栏，点击鼠标右键，选择【在位编辑】命令（图 3-125）。

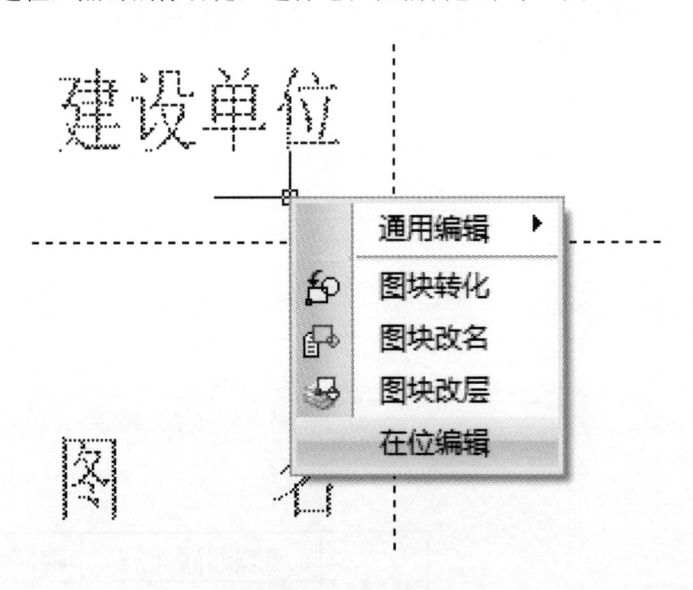

图 3-125 编辑标题栏

（7）弹出如图 3-126 所示的“参照编辑”对话框，点击【确定】按钮。
（8）弹出如图 3-127 所示的参照编辑页面，在此可以对标题栏进行编辑。
（9）编辑完成效果如图 3-128 所示。点击【保存参照编辑】按钮，保存更改。
（10）将图框布置到合适位置，效果如图 3-129 所示。

参照编辑
标识参照
设置
参照名(R):
TITLEFRAMELIB$SYSLI
预览
路径:
自动选择所有嵌套的对象(A)
提示选择嵌套的对象(P)
确定
取消
帮助(H)

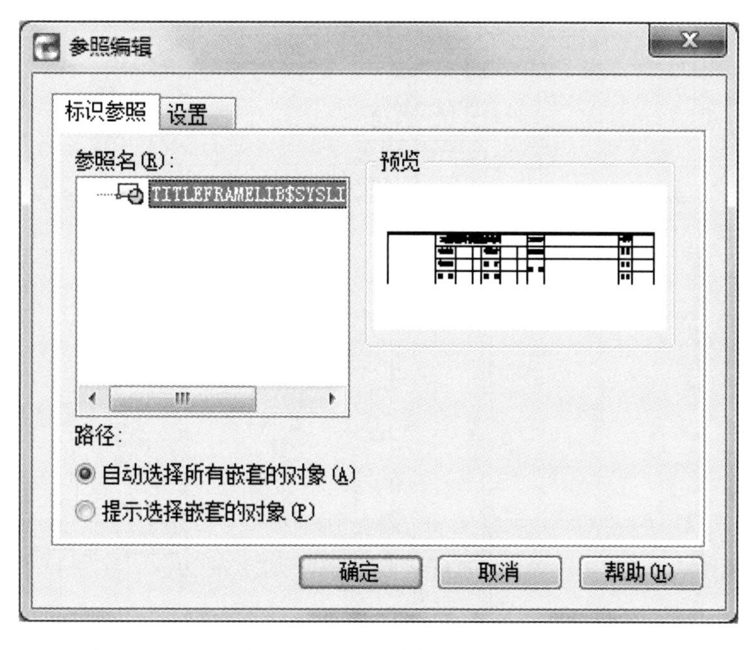

图 3-126 “参照编辑”对话框

TITLEFRAMELIB$SYSLIB$0000
××建筑设计有限责任公司
工程名称
×××××大厦
工程号
项目负责
专业负责
建设单位
×××××中心
图别
建筑
专业审完
设计
图名
首层平面图
图号
建施—1
校队
制图
日期
04.08.20

图 3-127 参照编辑界面

TITLEFRAMELIB$SYSLIB$0000
保存参照编辑 (REFCLOSE)
日 期
2014.08
工程名称
BIM实训中心
图纸名称
一层平面图
图纸编号
建施—05

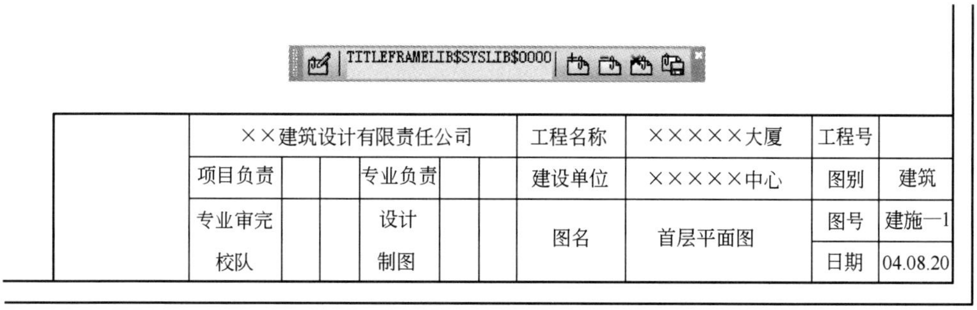

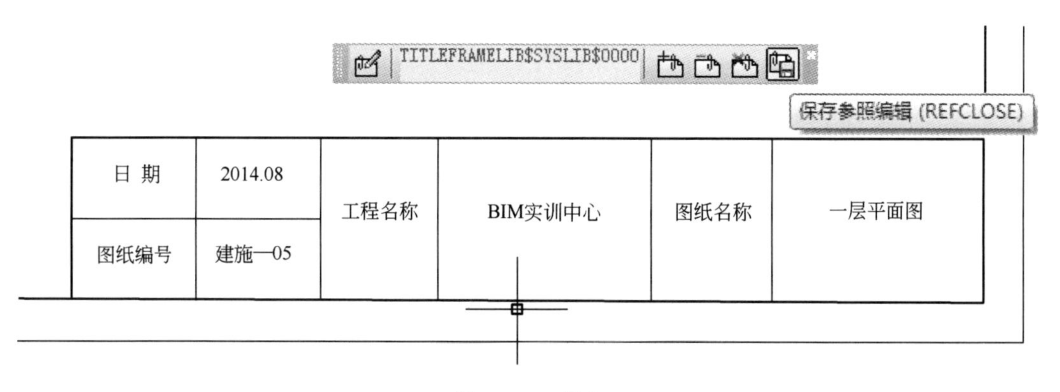

图 3-128 保存

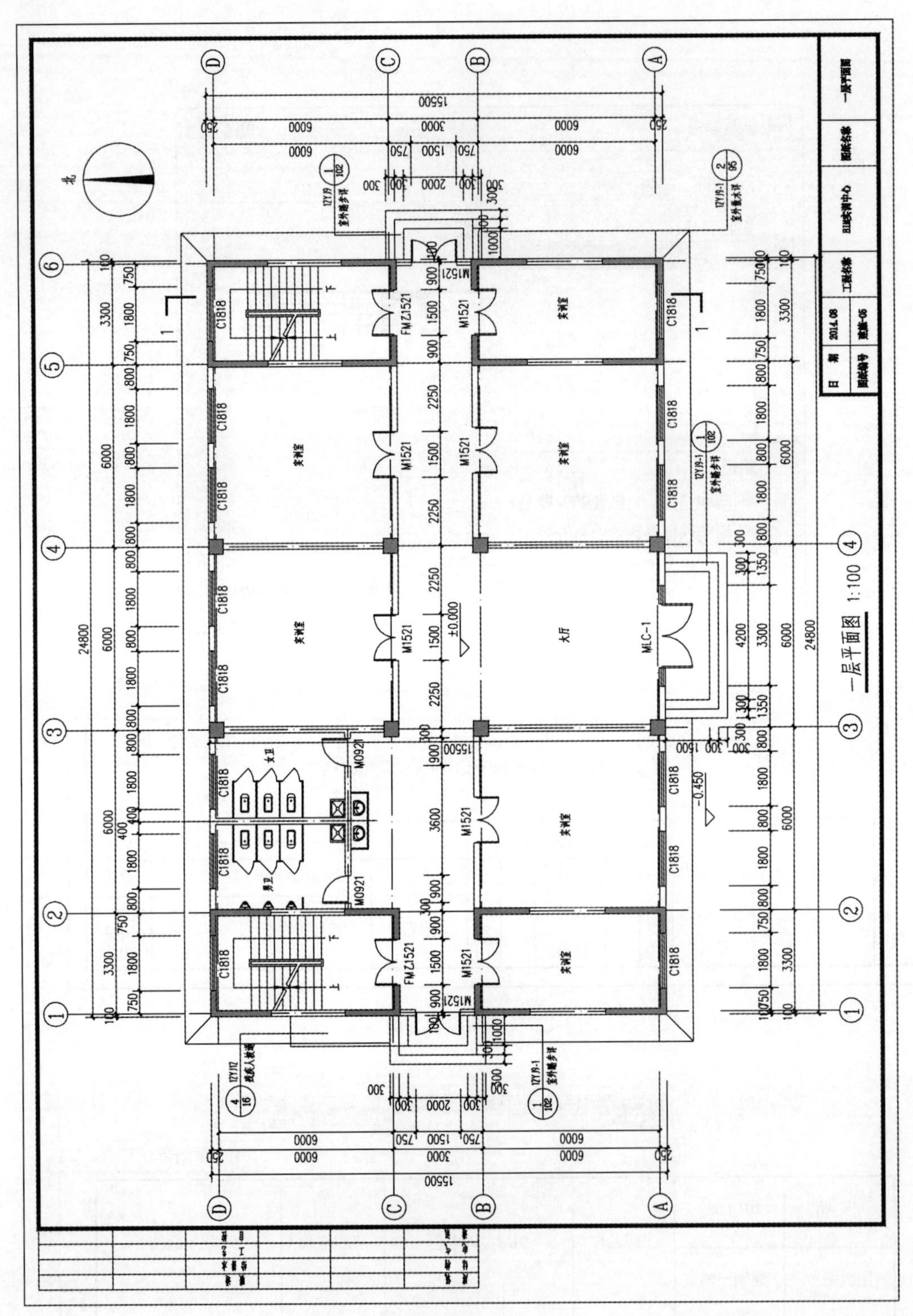
一层平面图 1:100
24800
15500
实训室
大厅
女卫
男卫
MLC-1
M1521
FMZ1521
M0921
C1818
±0.000
-0.450
2014.08

图 3-129　布置图框

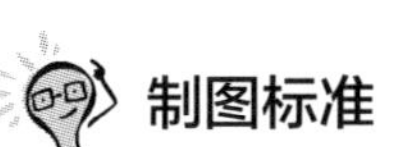

制图标准

（1）图纸幅面及图框尺寸，应符合表3-18的规定。

表3-18　幅面及图框尺寸　　单位：mm

幅面代号 尺寸代号	A0	A1	A2	A3	A4
$b \times l$	841×1189	594×841	420×594	297×420	210×297
C	10			5	
A	25				

（2）需要微缩复制的图纸，其中一个边上应附有一段准确米制尺度，四个边上均附有对中标志，米制尺度的总长应为100mm，分格应为10mm。对中标志应画在图纸内框各边长的中点处，线宽0.35mm，应伸入内框边，在框外为5mm。对中标志的线段，于 l_1 和 b_1 范围取中。

（3）图纸的短边尺寸不应加长，A0～A3幅面长边尺寸可加长，但应符合表3-19的规定。

表3-19　图纸长边加长尺寸　　单位：mm

幅面代号	长边尺寸	长边加长后的尺寸
A0	1189	1486(A0+1/4*l*)　1635(A0+3/8*l*)　1783(A0+1/2*l*)　1932(A0+5/8*l*)　2080(A0+3/4*l*) 2230(A0+7/8*l*)　2378(A0+1*l*)
A1	841	1051(A1+1/4*l*)　1261(A1+1/2*l*)　1471(A1+3/4*l*)　1682(A1+1*l*)　1892(A1+5/4*l*) 2102(A1+3/2)
A2	594	743(A2+1/4*l*)　891(A2+1/1*l*)　1041(A2+3/4*l*)　1189(A2+1*l*)　1338(A2+5/4*l*) 1486(A2+3/2*l*)　1635(A2+7/4*l*)　1783(A2+2*l*)　1932(A2+9/4*l*)　2080(A2+5/2*l*)
A3	420	630(A3+1/2*l*)　841(A3+1*l*)　1051(A3+3/2*l*)　1261(A3+2*l*)　1471(A3+5/2*l*) 1682(A3+3*l*)　1892(A3+7/2*l*)

注：有特殊需要的图纸，可采用 $b \times l$ 为841mm×891mm与1189mm×1261mm的幅面。

（4）图纸以短边作为垂直边为横式，以短边作为水平边为立式。A0～A3图纸宜横式使用；必要时，也可立式使用。

（5）一个工程设计中，每个专业所使用的图纸，不宜多于两种幅面，不含目录及表格所采用的A4幅面。

（6）图纸中应有标题栏、图框线、幅面线、装订边线和对中标志。图纸的标题栏及装订边的位置，应符合下列规定。

① 横式使用的图纸，应按图3-130、图3-131的形式进行布置。

② 立式使用的图纸，应按图3-132、图3-133的形式进行布置。

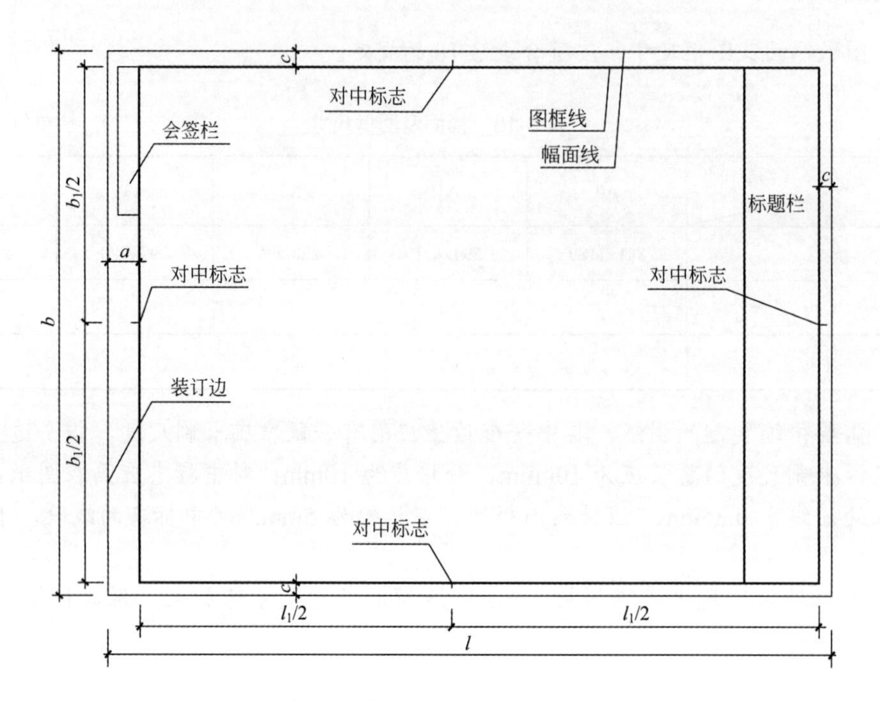

图 3-130 A0～A3 横式幅面（一）

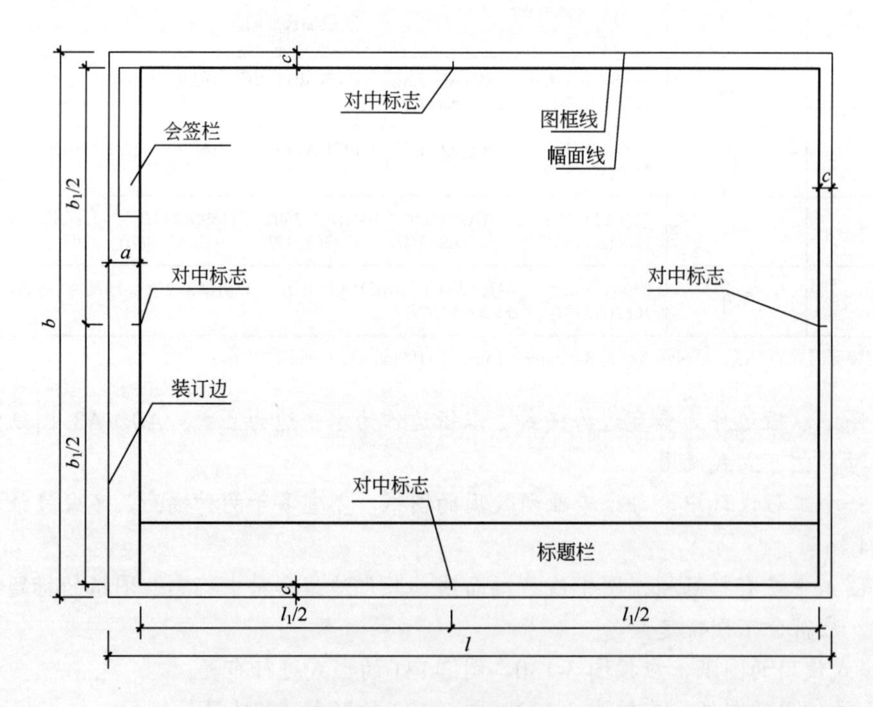

图 3-131 A0～A3 横式幅面（二）

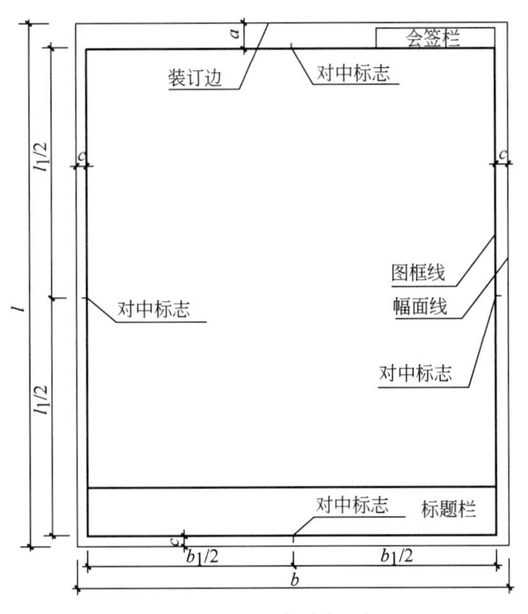

图 3-132　A0～A4 立式幅面（一）

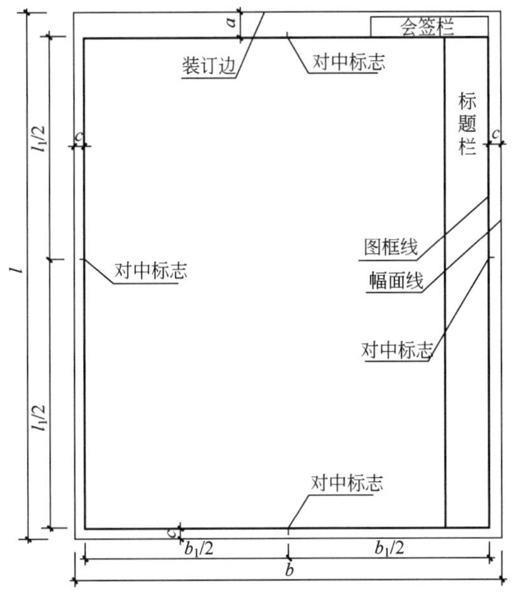

图 3-133　A0～A4 立式幅面（二）

四、任务结果

最终绘制效果如图 3-134 所示。

思考与练习

1. 利用所学知识绘制图 3-135 所示的地下室平面图。
2. 利用所学知识绘制图 3-136 所示的二层平面图。
3. 利用所学知识绘制图 3-137 所示的三层平面图。
4. 利用所学知识绘制图 3-138 所示的顶层平面图。

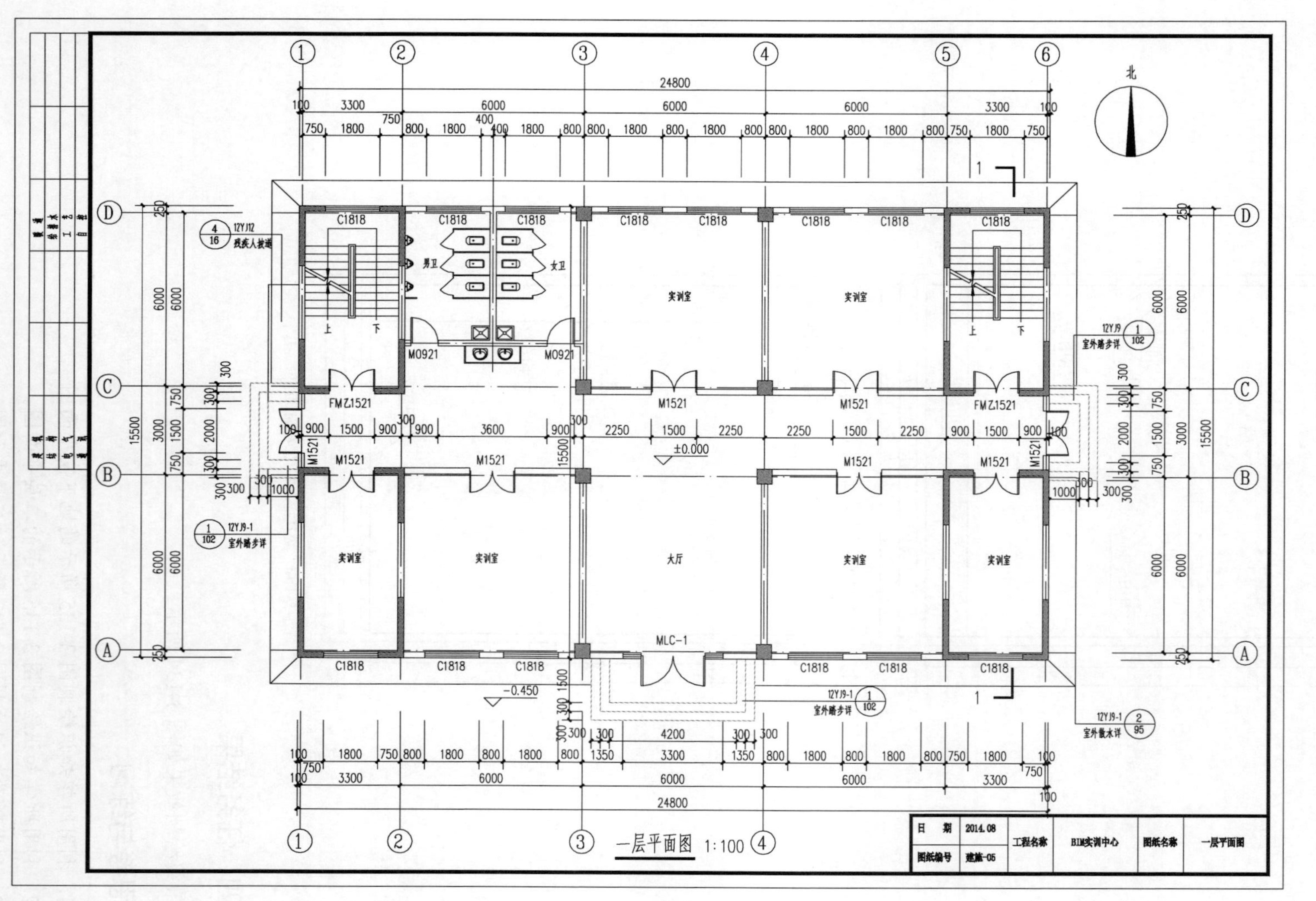
一层平面图 1:100
实训室
大厅
男卫
女卫
MLC-1
M1521
FMZ1521
M0921
C1818
±0.000
-0.450
24800
15500
北
室外踏步详
室外散水详
残疾人坡道
日 期 2014.08
图纸编号 建施-05
工程名称 BIM实训中心
图纸名称 一层平面图

图 3-134 首层平面图

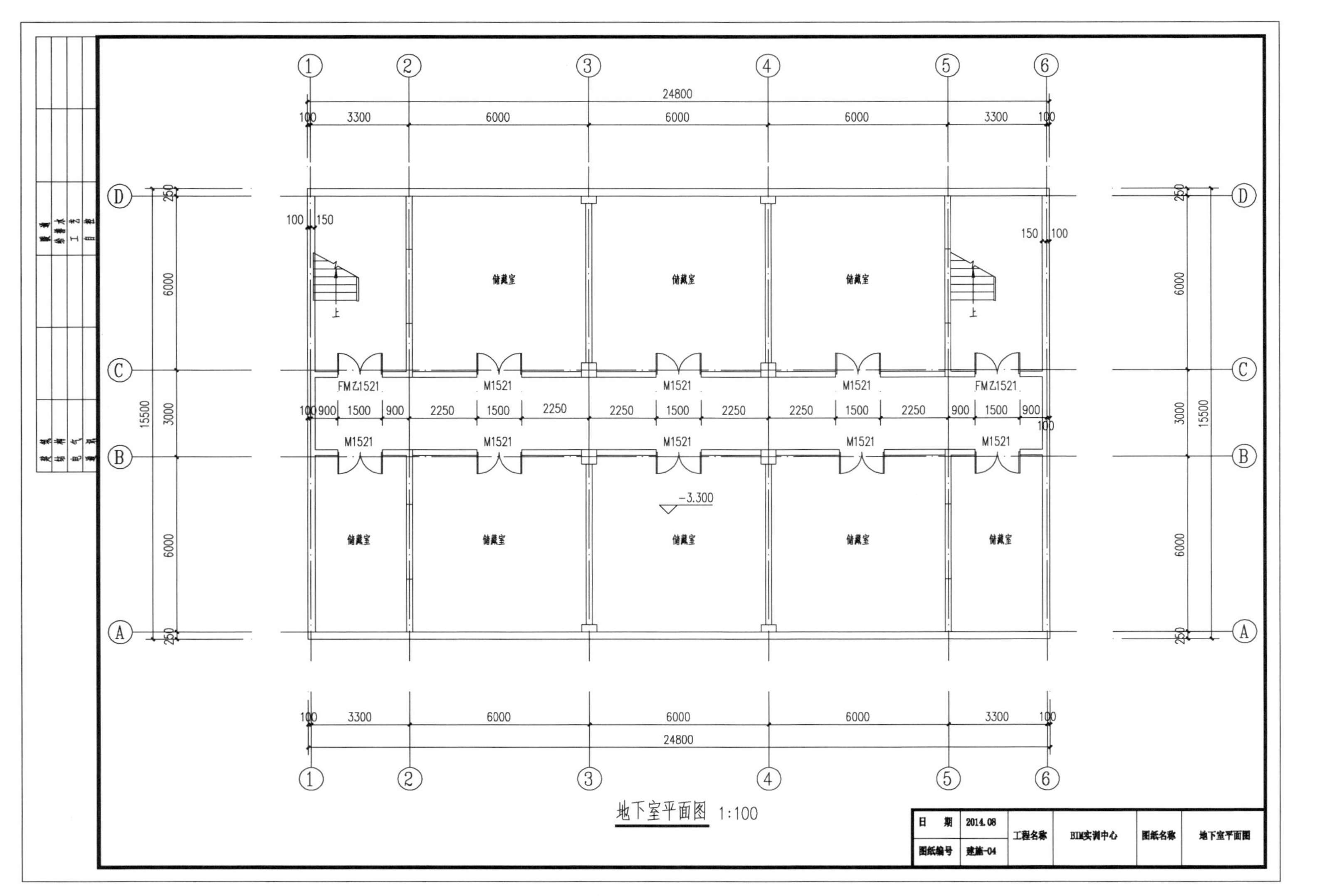

图 3-135 地下室平面图

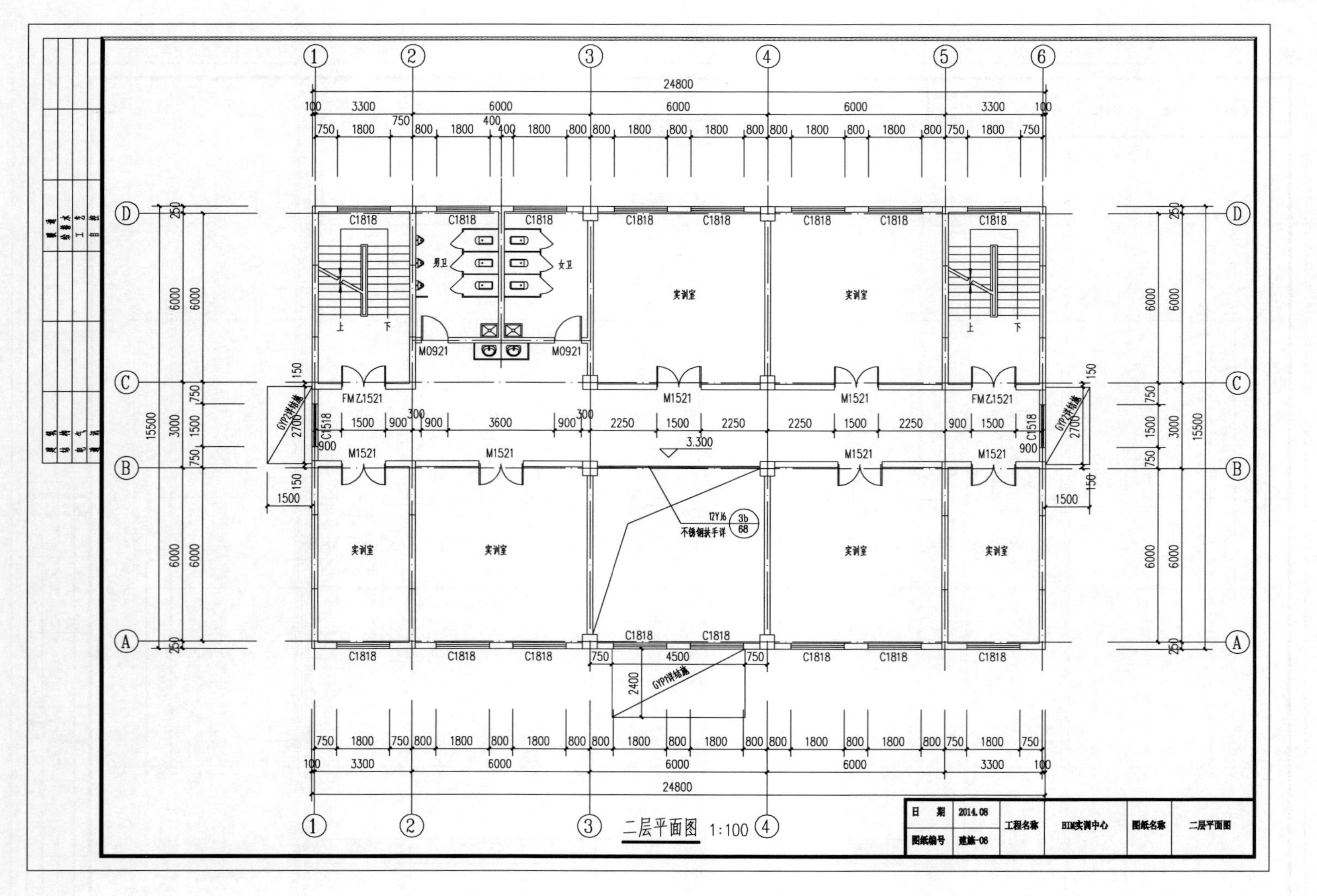
二层平面图 1:100
实训室
男卫
女卫
C1818
C1518
M1521
FMZ1521
M0921
GYP1详结施
12YJ6 3b/68 不锈钢扶手详
3.300
上
下
24800
15500
日期
2014.08
图纸编号
建施-06
工程名称
BIM实训中心
图纸名称
二层平面图

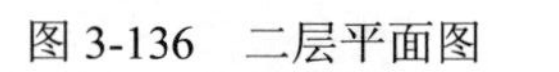
图 3-136 二层平面图

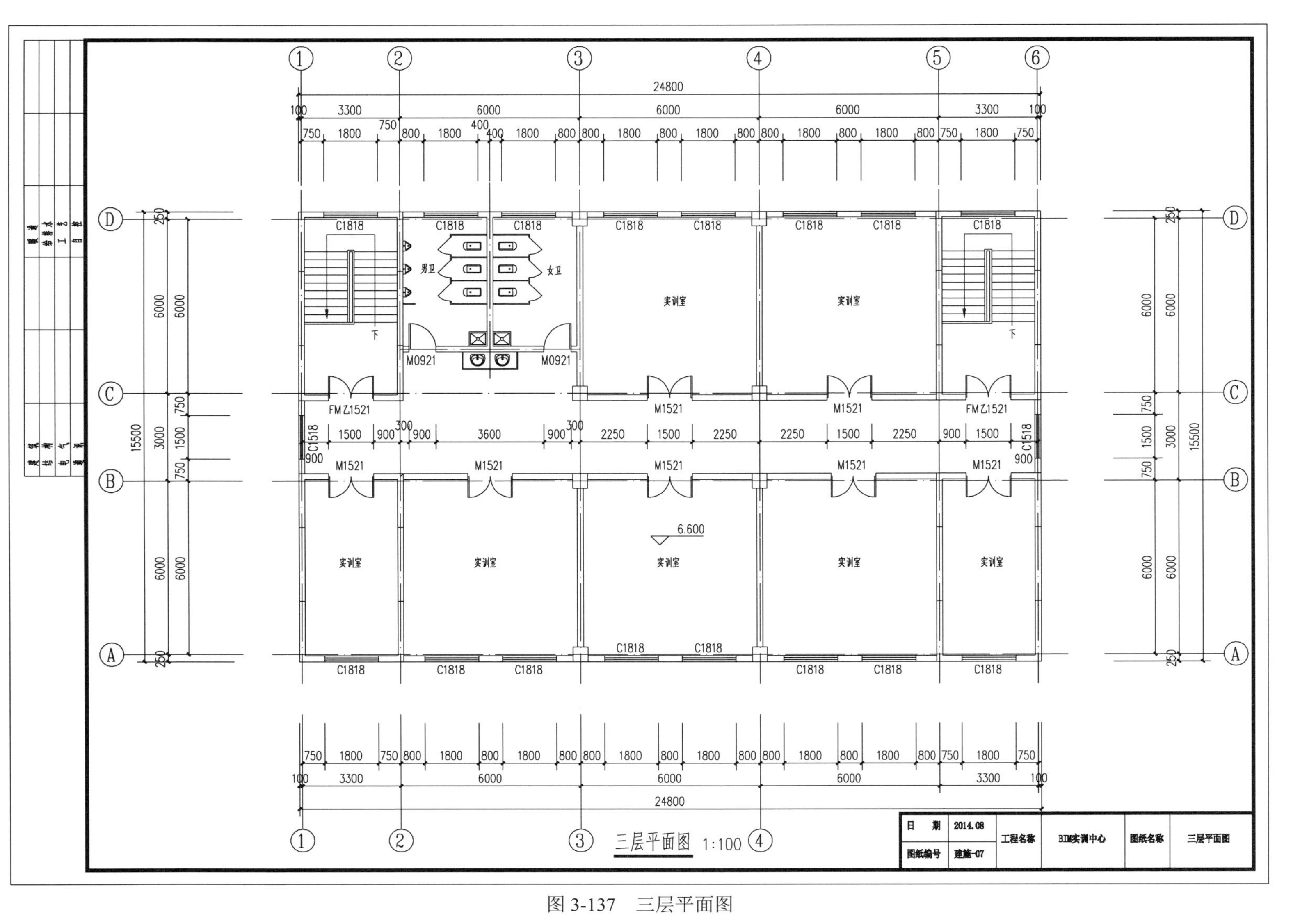
三层平面图 1:100
实训室
男卫
女卫
下
6.600
C1818
C1518
M1521
FMZ1521
M0921
24800
15500
6000
3300
3000
3600
2250
1800
1500
900
800
750
400
300
250
100
日 期
2014.08
图纸编号
建施-07
工程名称
BIM实训中心
图纸名称
三层平面图

图 3-137 三层平面图

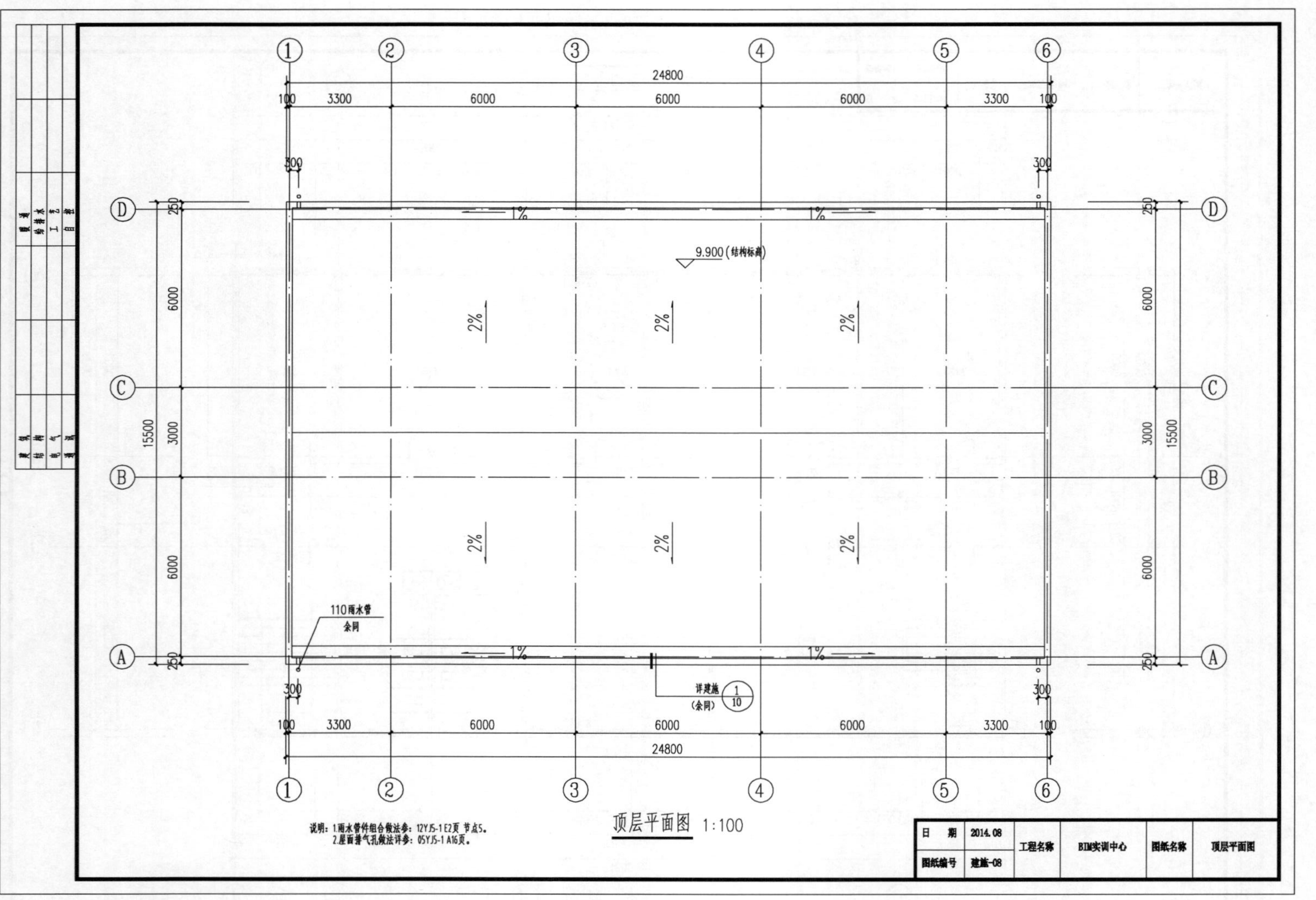
顶层平面图 1:100
9.900（结构标高）
2%
1%
24800
15500
6000
3000
3300
300
250
100
110雨水管
余同
详建施 1/10
（余同）
说明：1.雨水管件组合做法参：12YJ5-1 E2页 节点5。
2.屋面排气孔做法详参：05YJ5-1 A16页。
日 期 2014.08
图纸编号 建施-08
工程名称 BIM实训中心
图纸名称 顶层平面图

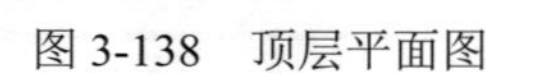

图 3-138 顶层平面图

第三节　绘制建筑立面图

一、任务

（1）理解工程管理概念。

（2）根据本章第二节绘制的建筑平面图，绘制建筑立面图。

二、任务分析

（1）建筑立面图包括哪些内容？

（2）绘制建筑立面图需要注意哪些事项？

三、任务实施

1. 新建工程

首先介绍工程管理的概念，只有理解这一概念，才能熟练利用工程管理自动生成三维模型，从而自动生成立面图、剖面图。

工程管理是把所设计的大量图形文件按“工程”或“项目”区别开来，首先要求把同属于一个工程的文件放在同一个文件夹下进行管理，如图 3-139 所示。工程管理并不要求平面图必须一个楼层平面按一个 DWG 文件保存，允许使用一个 DWG 文件保存多个楼层平面。

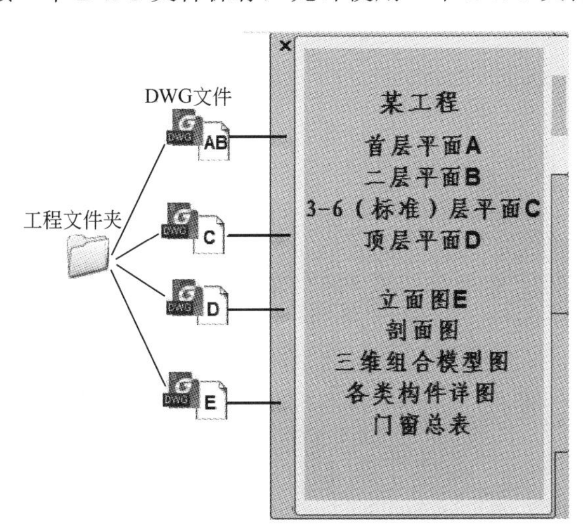

图 3-139　工程文件夹

（1）点击建筑工具箱的【建筑设计】→【文件布图】→【工程管理】命令，弹出如图 3-140 所示的“工程管理器”对话框。

（2）在“工程管理”处，点击鼠标左键，弹出如图 3-141 所示的命令下拉菜单，选择【新建工程】命令。

（3）弹出如图 3-142 所示的“新建工程”对话框。

（4）输入工程名称为“BIM 实训中心”，通过【浏览】按钮确认工程保存位置；已经有工程文件夹，可以不勾选“创建工程文件夹”选项，如图 3-143 所示。

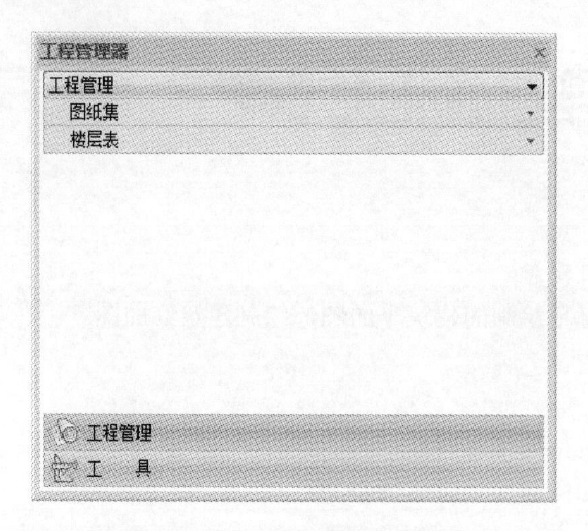

图 3-140 “工程管理器”对话框

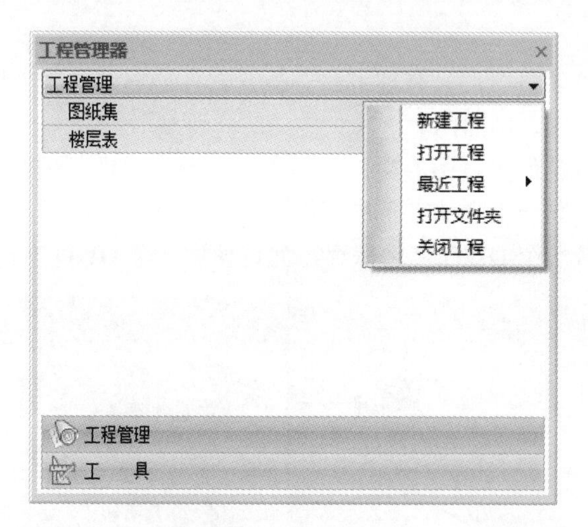

图 3-141 新建工程

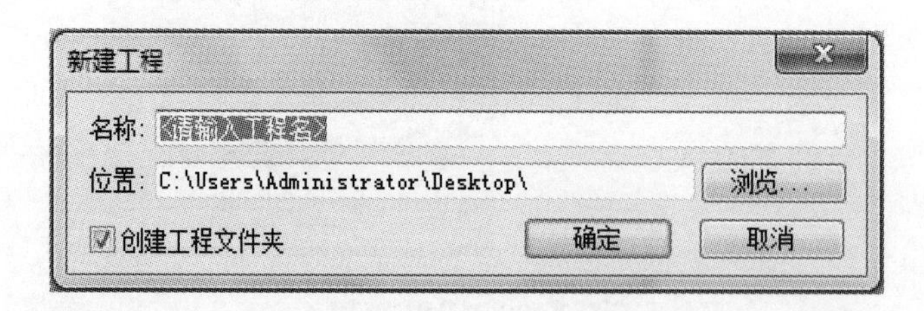

图 3-142 “新建工程”对话框

图 3-143 “新建工程”对话框

2．添加图纸

（1）点击【图纸集】，展开图纸集目录，如图3-144所示。

图3-144　图纸集

（2）选择“平面图”文件夹，点击【添加图纸】按钮，如图3-145所示。

图3-145　添加图纸

（3）弹出如图3-146所示的“添加图纸”对话框，选择要添加的图纸，点击【打开】按钮。

（4）图纸添加完成后如图3-147所示。

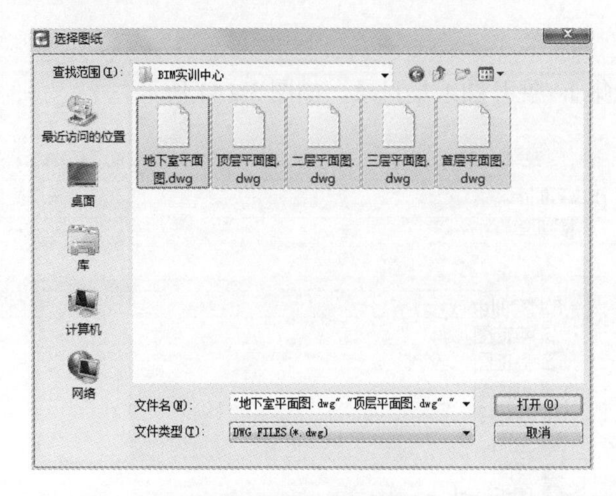

图 3-146　选择图纸

图 3-147　添加图纸

3. 建立楼层表

（1）可以通过拖动图纸来改变图纸顺序。双击图纸集内平面图，可以直接打开图纸，如图 3-148 所示。

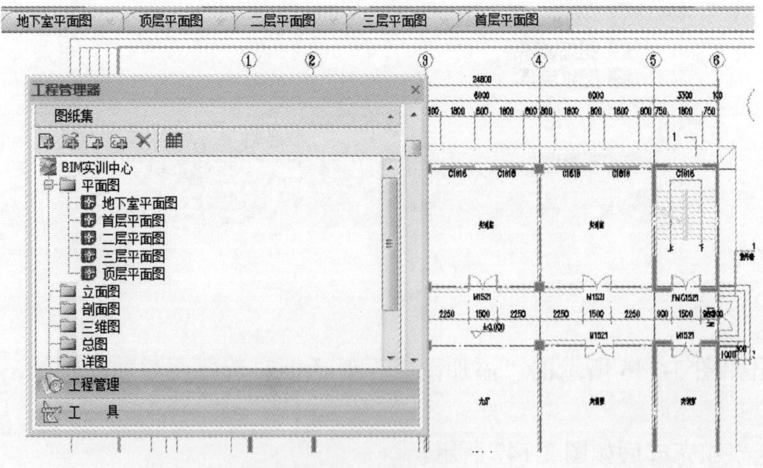

图 3-148　打开图纸

（2）点击【楼层表】，展开楼层表菜单，如图 3-149 所示。

（3）打开“地下室平面图”，选择建筑工具箱的【建筑设计】→【墙体】→【墙体工具】→【改高度】命令，修改墙体高度。命令行提示如下。

命令:IcChWallHeight
请选择墙体、柱子或墙体造型:指定对角点: 找到 48 个　　//框选平面图
请选择墙体、柱子或墙体造型:
新的高度<3000>:3300
新的标高<0>:
是否维持窗墙底部间距不变[是(Y)/否(N)]<N>:y　　//选择 Y

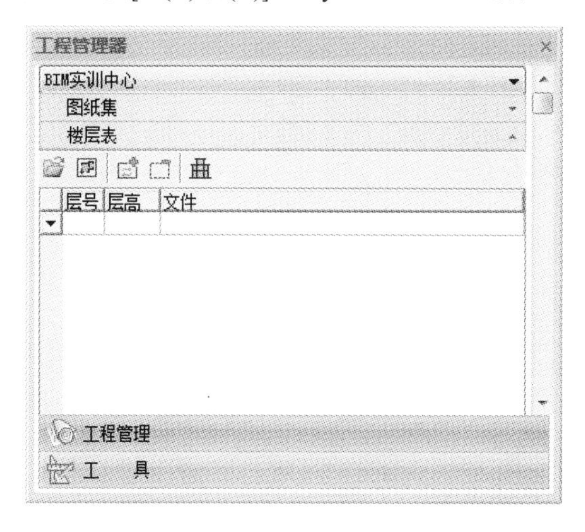

图 3-149　楼层表菜单

（4）输入层号，地下一层表示为“–1”，输入层高“3300”，点击【框选楼层范围】按钮，如图 3-150 所示。

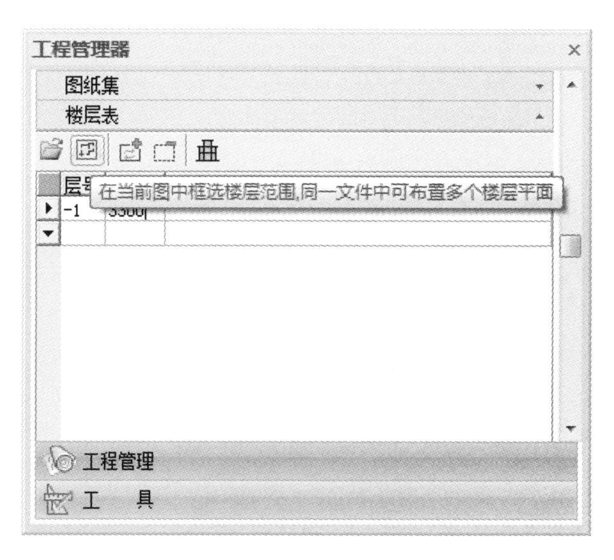

图 3-150　框选楼层范围

（5）根据命令行提示，框选平面图，如图 3-151 所示。

（6）选择楼层对齐点，本例中采用 1 轴与 D 轴交点作为对齐点，如图 3-152 所示。

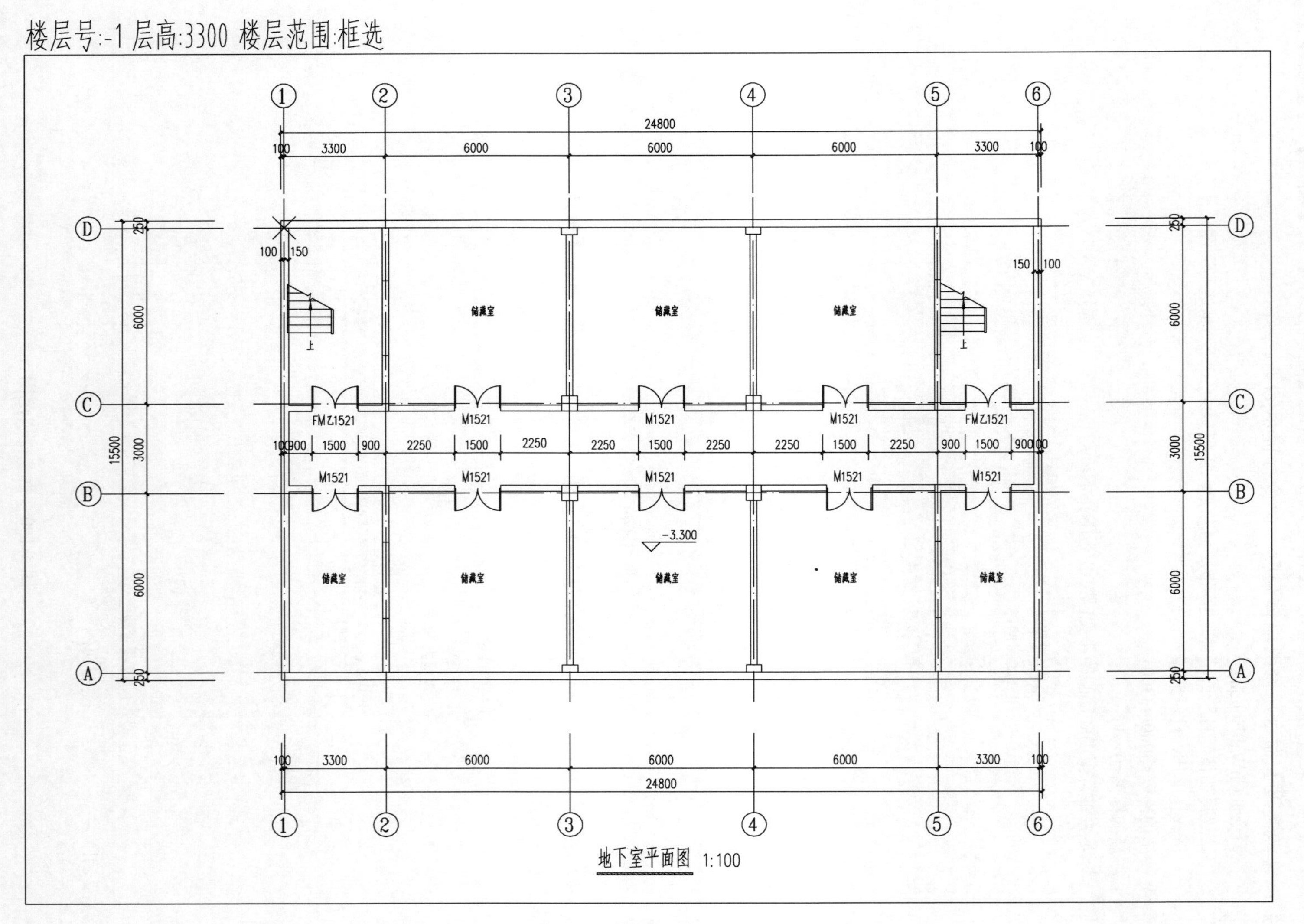
楼层号:-1 层高:3300 楼层范围:框选
24800
3300
6000
3000
15500
2250
1500
900
250
150
100
储藏室
上
FMZ1521
M1521
-3.300
地下室平面图 1:100

图 3-151 框选平面图

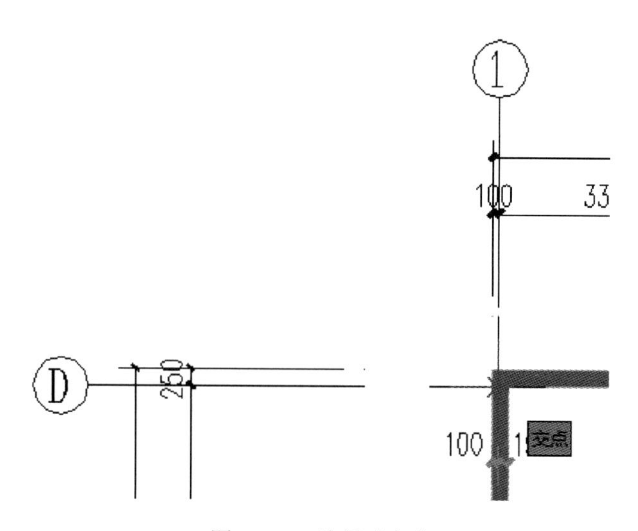

图 3-152　选择对齐点

（7）重复上述操作，录入其它楼层信息，完成后如图 3-153 所示。

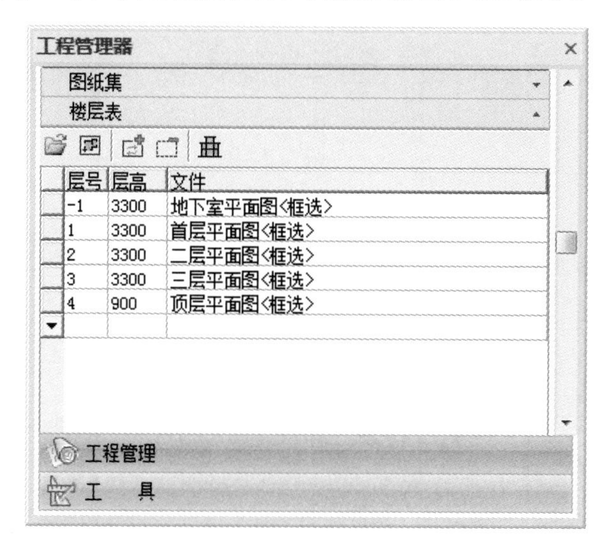

图 3-153　录入楼层信息

4．生成立面图

建筑立面图是建筑物在建筑物立面平行的投影面上投影所得的正投影图，它展示了建筑物外貌和外墙面装饰材料，是建筑施工中控制高度和外墙装饰效果的技术依据。对建筑物东西南北每一个立面图都要给出它的立面图，通常建筑立面图的命名应根据建筑物的朝向，如南立面图、北立面图、东立面图、西立面图等。

（1）点击建筑工具箱的【建筑设计】→【立面】→【建筑立面】命令，根据命令行提示，选择立面方向，命令行提示如下。

```
命令:IcBuildElev
请输入立面方向或 [正立面(F)/背立面(B)/左立面(L)/右立面(R)]<退出>:F
请选择要出现在立面图上的轴线:指定对角点: 找到 12 个        //选择轴线，如图 3-154 所示
请选择要出现在立面图上的轴线:           //回车
```

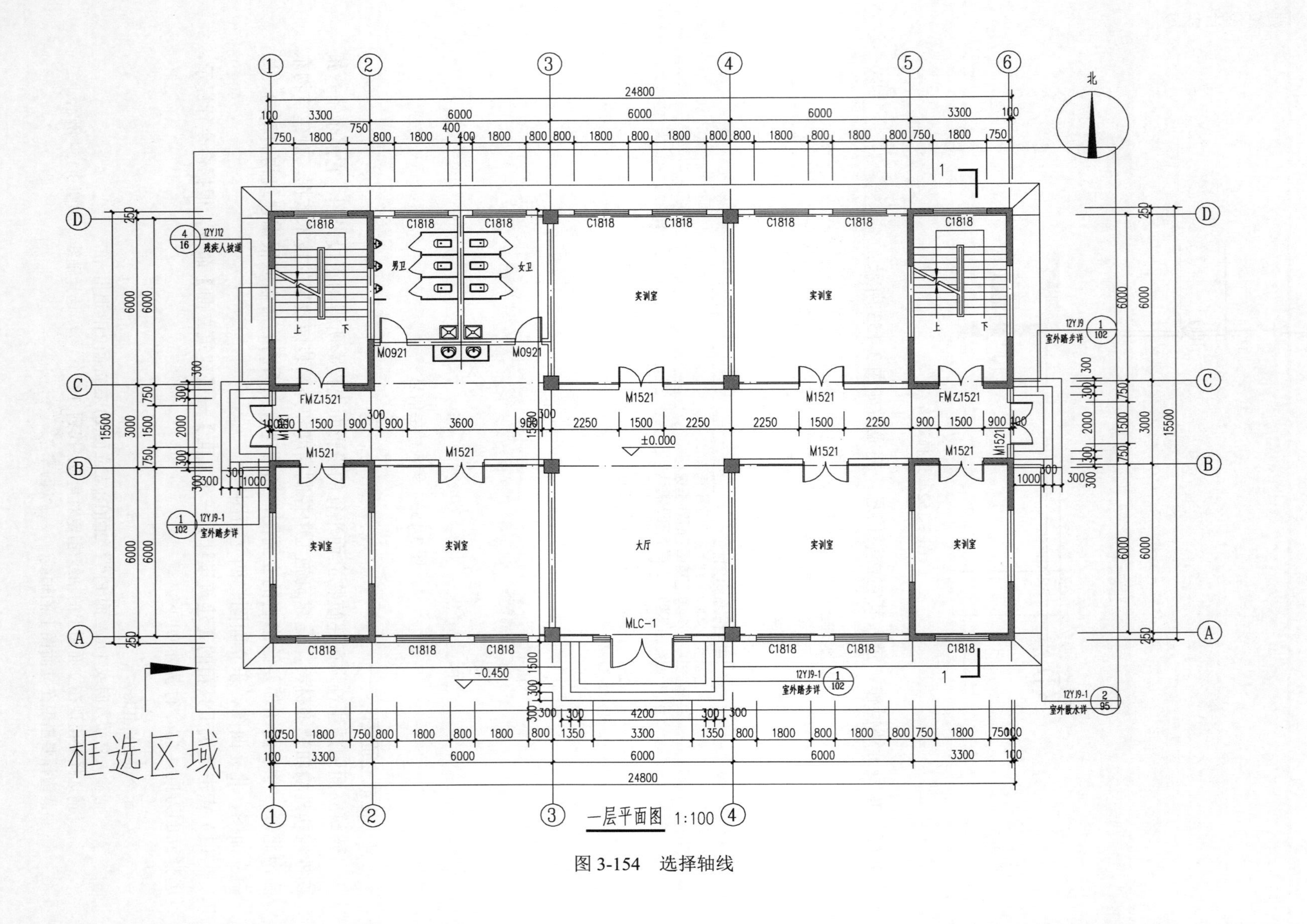
框选区域
一层平面图 1:100
实训室
大厅
男卫
女卫
北
MLC-1
M1521
FMZ1521
M0921
C1818
±0.000
-0.450
24800
15500

图 3-154 选择轴线

（2）弹出如图 3-155 所示的“建筑立面”对话框，在此设置生成建筑立面的参数，具体参数见图 3-155。设置完成后点击【生成立面】按钮。

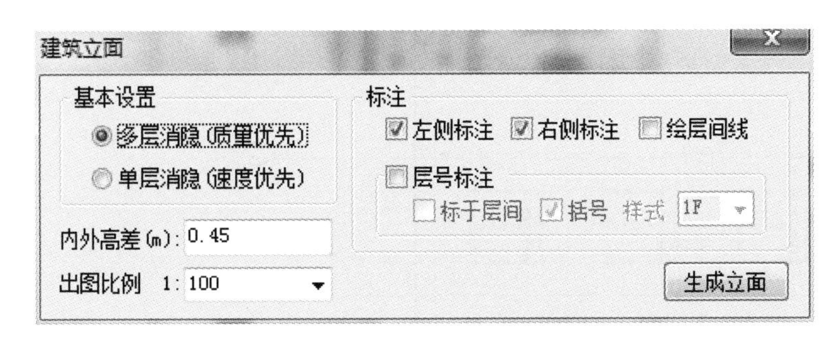

图 3-155　参数设置

（3）弹出如图 3-156 所示的“另存为”对话框，选择生成的立面图保存位置，一般默认为工程管理文件夹。

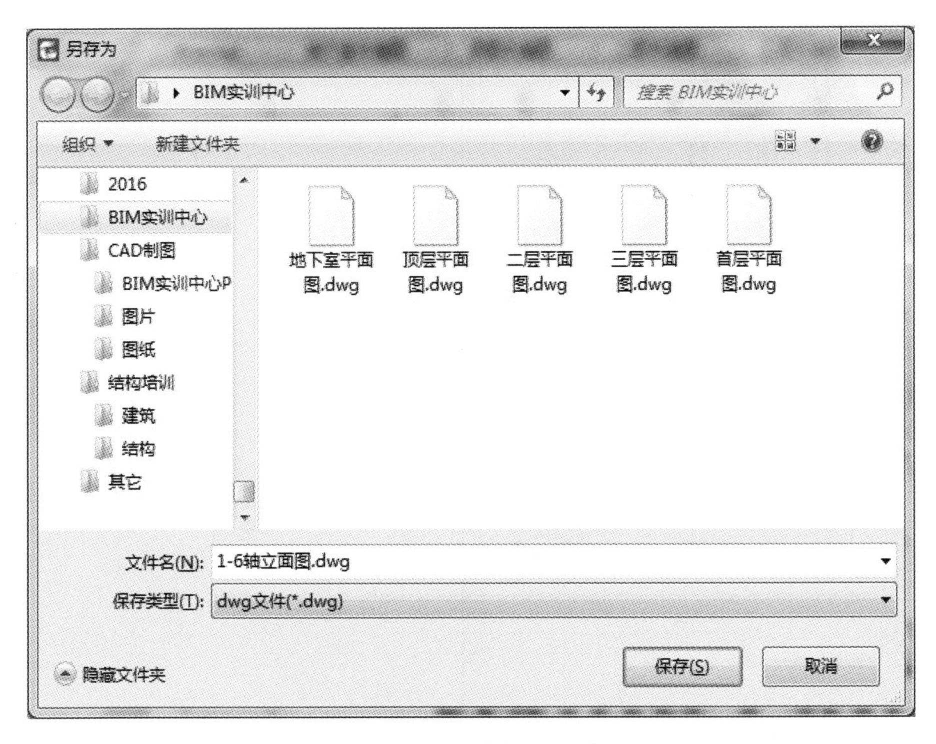

图 3-156 “另存为”对话框

（4）软件自动生成的立面图如图 3-157 所示。

（5）需要注意的是软件自动生成的立面图往往不能直接出图，需要设计师后期进行一些修改。针对本例，首先删除一些多余对象，如图 3-158 所示。

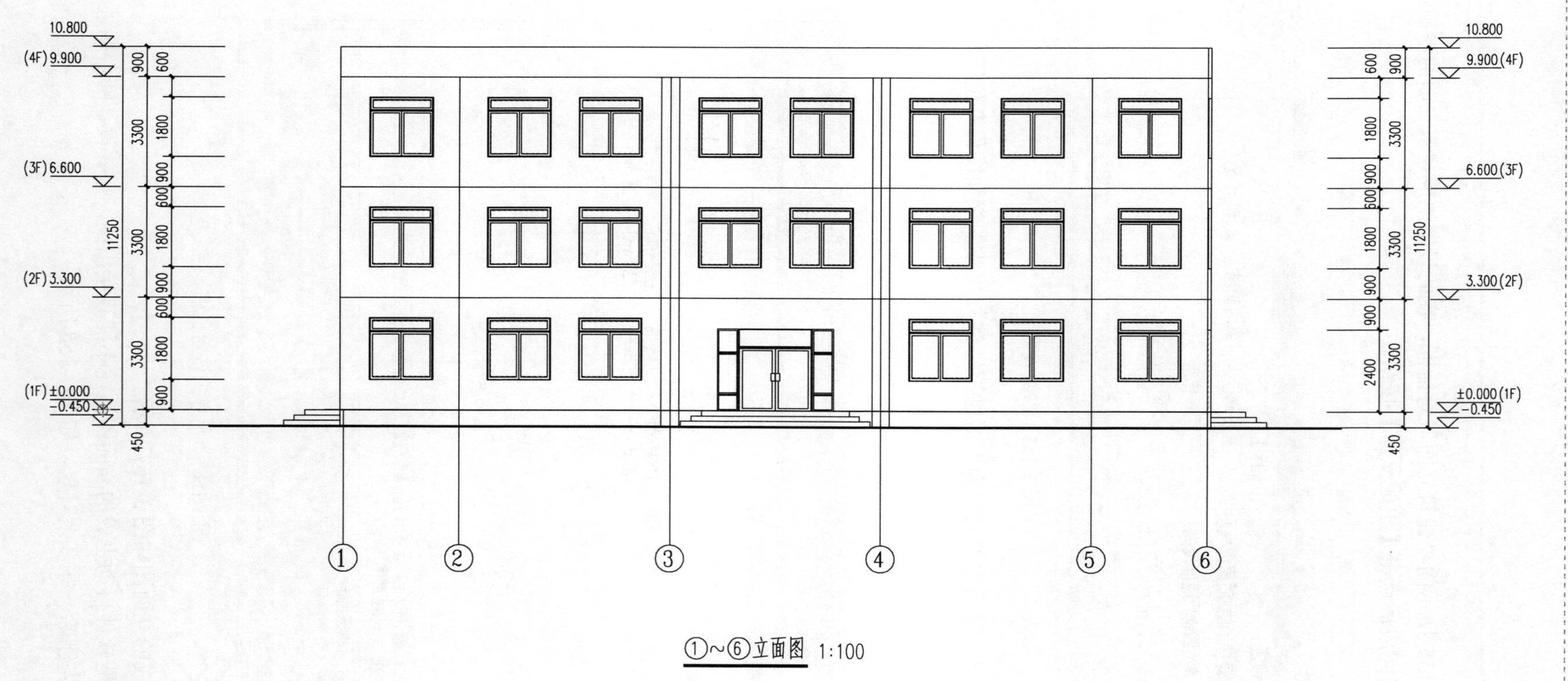
10.800
9.900(4F)
6.600(3F)
3.300(2F)
±0.000(1F)
-0.450
11250
900
3300
3300
3300
450
600
1800
900
600
1800
900
900
2400
1800
900
① ② ③ ④ ⑤ ⑥
①~⑥立面图 1:100

图 3-157 立面图

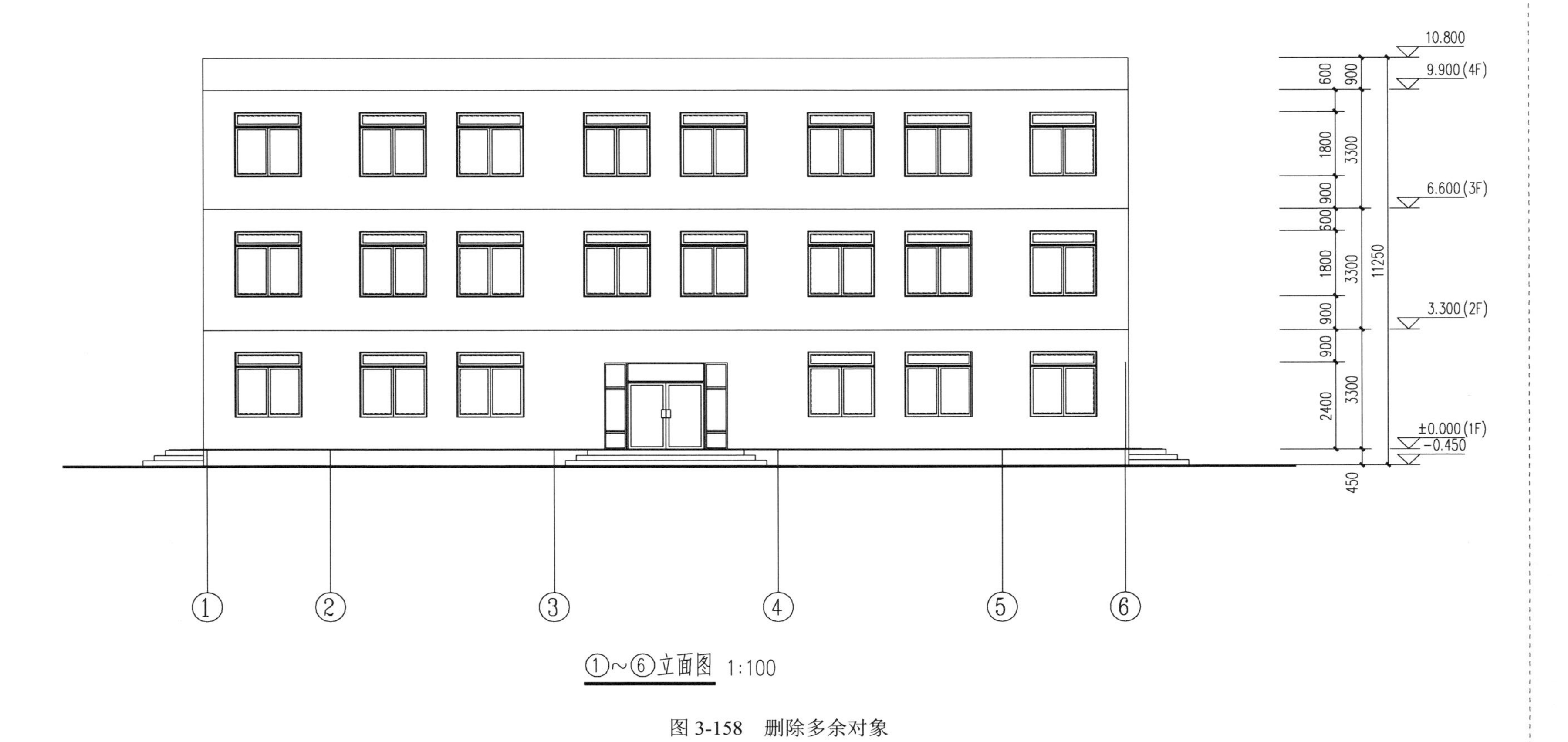

图 3-158　删除多余对象

（6）双击编辑窗户图块，如图 3-159 所示。

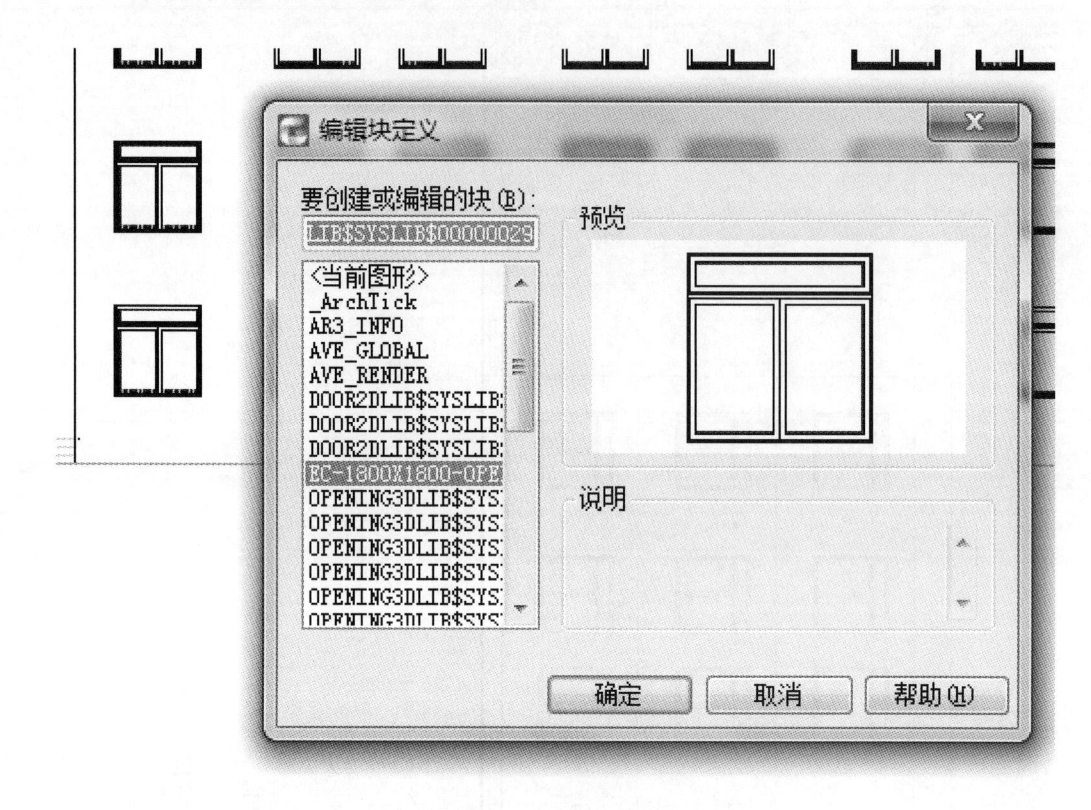

图 3-159　编辑窗户图块

（7）修改窗户块后，可以一次更改所有窗户样式，如图 3-160 所示。

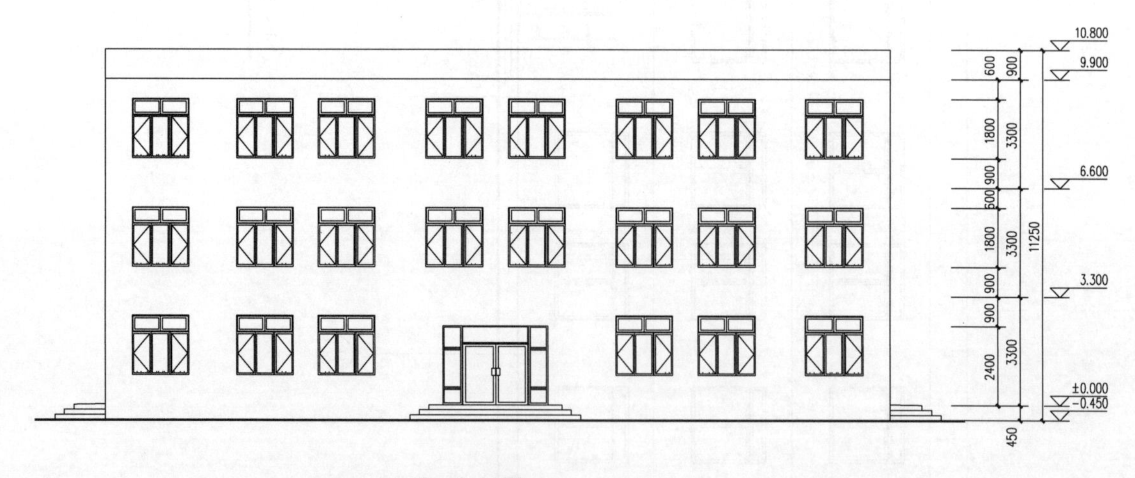

图 3-160　替换窗户样式

（8）其他修改内容此处不再详述；最终绘制效果如图 3-161 所示。

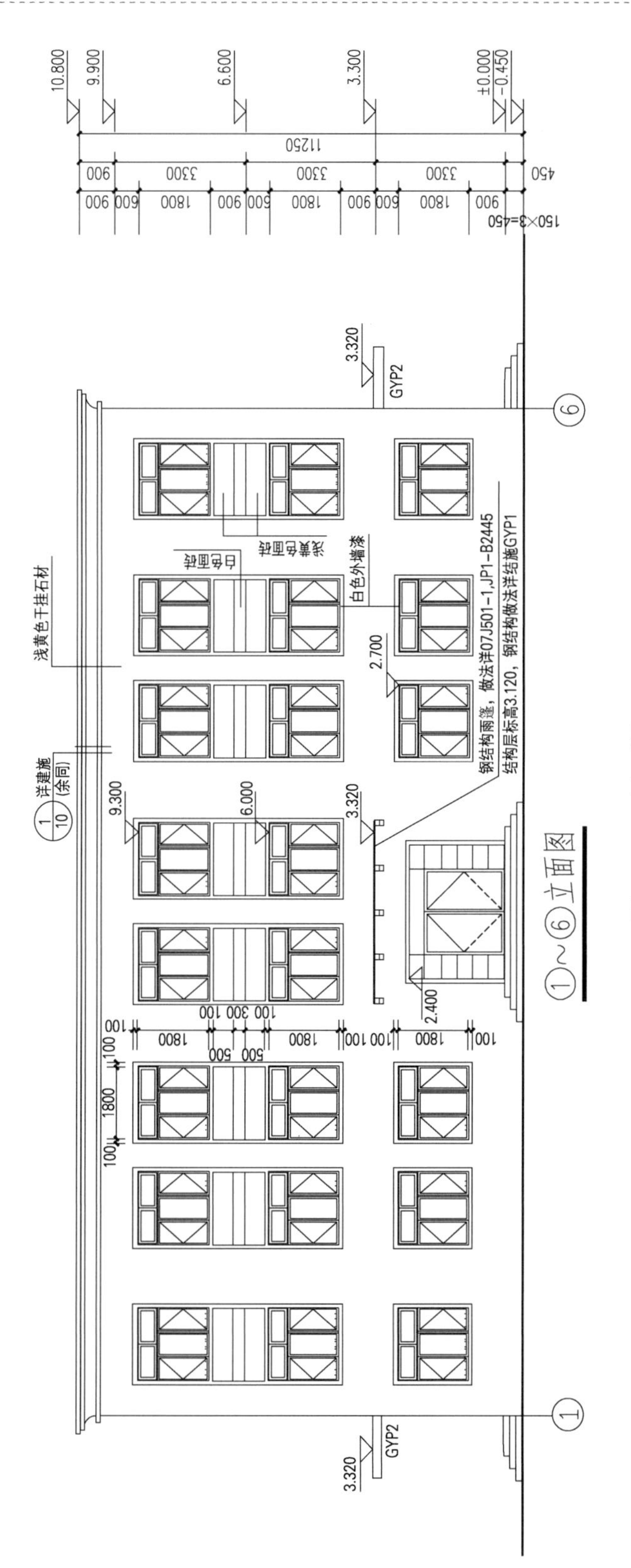

浅黄色干挂石材
白色外墙漆
浅黄色面砖
白色面砖
钢结构雨篷，做法详07J501-1,JP1-B2445
结构层标高3.120，钢结构做法详结施GYP1
GYP2
①~⑥立面图

图 3-161 正立面图

四、任务结果

最终绘制效果如图 3-162 所示。

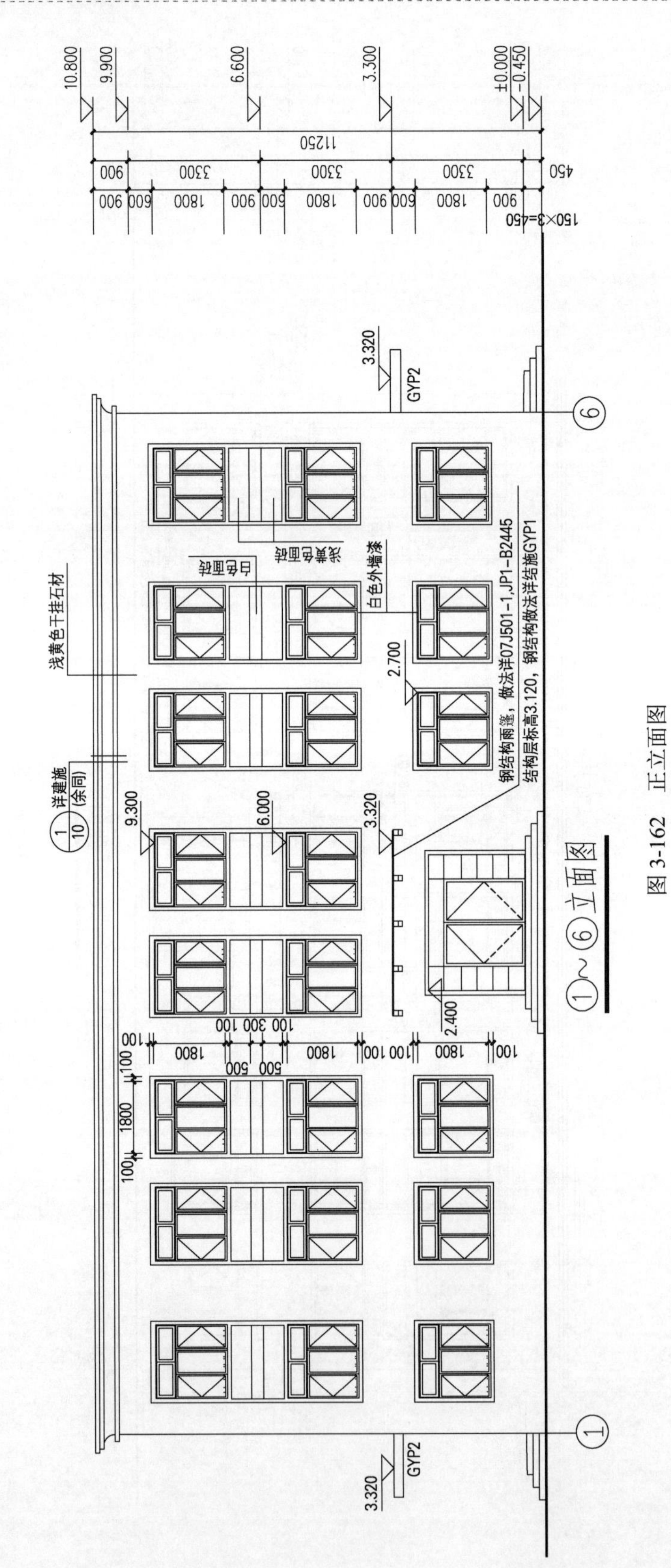

图 3-162　正立面图

思考与练习

1. 利用所学知识绘制图 3-163 所示的“⑥～①轴立面图”。
2. 利用所学知识绘制图 3-164 所示的“Ⓐ～Ⓓ轴立面图”。
3. 利用所学知识绘制图 3-165 所示的“Ⓓ～Ⓐ轴立面图”。

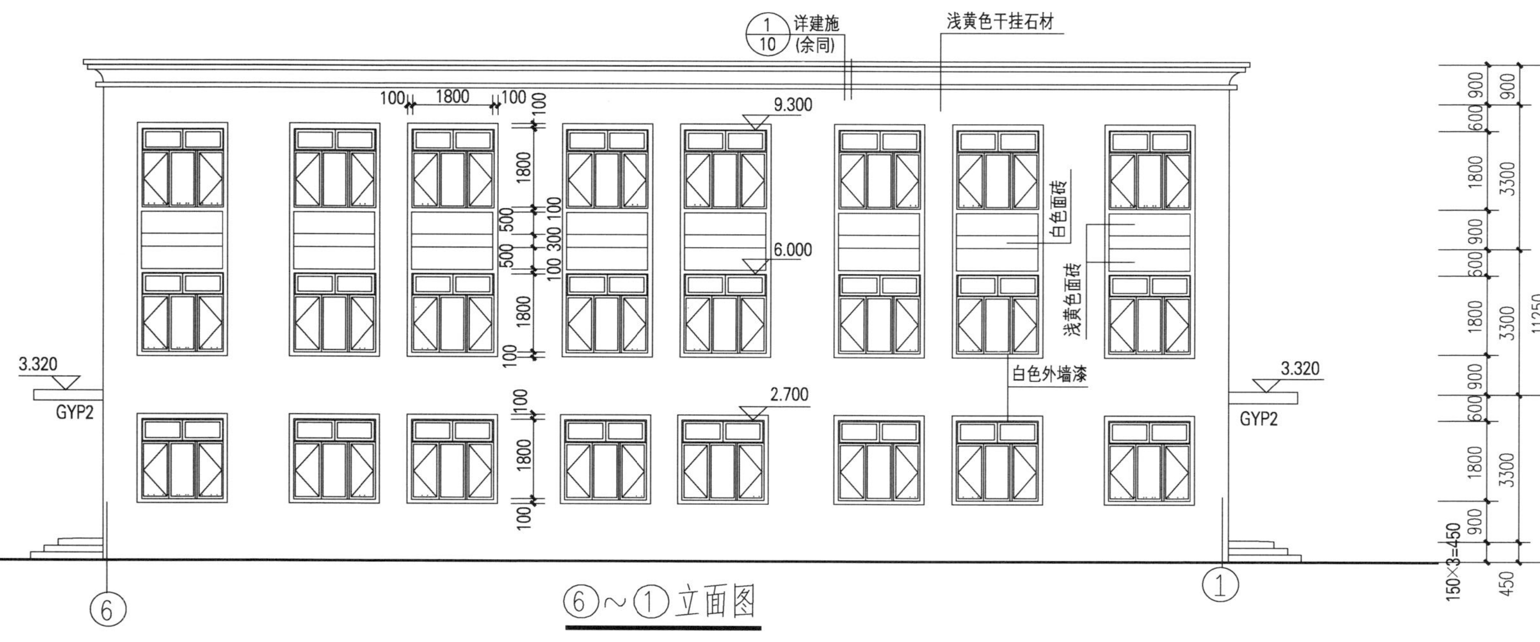
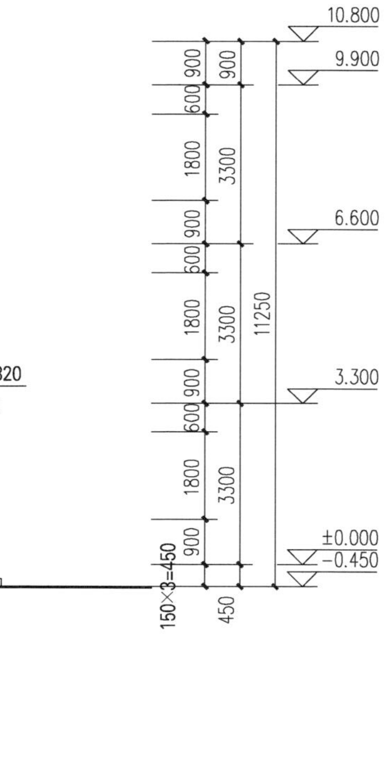

图 3-163　⑥～①轴立面图

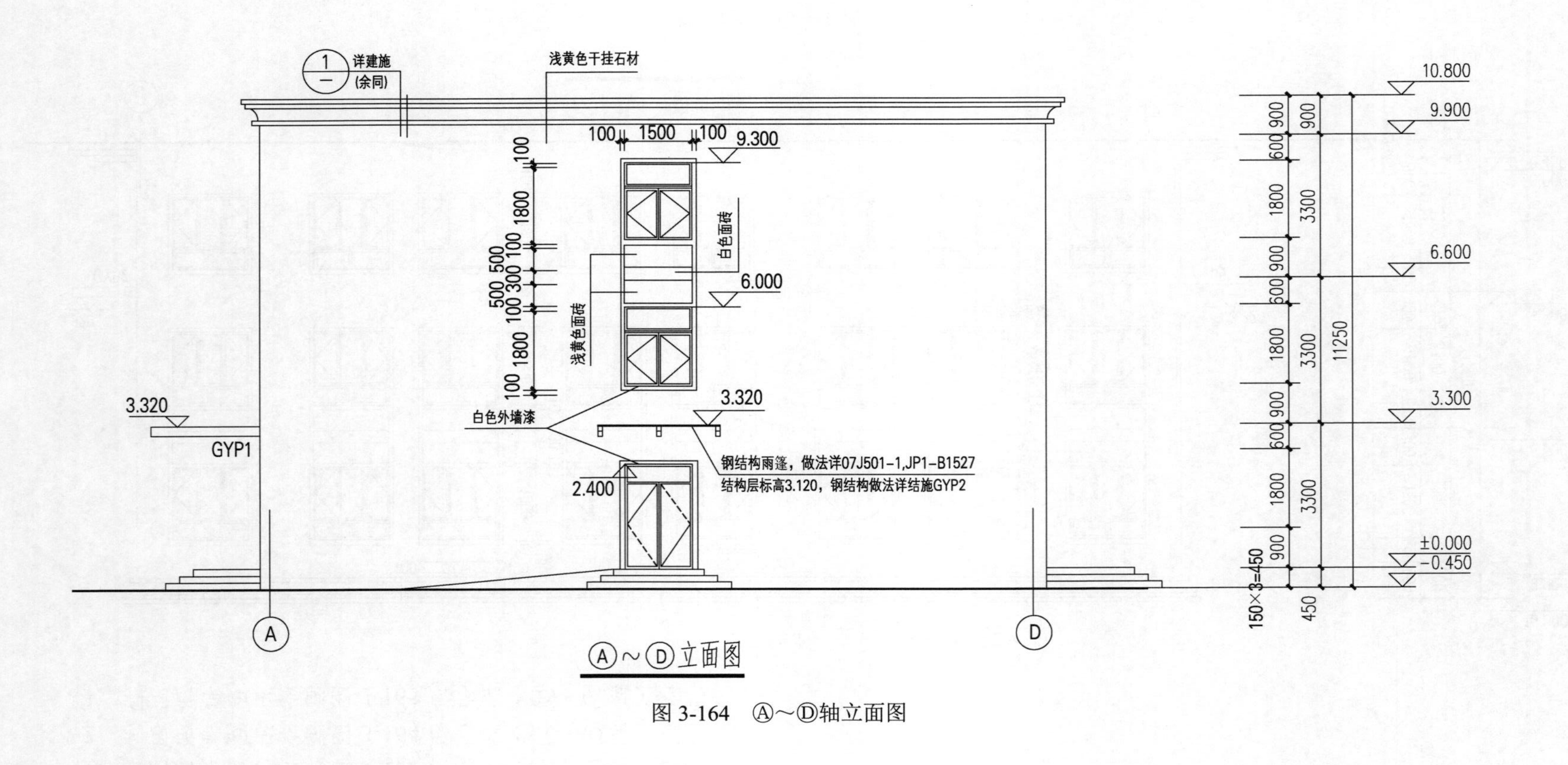
Ⓐ~Ⓓ立面图
详建施
(余同)
浅黄色干挂石材
白色面砖
浅黄色面砖
白色外墙漆
钢结构雨篷，做法详07J501-1,JP1-B1527
结构层标高3.120，钢结构做法详结施GYP2
GYP1
10.800
9.900
9.300
6.600
6.000
3.300
3.320
2.400
±0.000
-0.450
11250
150×3=450

图 3-164 Ⓐ~Ⓓ轴立面图

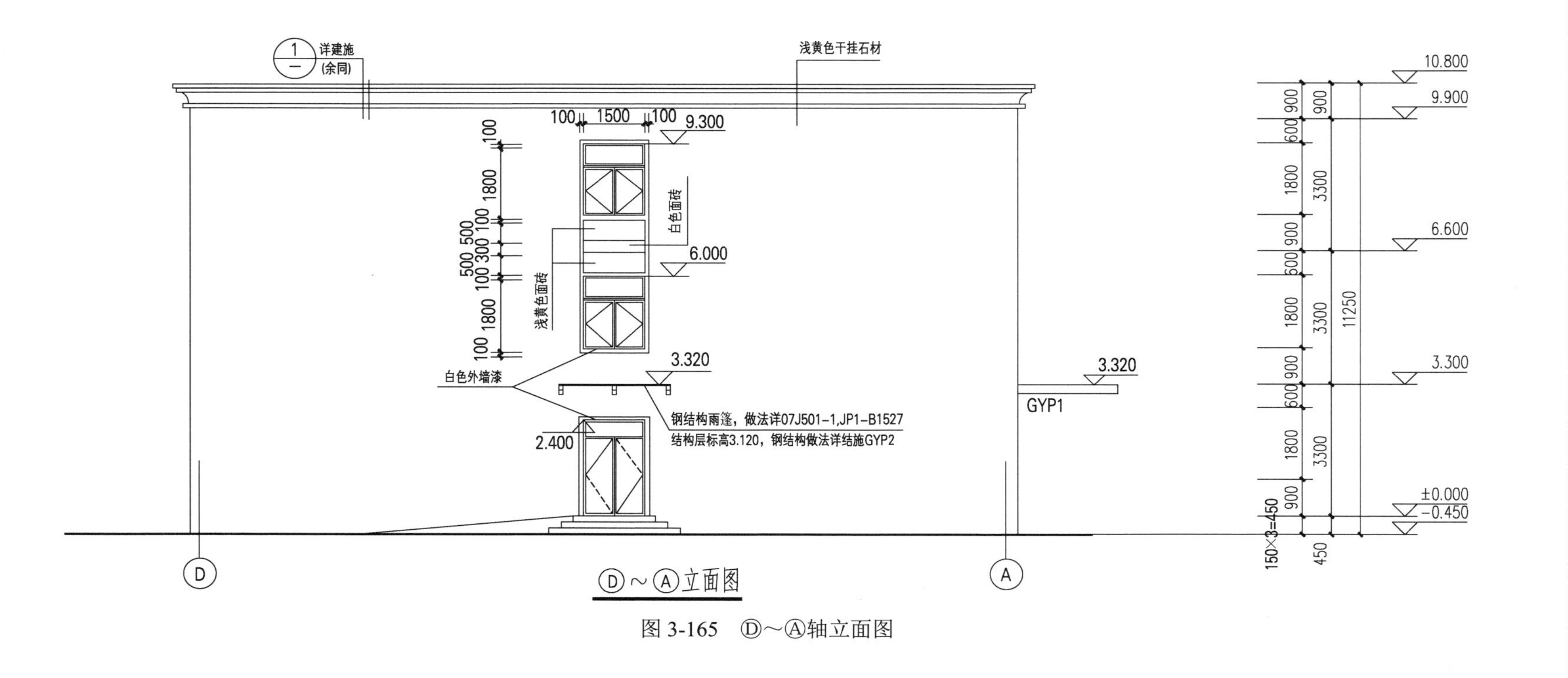
1
详建施
(余同)
浅黄色干挂石材
10.800
9.900
6.600
3.300
±0.000
-0.450
11250
150×3=450
100
1500
9.300
6.000
白色面砖
浅黄色面砖
3.320
白色外墙漆
钢结构雨篷，做法详07J501-1,JP1-B1527
结构层标高3.120，钢结构做法详结施GYP2
2.400
GYP1
D
A
Ⓓ~Ⓐ立面图

图 3-165 Ⓓ~Ⓐ轴立面图

第四节 绘制建筑剖面图

一、任务

（1）根据本章第二节绘制的建筑平面图，绘制建筑剖面图。

（2）根据本章第二节绘制的建筑平面图，绘制门窗表。

二、任务分析

（1）建筑剖面图包括哪些内容？

（2）绘制建筑剖面图需要注意哪些事项？

三、任务实施

1．打开工程

建筑剖面图一般是指建筑物的垂直剖面图，也就是假想用一个垂直剖切平面图把房屋剖开，将观察者与剖切平面之间的部分房屋移开，将留下的部分对与剖切平面平行的投影面作正投影所得到的正投影图，称为建筑剖面图，简称剖面图。

（1）点击建筑工具箱的【建筑设计】→【文件布图】→【工程管理】命令，在“工程管理”处，点击鼠标左键，弹出如图 3-166 所示的命令下拉菜单，选择【打开工程】命令。

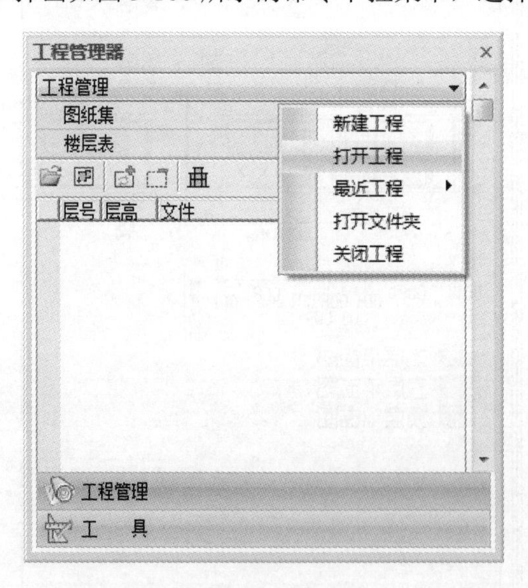

图 3-166 打开工程

（2）选择本章第三节中的“BIM 实训中心”文件，点击【打开】按钮。如图 3-167 所示。

（3）点击“图纸集”，展开图纸集目录，双击打开【首层平面图】，如图 3-168 所示。

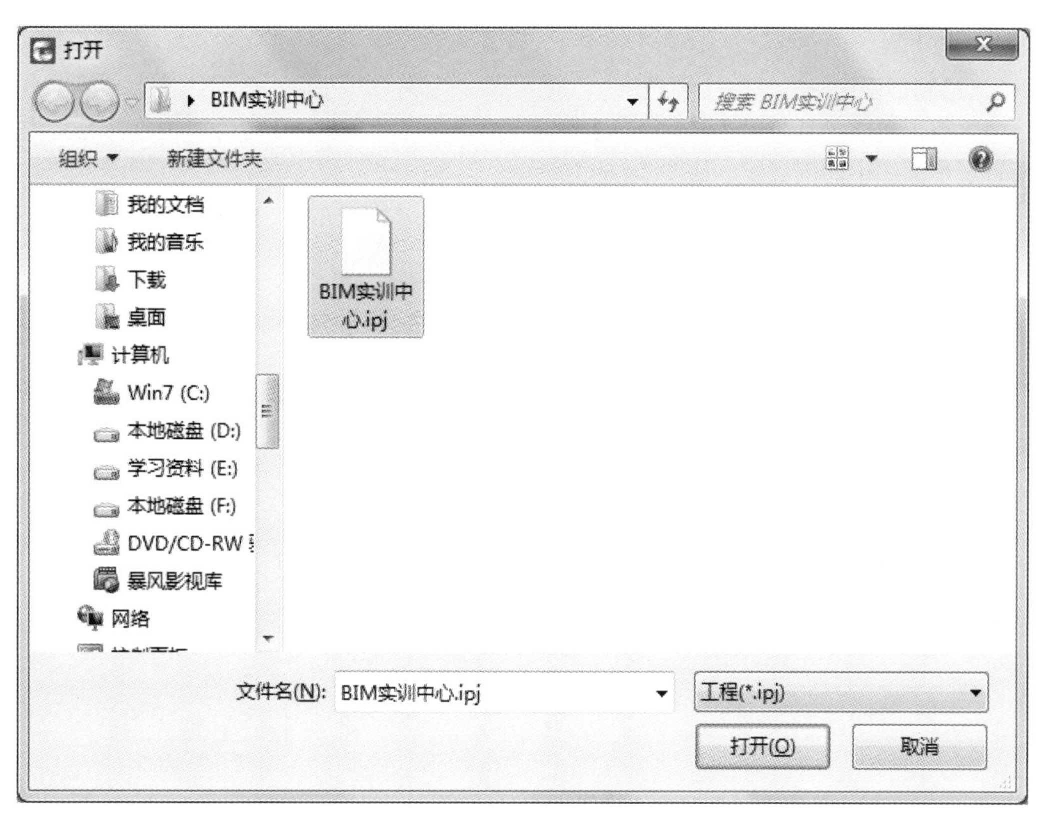

图 3-167　选择工程

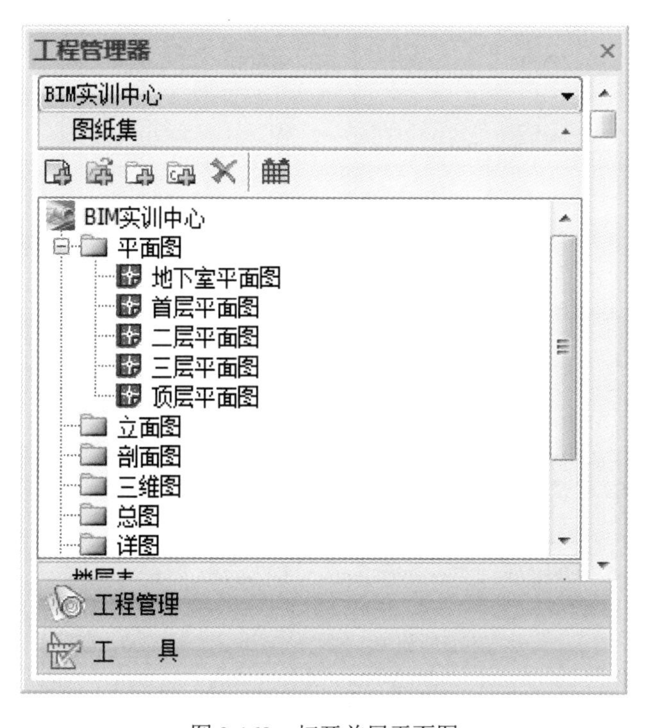

图 3-168　打开首层平面图

2．绘制剖面图

（1）点击建筑工具箱下【建筑设计】→【剖面】→【建筑剖面】命令，根据命令行提示，选择首层平面图中的剖切线，如图3-169所示。

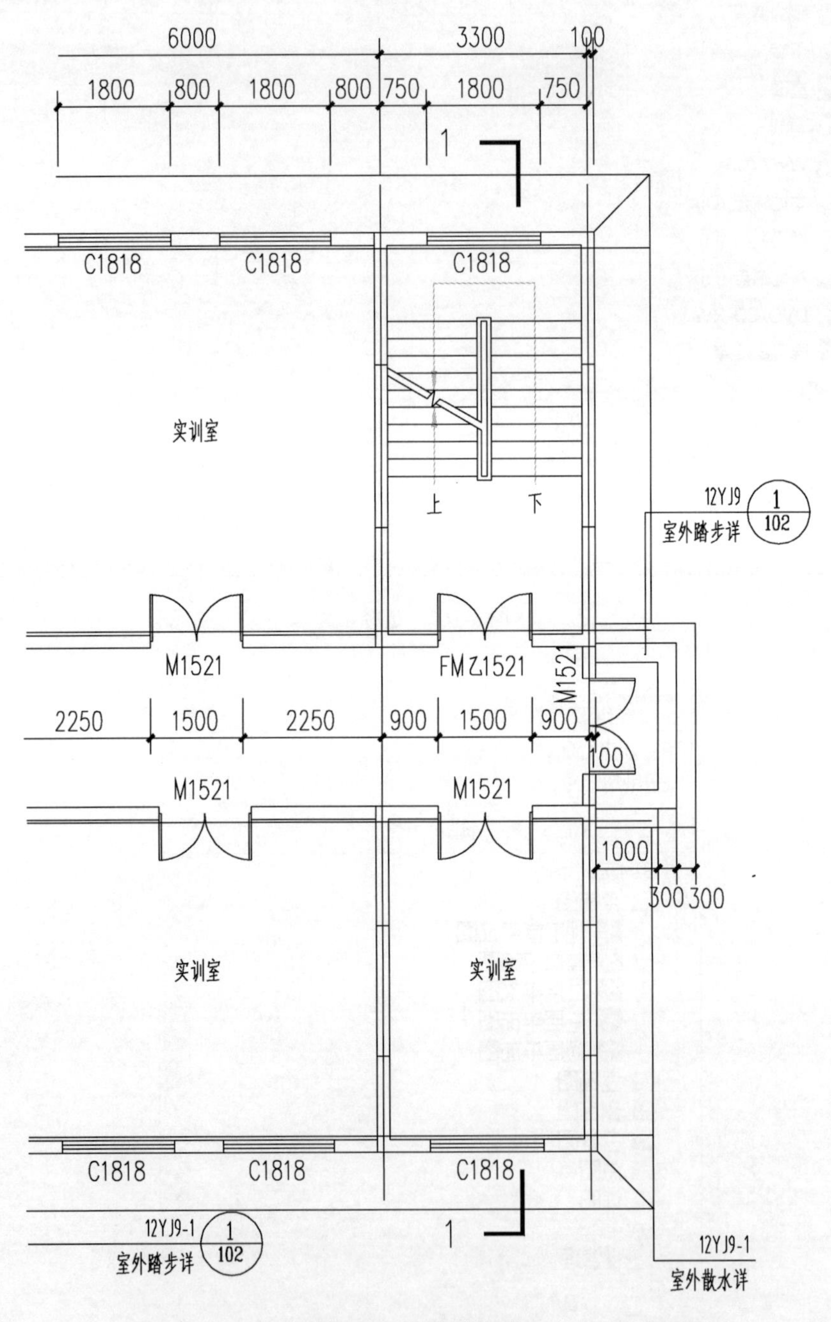

图3-169　选择剖切线

（2）根据命令行提示，选择出现在剖面图上的轴线，如图3-170所示。

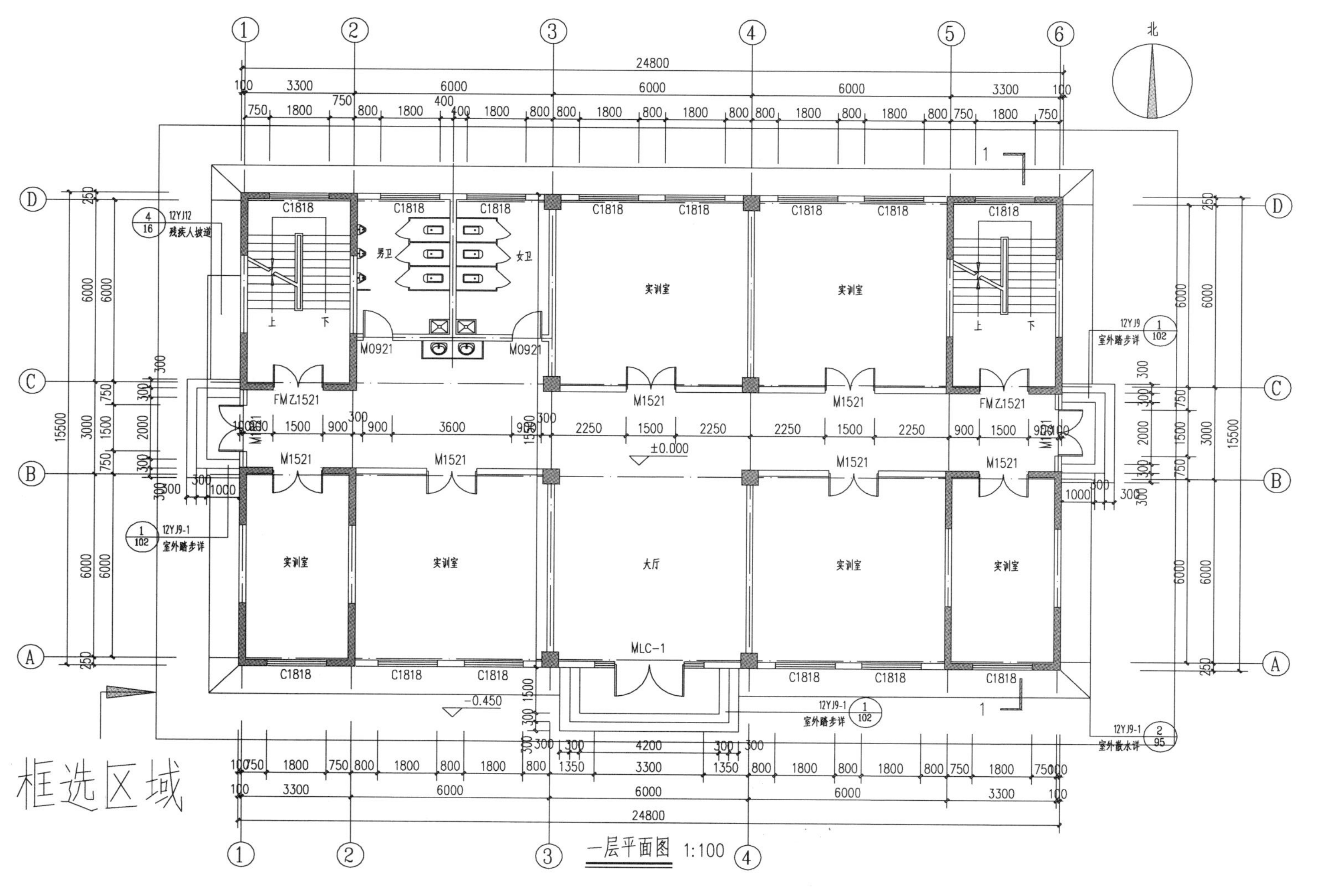
一层平面图 1:100
框选区域
实训室
大厅
男卫
女卫
MLC-1
FMZ1521
M1521
M0921
C1818
±0.000
-0.450
24800
15500
北

图 3-170　选择轴线

（3）弹出如图 3-171 所示的“建筑剖面”对话框，在此进行生成剖面的参数设置，设置完成后点击【生成剖面】按钮。

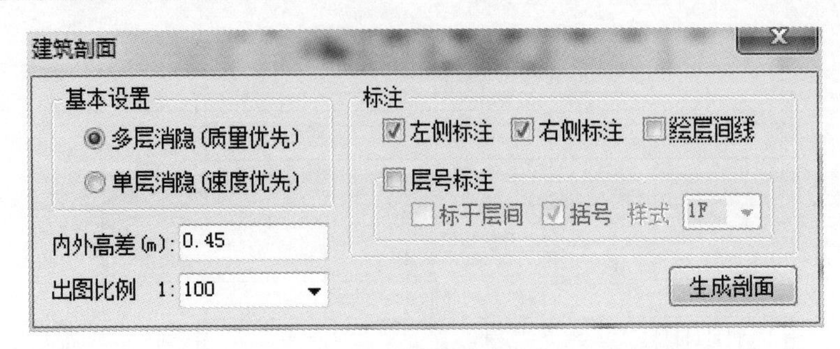

图 3-171 “建筑剖面”对话框

（4）弹出如图 3-172 所示的“另存为”对话框，选择生成剖面图的保存位置，默认为“BIM 实训中心”文件夹下，然后点击【保存】按钮。

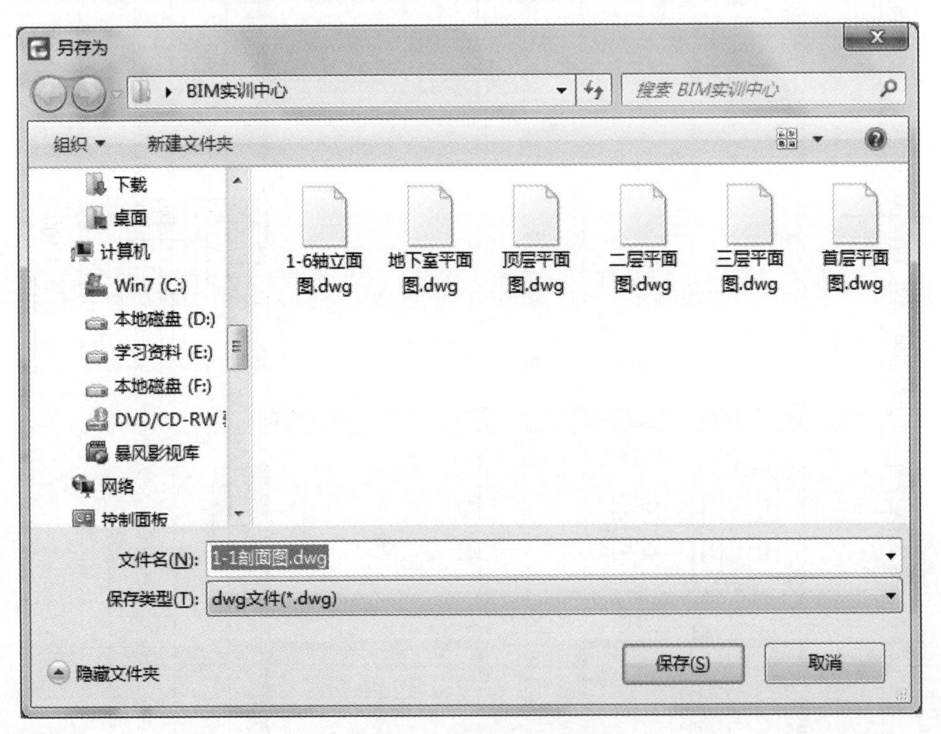

图 3-172 “另存为”对话框

（5）软件通过对每层图形进行计算得到剖面图，如图 3-173 所示。

（6）这里可以根据实际设计要求继续对剖面图进行再编辑（如填充剖面楼板），同样的也可以使用 CAD 的填充命令绘制。由于自动生成剖面图形，各构件之间出现遮挡关系，很难完美绘制成自己想要的形式。这时候就可以根据自动生成的剖面图进行二次加工，比如利用“剖面”菜单中的添加剖面门窗、剖面梁等来完善剖面图；修改后效果如图 3-174 所示。由于建筑软件可以自动生成的剖面图，已经超过了 80%的剖面图工作量，利用专业软件时的绘图效率得到了极大的提升。

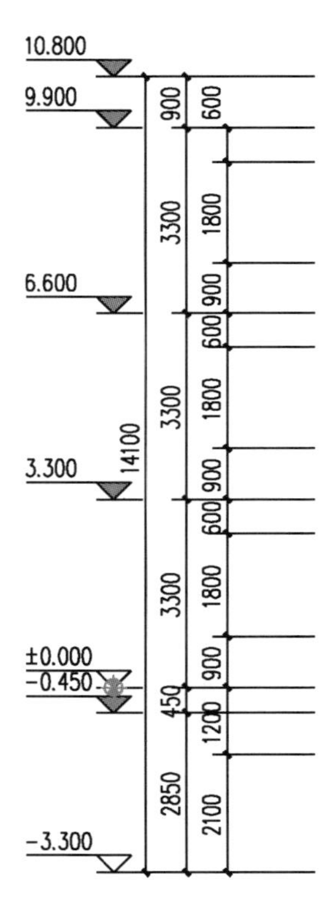

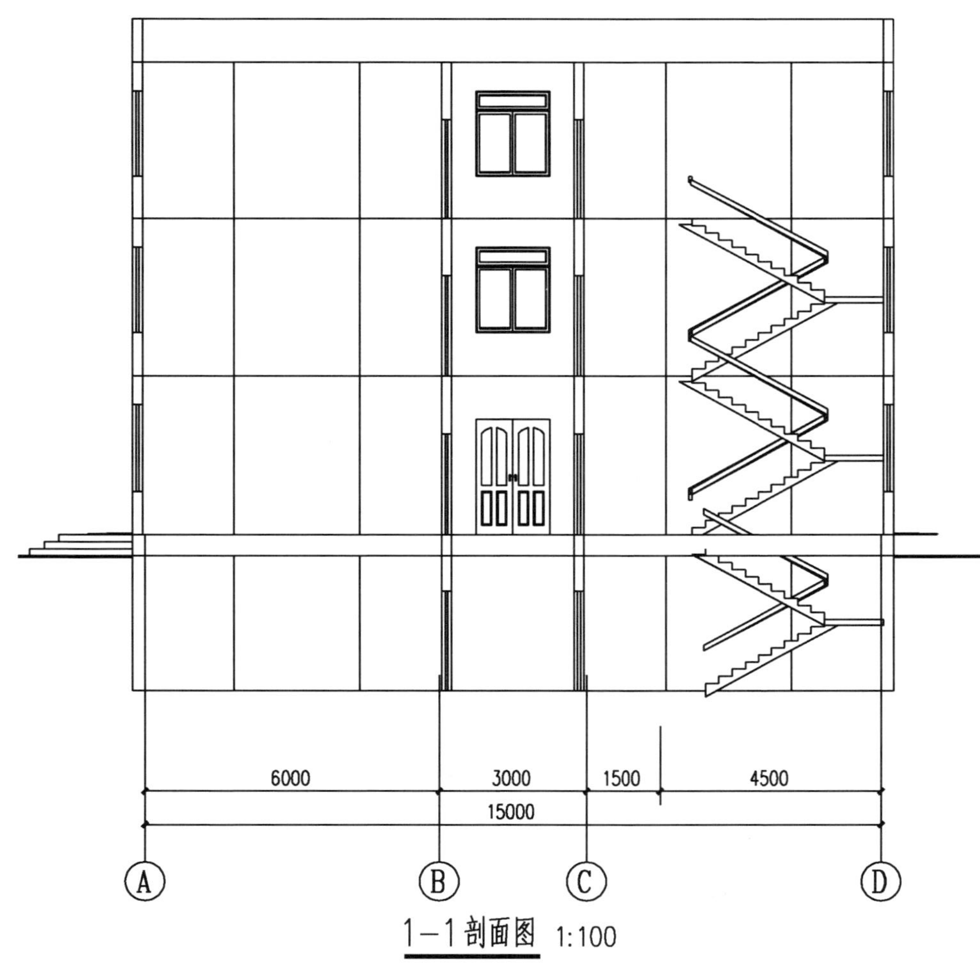

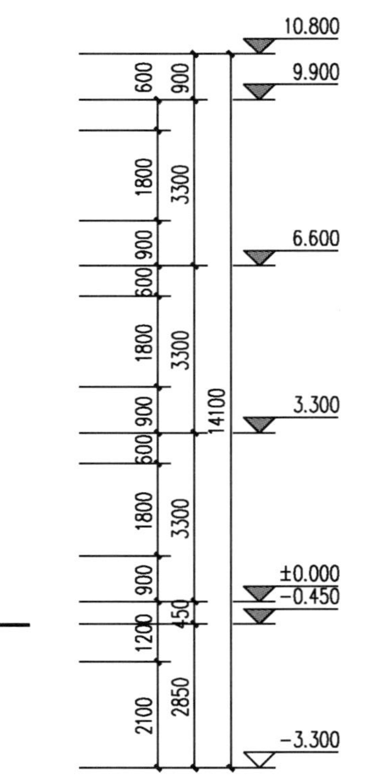

图 3-173　自动生成的剖面图

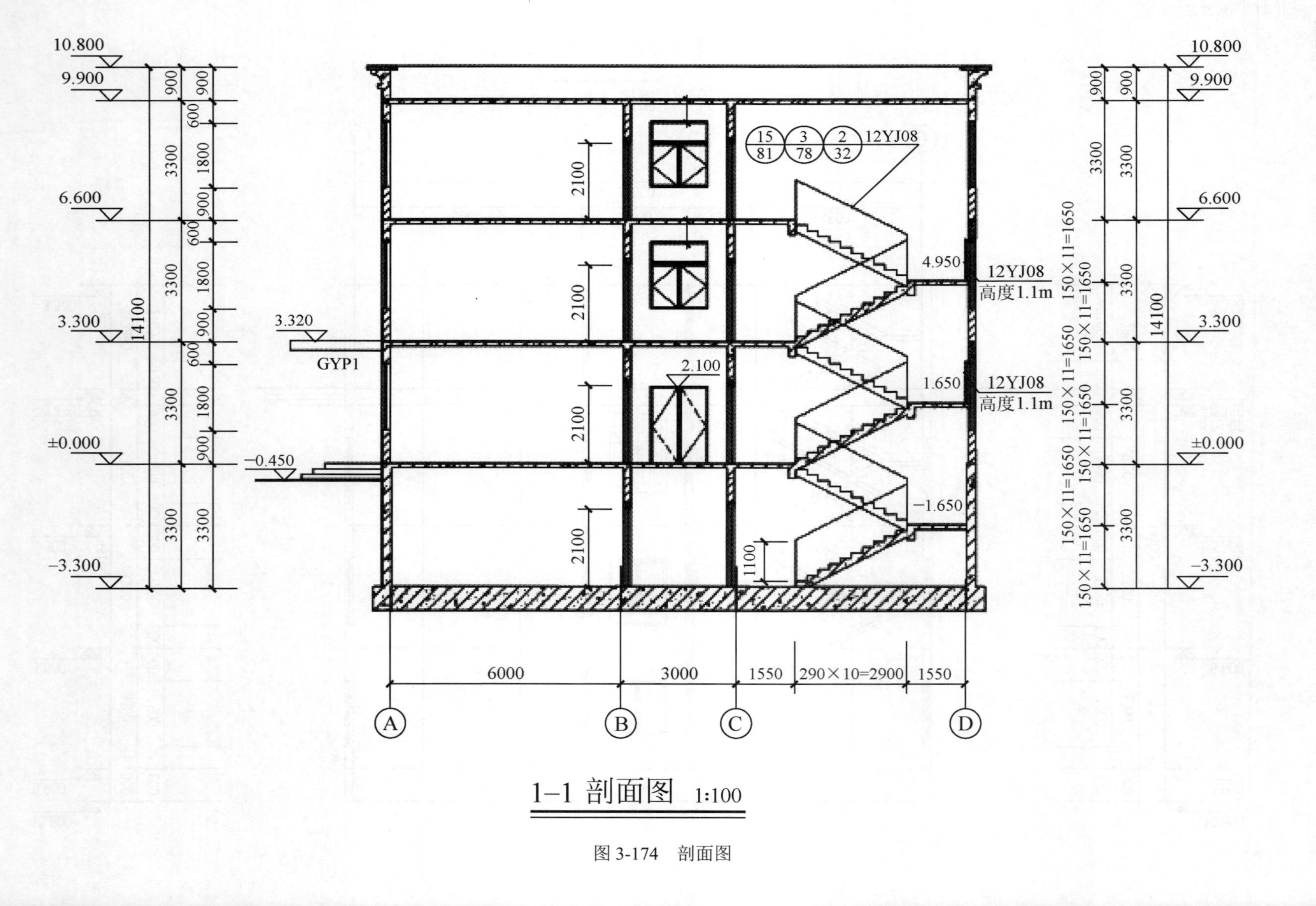

1—1 剖面图 1:100

图 3-174 剖面图

3. 生成门窗表

（1）点击图 3-175 所示的【工程管理器】→【工具】→【门窗表】命令。

（2）弹出如图 3-176 所示的“门窗表”对话框。

图 3-175　工程管理器

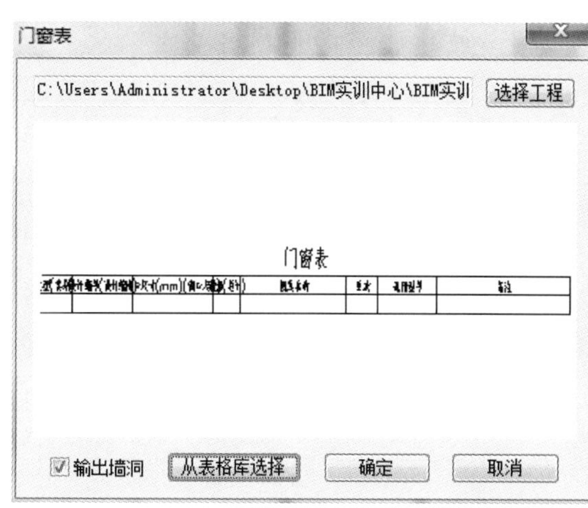

图 3-176　“门窗表”对话框

（3）点击【从表格库选择】按钮，弹出如图 3-177 所示的“图库”对话框。

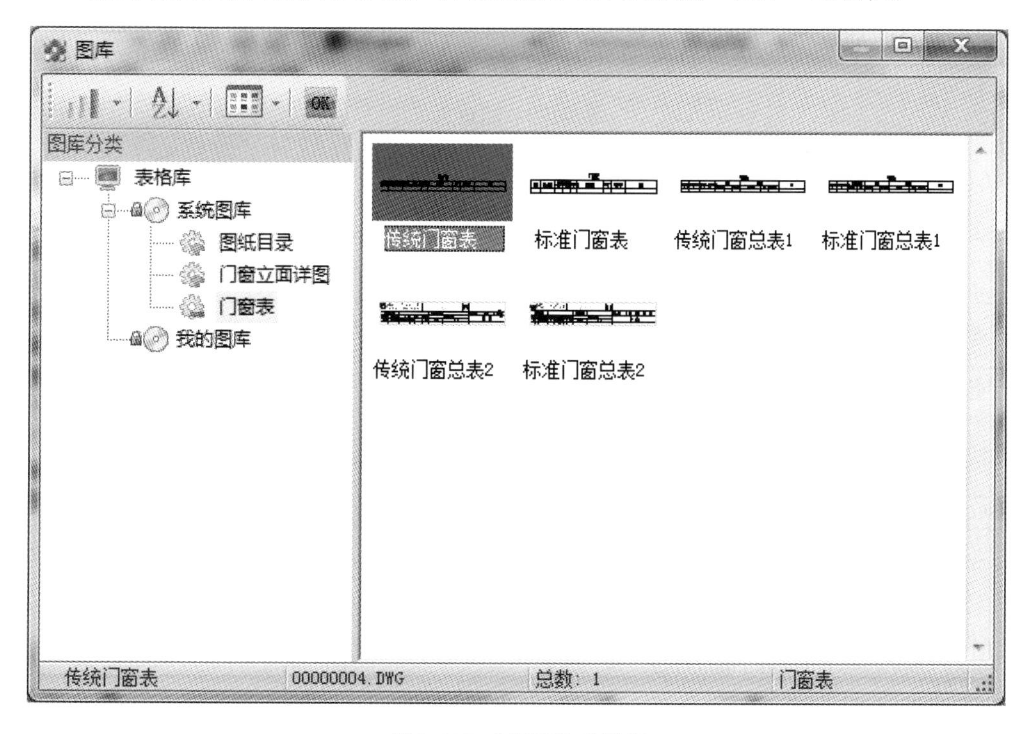

图 3-177　“图库”对话框

（4）双击选择一种门窗表，返回“门窗表”对话框，点击【确定】按钮，自动生成门窗表，如图 3-178 所示。

门窗表

类型	设计编号	洞口尺寸/mm	数量	图集名称	页次	选用型号	备注
铝合金窗	C1518	1500×1800	4				
	C1818	1800×1800	46				
给合门窗	MLC-1	3300×2400	1				
普通门	M0921	900×2100	6				
	M1521	1500×2100	27				
	M1524	1500×2400	2				
乙级防火门	FM乙1521	1500×2100	8				

图 3-178　自动生成的门窗表

（5）可以对此门窗表进行编辑，编辑最终效果如图 3-179 所示。

门窗表

类型	设计编号	洞口尺寸/mm	数量	图集名称	选用型号	备注
普通门	M0921	900×2100	6	12YJ4-1		木质夹板门
	M1521	1500×2100	27	12YJ4-1		木质夹板门
	M1524	1500×2400	2	12YJ4-1		玻璃钢节能门
	MLC-1	3300×2400	1		见详图	玻璃钢节能门
乙级防火门	FM乙1521	1500×2100	8	12YJ4-1		木质乙级防火门
普通窗	C1518	1500×1800	4	12YJ4-1	PC1-1518	断热铝合金中空玻璃平开窗
	C1518	1800×1800	46	12YJ4-1	PC1-1818	断热铝合金中空玻璃平开窗

图 3-179　门窗表

（6）门窗表库中提供自动统计生成的每层门窗信息的门窗表，如图 3-180 所示。

门窗表

类型	设计编号	洞口尺寸/mm	数量						图集选用			备注
			-1	1	2	3	4	合计	图集名称	页次	选用型号	
铝合金窗	C1518	1500×1800			2	2		4				
	C1818	1800×1800		14	16	16		46				
组合门窗	MLC-1	3300×2400		1				1				
普通门	M0921	900×2100		2	2	2		6				
	M1521	1500×2100	8	6	6	7		27				
	M1524	1500×2400		2				2				
乙级防火门	FM乙1521	1500×2100	2	2	2	2		8				

图 3-180　门窗表

四、任务结果

（1）绘制完成剖面图最终效果如图 3-181 所示。

（2）绘制门窗表最终效果如图 3-182 所示。

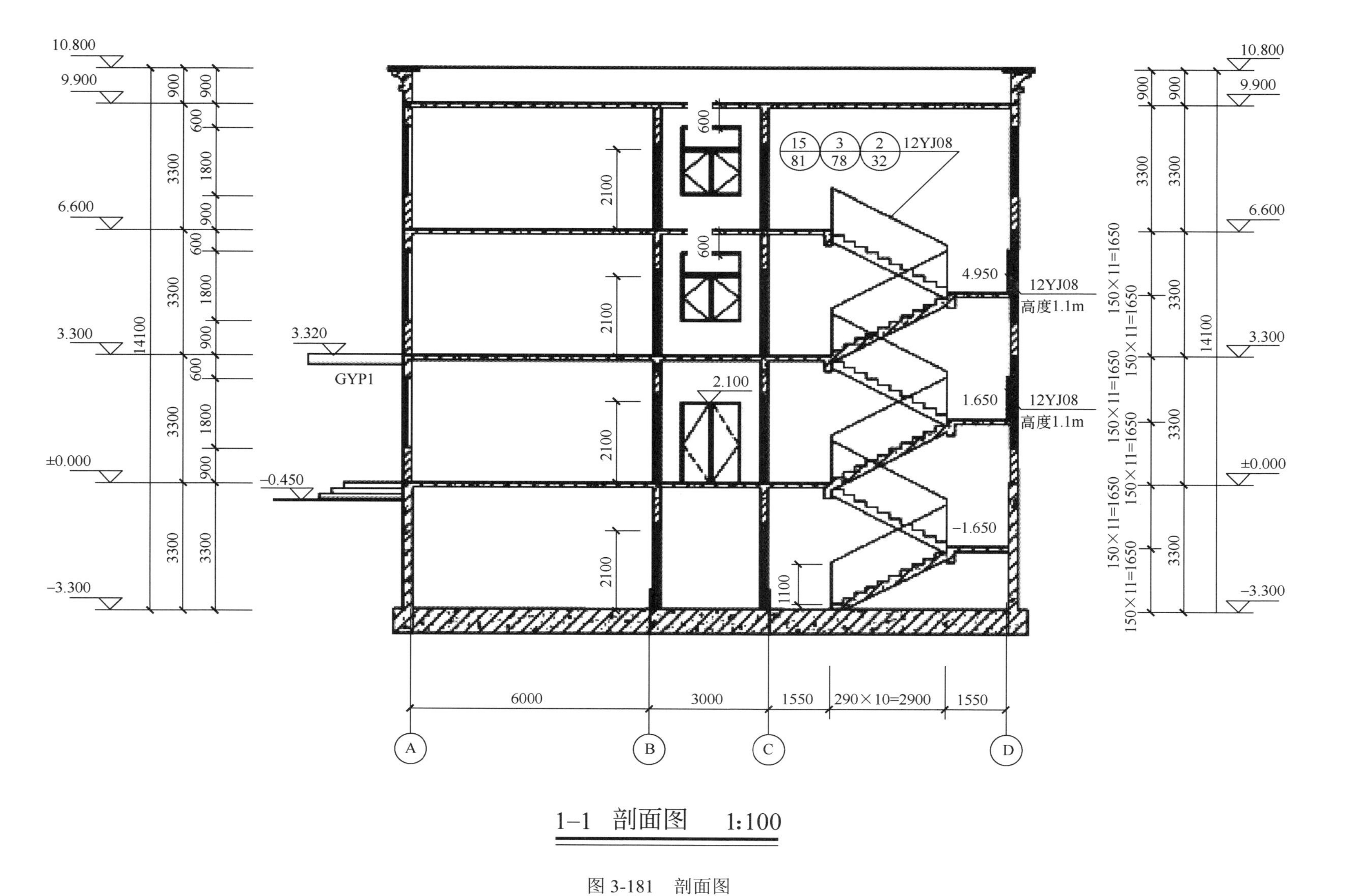

1-1 剖面图 1:100

图 3-181 剖面图

门窗表

类型	设计编号	洞口尺寸/mm	数量	图集名称	选用型号	备注
普通门	M0921	900×2100	6	12YJ4-1		木质夹板门
	M1521	1500×2100	27	12YJ4-1		木质夹板门
	M1524	1500×2400	2	12YJ4-1		玻璃钢节能门
	MLC-1	3300×2400	1		见详图	玻璃钢节能门
乙级防火门	FM乙1521	1500×2100	8	12YJ4-1		木质乙级防火门
普通窗	C1518	1500×1800	4	12YJ4-1	PC1-1518	断热铝合金中空玻璃平开窗
	C1518	1800×1800	46	12YJ4-1	PC1-1518	断热铝合金中空玻璃平开窗

图 3-182　门窗表

思考与练习

1. 剖面图的剖切符号位于哪张平面图上?
2. 如何生成门窗表?

第五节　绘制楼梯详图

一、任务

（1）根据本章第二节绘制的平面图绘制楼梯详图。

（2）对楼梯详图进行合理标注。

二、任务分析

（1）楼梯详图需要绘制哪些内容?

（2）楼梯详图需要标注哪些内容?

三、任务实施

（1）打开本章第二节绘制的地下室平面图（图 3-183）、首层平面图、二层平面图、三层平面图。

（2）点击建筑工具箱下【建筑设计】→【文件布图】→【截取大样】命令，弹出如图 3-184 所示的“截取大样”对话框。

（3）根据命令行提示，截取大样图区域，如图 3-185 所示。

（4）根据命令行提示，点取大样图插入点位置，如图 3-186 所示。

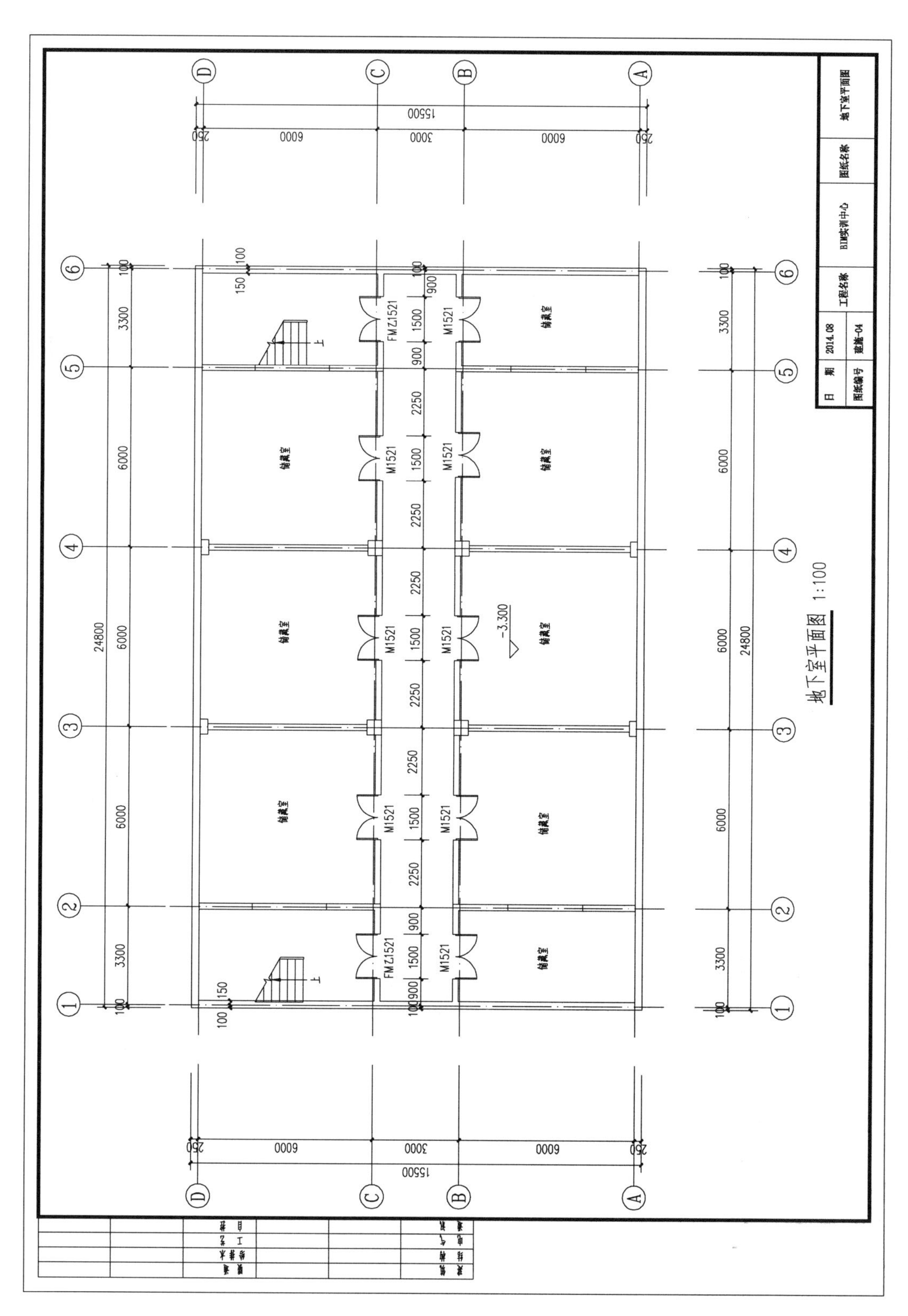
地下室平面图 1:100
储藏室
M1521
FMZ1521
-3.300
24800
15500
日期 2014.08
图纸编号 建施-04
工程名称 BIM实训中心
图纸名称 地下室平面图

图 3-183 打开图纸

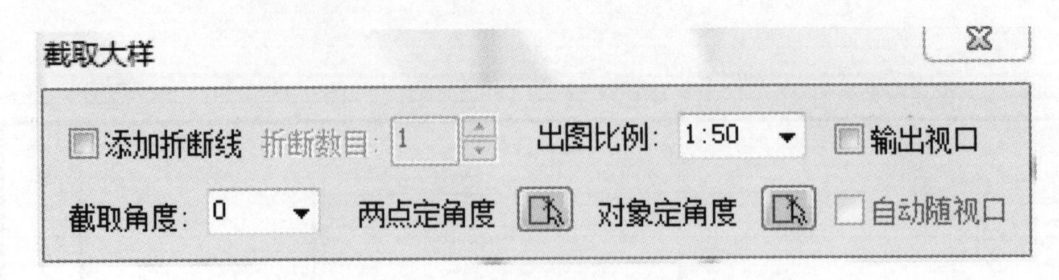

图 3-184 “截取大样”对话框

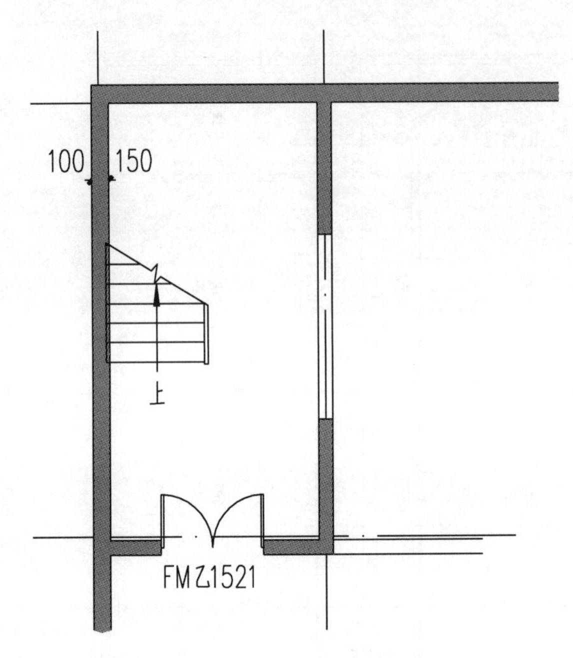

图 3-185 截取大样区域

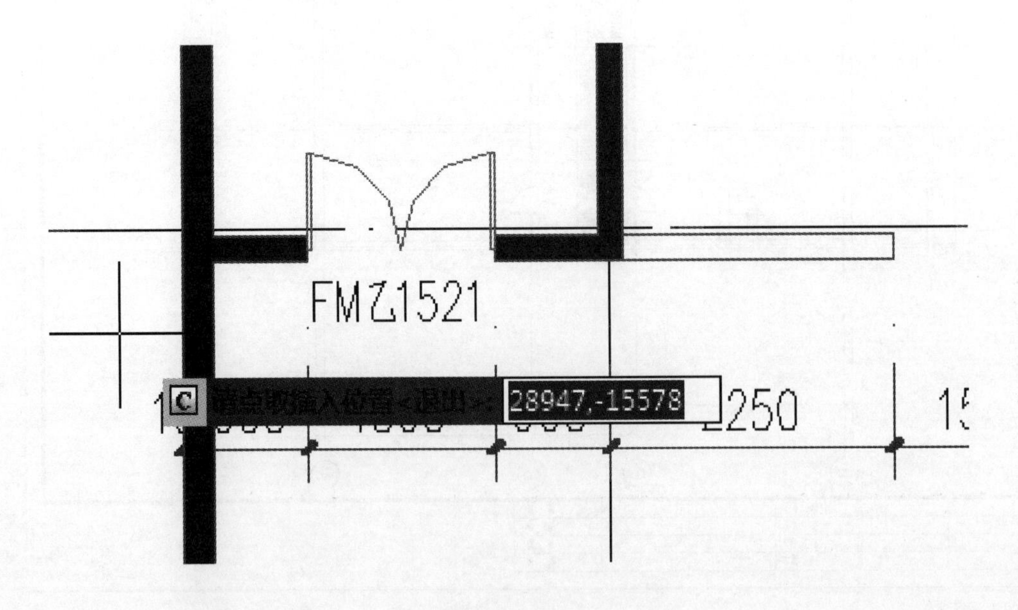

图 3-186 点取插入位置

（5）软件自动删除多余对象，并将对象比例改为预设的 1∶50，效果如图 3-187 所示。

（6）双击生成的截取大样边界，弹出如图 3-188 所示的“加切割线”对话框。

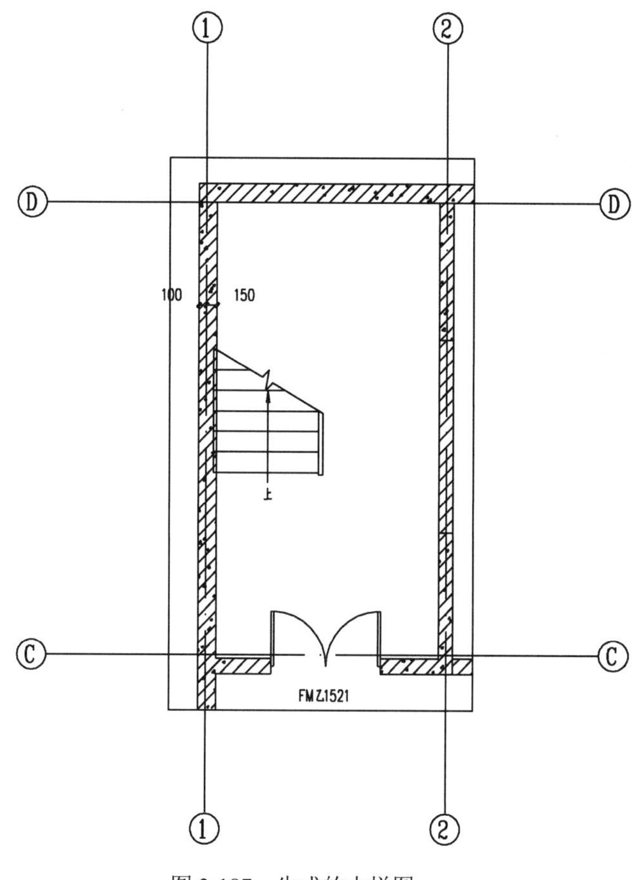

图 3-187　生成的大样图

图 3-188　“加切割线”对话框

（7）点击【设折断点】按钮，返回图面，指定折断点，如图 3-189 所示。

（8）绘制完成后，回车返回“加切割线”对话框，勾选“隐藏不打印边”选项，点击【确认】按钮，如图 3-190 所示。

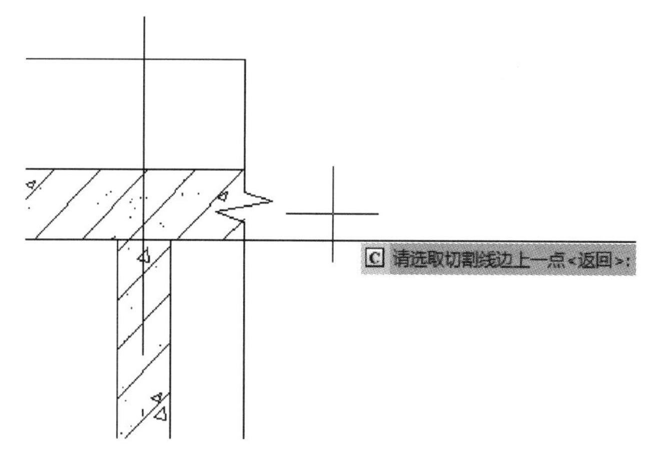

图 3-189　绘制折断点

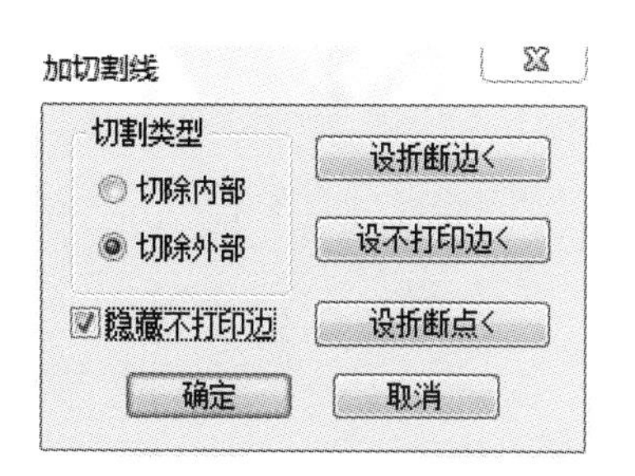

图 3-190　“加切割线”对话框

（9）设置完成效果如图 3-191 所示。

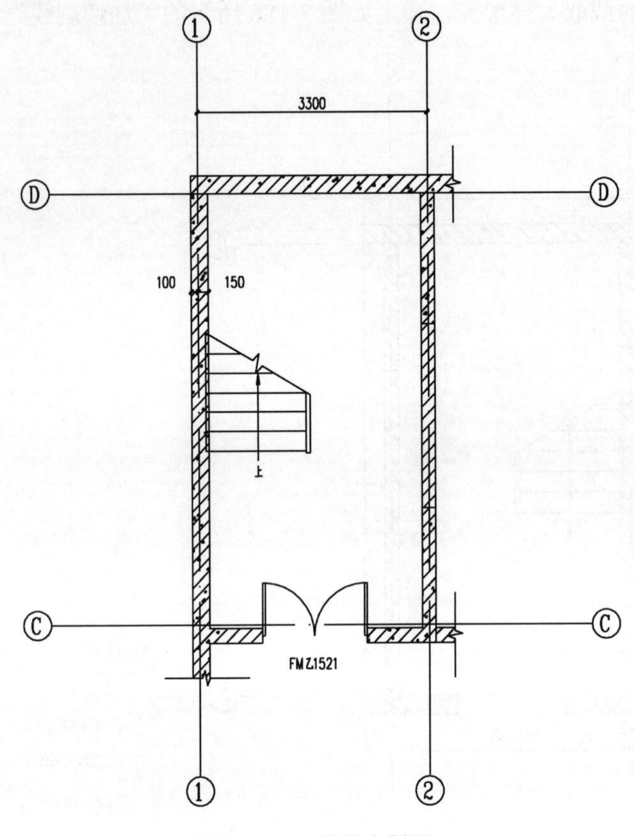

图 3-191　楼梯大样图

（10）选中轴号，点击鼠标右键，在弹出的命令下拉列表中选择【轴号显隐】命令，如图 3-192 所示。

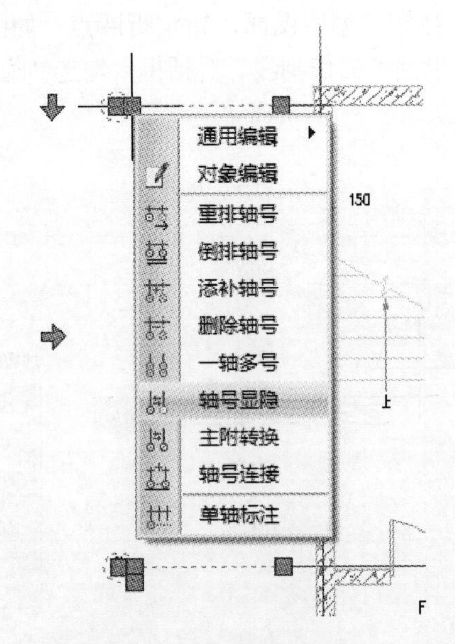

图 3-192 “轴号显隐”命令

（11）弹出如图 3-193 所示的“轴号显隐”对话框，根据命令行提示选择要隐藏的轴号。

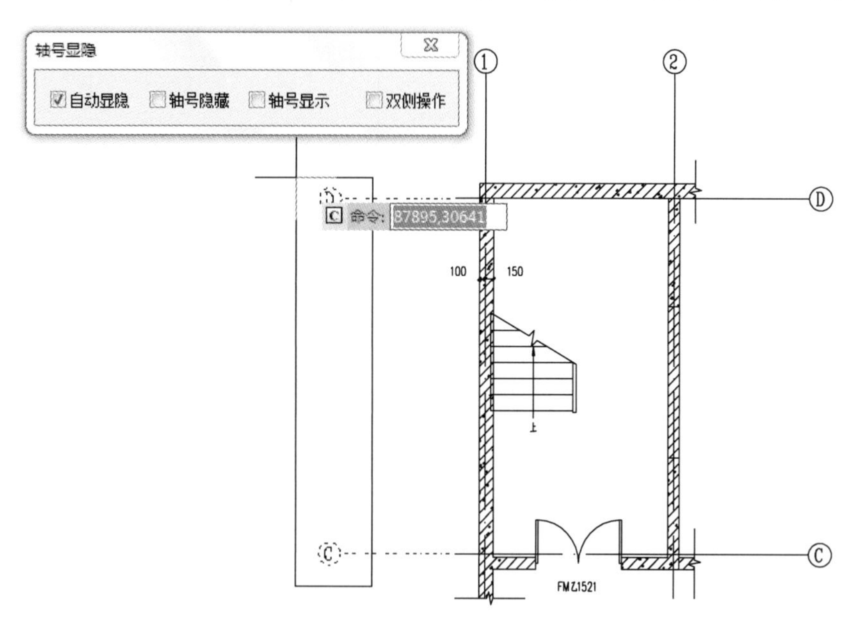

图 3-193　隐藏轴号

（12）选择完成后，回车即可完成操作。采用相同的方式，隐藏下侧的 1、2 轴，效果如图 3-194 所示。

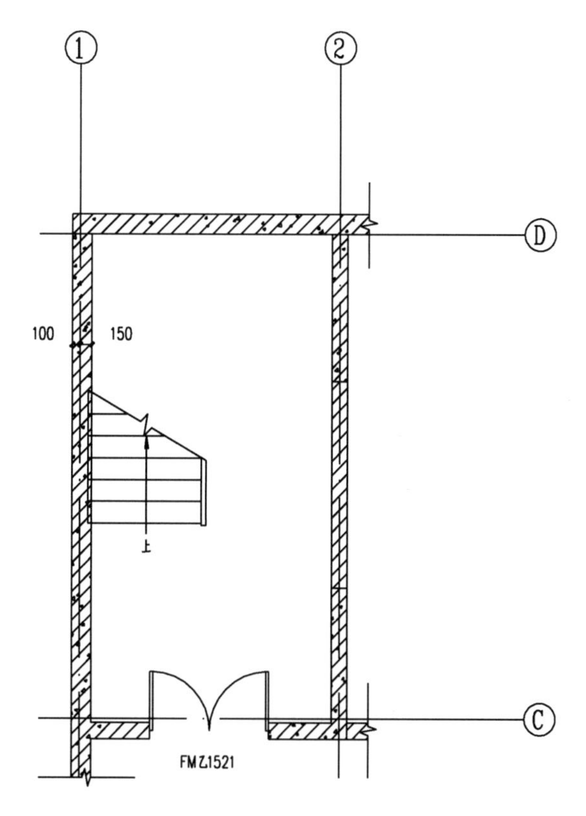

图 3-194　隐藏轴号

（13）使用软件相关标注命令，对楼梯详图进行标注；标注效果如图 3-195 所示。

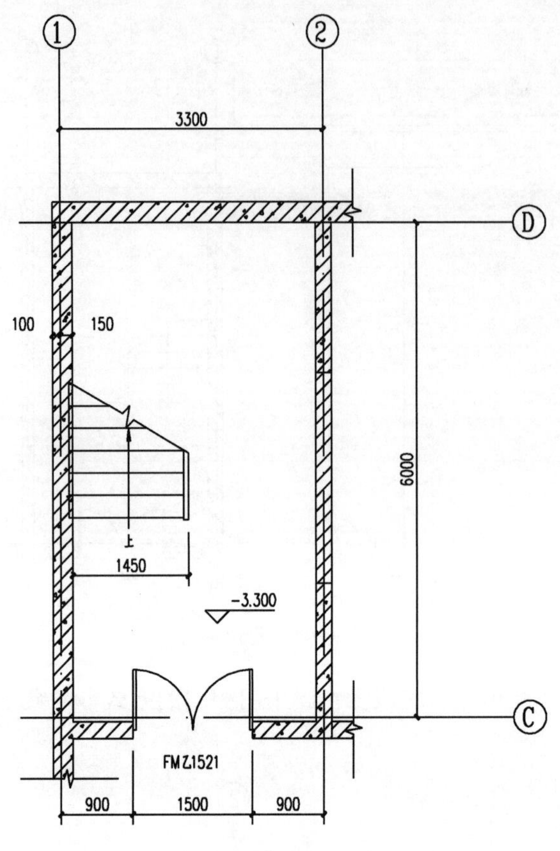

图 3-195　标注尺寸

（14）点击建筑工具箱下【建筑设计】→【符号标注】→【图名标注】命令，标注此图；如图 3-196 所示。

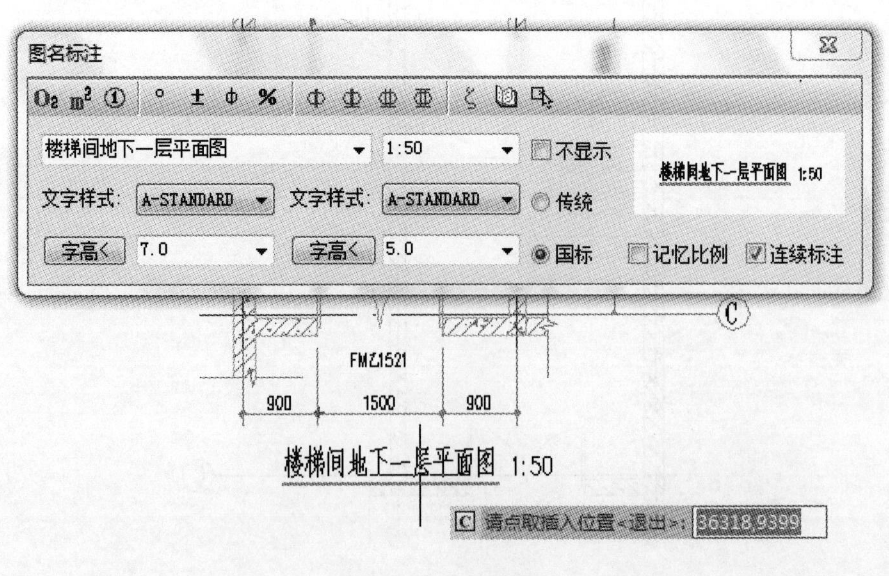

图 3-196　图名标注

（15）绘制完成的楼梯详图如图 3-197 所示。

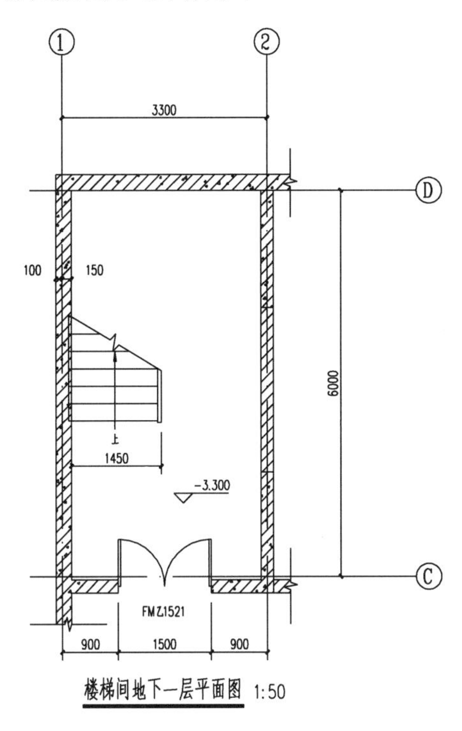

图 3-197　楼梯详图

（16）重复上述操作，地下一层 5、6 轴间楼梯详图，如图 3-198 所示。

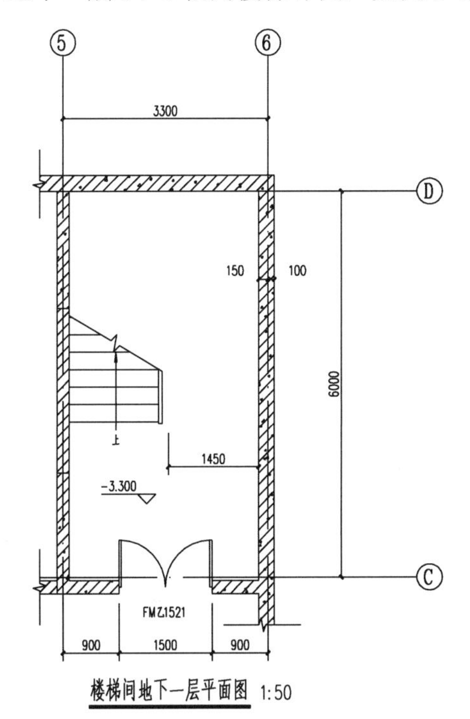

图 3-198　楼梯详图

制图标准

（1）楼梯的数量、位置、宽度和楼梯间形式应满足使用方便和安全疏散的要求。

（2）墙面至扶手中心线或扶手中心线之间的水平距离（即楼梯梯段宽度）除应符合防火规范的规定外，供日常主要交通用的楼梯的梯段宽度应根据建筑物使用特征，按每股人流为[0.55+(0～0.15)]m的人流股数确定，并不应少于两股人流。0～0.15m为人流在行进中人体的摆幅，公共建筑人流众多的场所应取上限值。

（3）梯段改变方向时，扶手转向端处的平台最小宽度不应小于梯段宽度，并不得小于1.20m，当有搬运大型物件需要时应适量加宽。

（4）每个梯段的踏步不应超过18级，亦不应少于3级。

（5）楼梯平台上部及下部过道处的净高不应小于2m，梯段净高不宜小于2.20m。

注：梯段净高为自踏步前缘（包括最低和最高一级踏步前缘线以外0.30m范围内）量至上方突出物下缘间的垂直高度。

（6）楼梯应至少于一侧设扶手，梯段净宽达三股人流时应两侧设扶手，达四股人流时宜加设中间扶手。

（7）室内楼梯扶手高度自踏步前缘线量起不宜小于 0.90m。靠楼梯井一侧水平扶手长度超过0.50m时，其高度不应小于1.05m。

（8）踏步应采取防滑措施。

（9）托儿所、幼儿园、中小学及少年儿童专用活动场所的楼梯，梯井净宽大于0.20m时，必须采取防止少年儿童攀滑的措施，楼梯栏杆应采取不易攀登的构造，当采用垂直杆件做栏杆时，其杆件净距不应大于0.11m。

四、任务结果

绘制地下一层楼梯详图最终效果如图3-199所示。

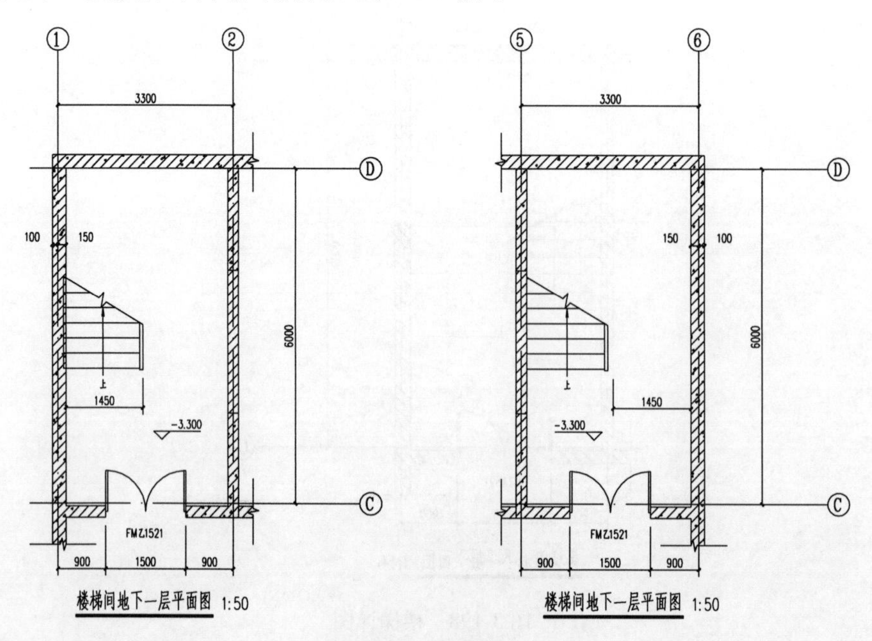

图3-199 楼梯详图

思考与练习

1．绘制一层、二层楼梯详图，如图 3-200 所示（每层两处楼梯处墙体构造一致，可以绘制成图 3-200 样式）。

2．绘制三层楼梯详图，如图 3-201 所示。

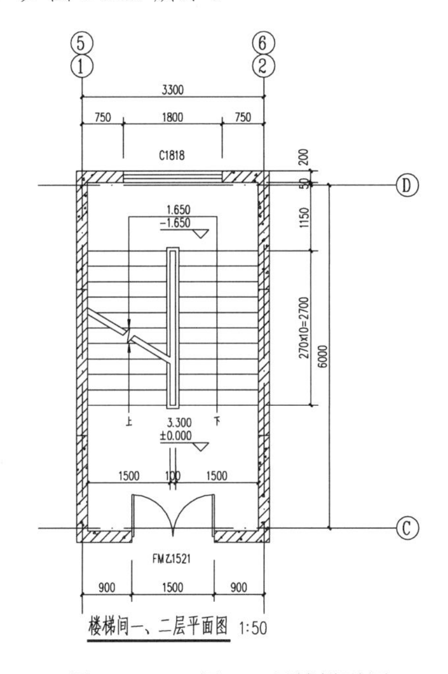

图 3-200　一层、二层楼梯详图

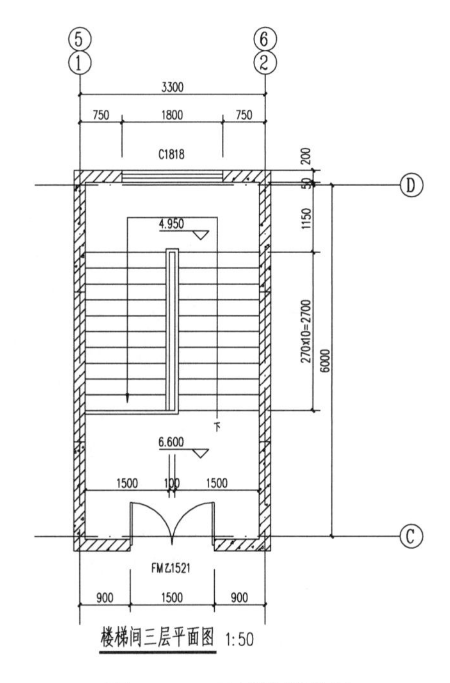

图 3-201　三层楼梯详图

第 四 章

BIM建筑模型应用

通过本章训练，你将能够

1. 了解国内 BIM 建筑信息模型的常用数据格式。
2. 了解国内 BIM 建筑模型数据的应用流程方法。

第一节 BIM 模型数据标准 GFC

GFC 数据标准是完全国产自主研发的 BIM 数据格式，可以将建筑、结构、MEP 模型转化为广联达计量软件 BIM 模型，无需二次建模，快速解决全生命周期工程量计算问题。

1．核心应用

（1）BIM 模型一键导入，打通设计到招投标工程数据。

通过 GFC 直接将设计文件转换为算量文件，无需二次建模，避免传统算量软件繁琐的建模工作，快速解决全生命周期工程量计算问题。

（2）专业准确，符合国家 BIM 标准和清单计量规范。

将浩辰建筑模型融入本土化算量软件中，不用担心工程量计算的准确性和算量的专业性，符合国家 BIM 标准和清单计量规范。

建筑模型与 GCL 模型如图 4-1 所示。

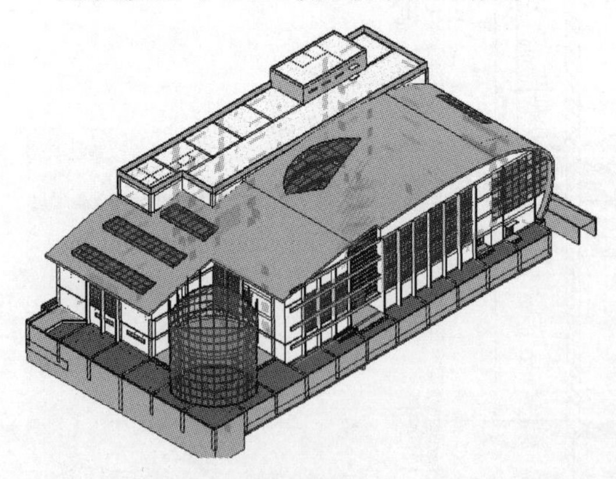

(a) 建筑模型

(b) GCL模型

图 4-1　建筑模型与 GCL 模型

2．应用价值

（1）设计院：设计出来的三维模型，不仅用来做碰撞检查、深化设计，还可以继续延伸应用到算量上面，提高模型的利用率，同时有利于向下游招投标扩展。

（2）施工单位：避免重复建模、节约成本。三维模型的二次利用和算量模型的深入利用，可进行碰撞检查，避免返工，直接带来收益。

（3）BIM 咨询公司：建模后，可以直接用来出量。建模精细度和导入率比较高，对量和模型的把握性好，不易出错。

（4）中介：打通算量软件，导入建筑信息模型后很快可以算出工程量和套价。有设计好的建筑信息模型可直接导入工程计量软件出量，无需重复建模。

（5）甲方：直接将建筑信息导入，无需重复建模。

第二节 BIM 模型应用

一、任务

将浩辰建筑模型导出成广联达计量软件能够识别的 GFC 模型。

二、任务分析

如何将浩辰建筑模型导出成广联达计量软件能够识别的 GFC 模型？

三、任务实施

（1）【工程管理器】→【打开工程】，选择工程文件，打开图纸模型，如图 4-2 所示。

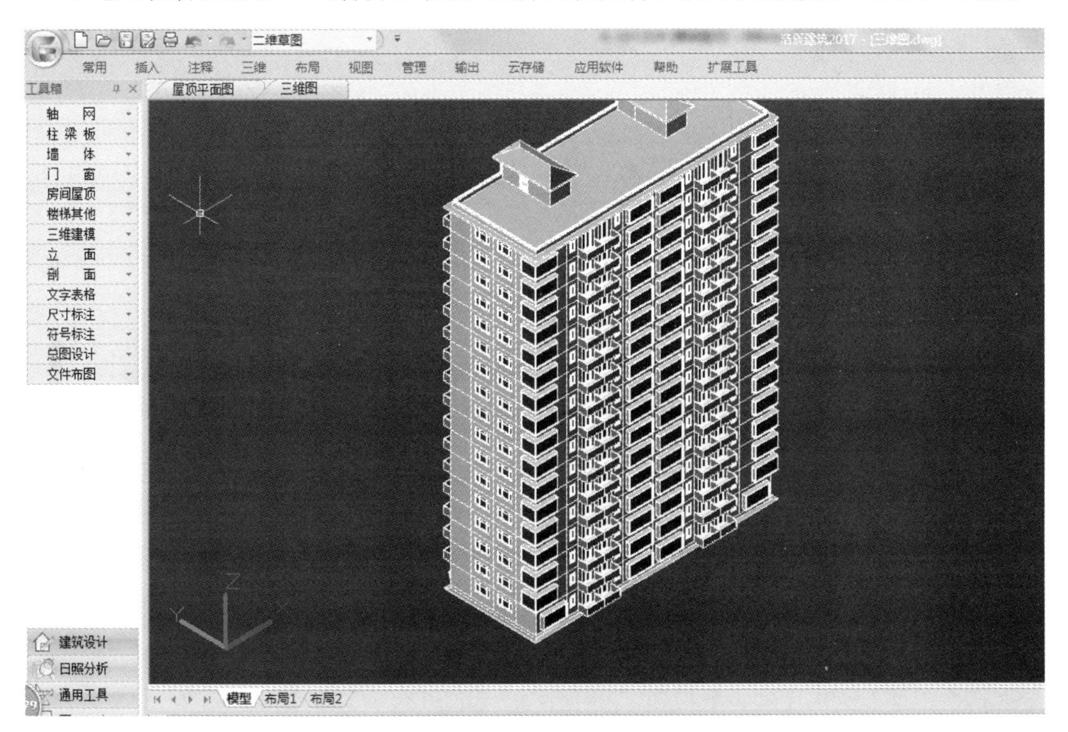

图 4-2 打开图纸

（2）点击建筑工具箱的【建筑设计】→【文件布图】→【图形导出】命令，选择要导出的文件，文件类型选择“BIM 模型.GFC”或者命令行直接输入 ICEXPORTGFC 命令，如图 4-3 所示，点击保存为 GFC 文件。

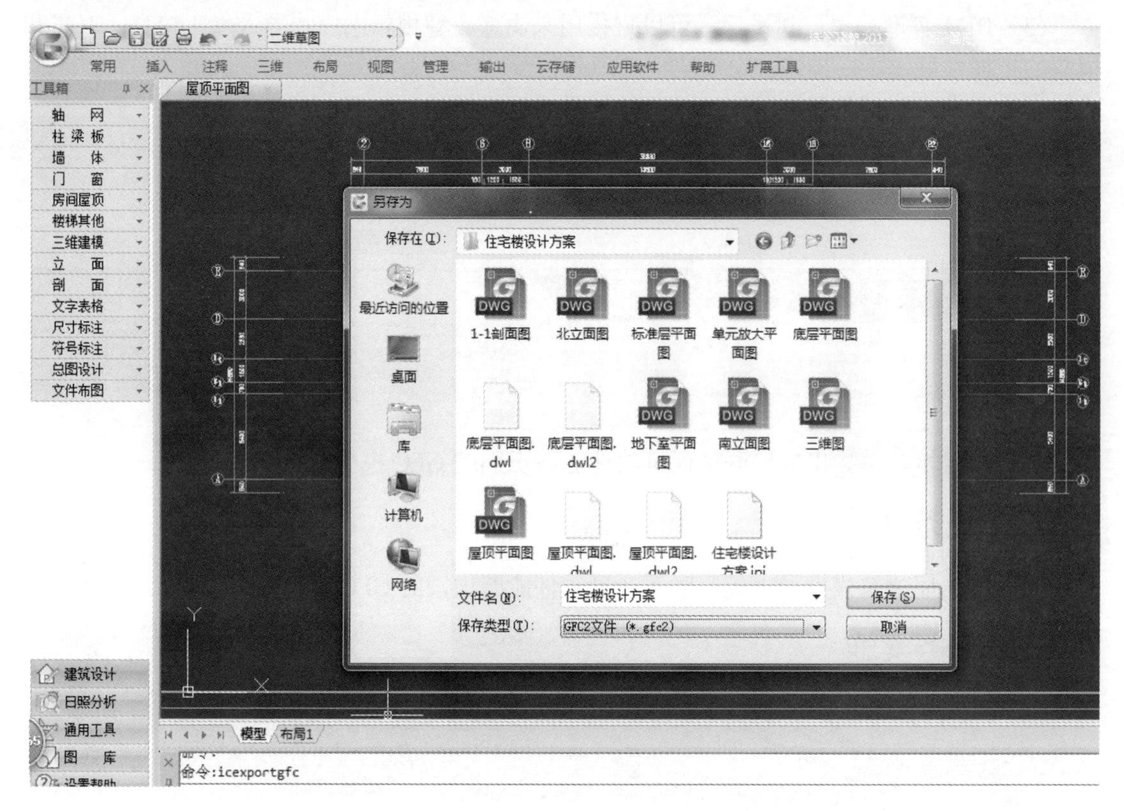

图 4-3　导出 GFC 文件

（3）打开广联达工程计量软件平台，选择【绘制】→【导入三维实体】命令，如图 4-4 所示。

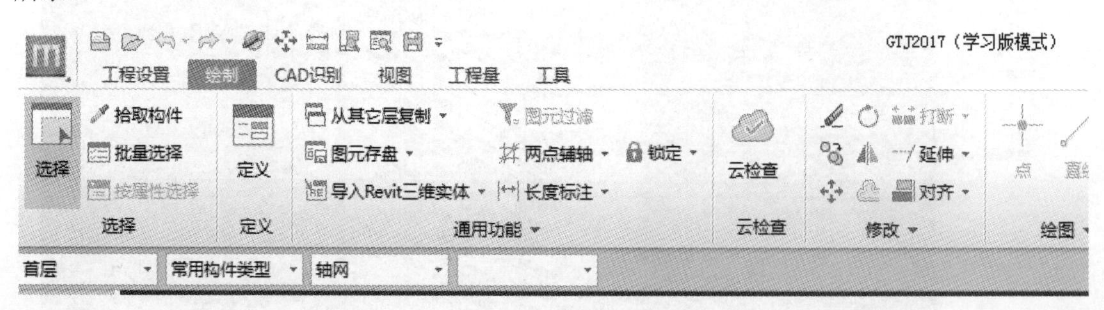

图 4-4　打开软件

（4）在弹出的“打开 GFC 文件”对话框中选择刚才导出的 GFC 文件，如图 4-5 所示。

（5）点击【打开】按钮，弹出如图 4-6 所示的“GFC 文件导入向导”对话框，选择相应的导入构件类型，点击【确定】按钮。

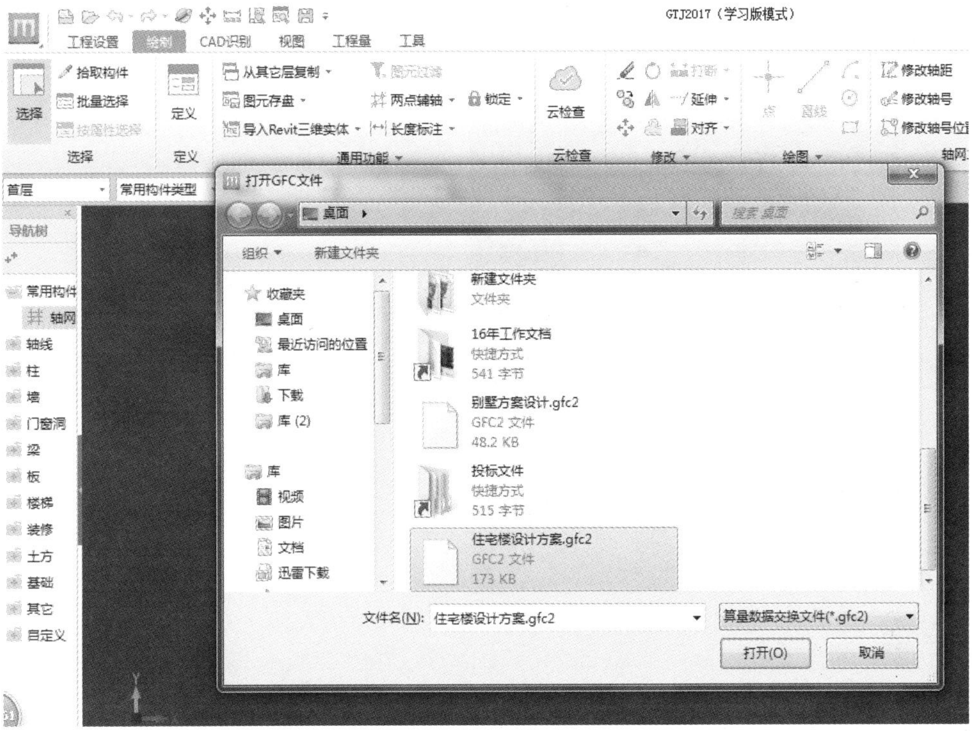

图 4-5　打开 GFC 文件

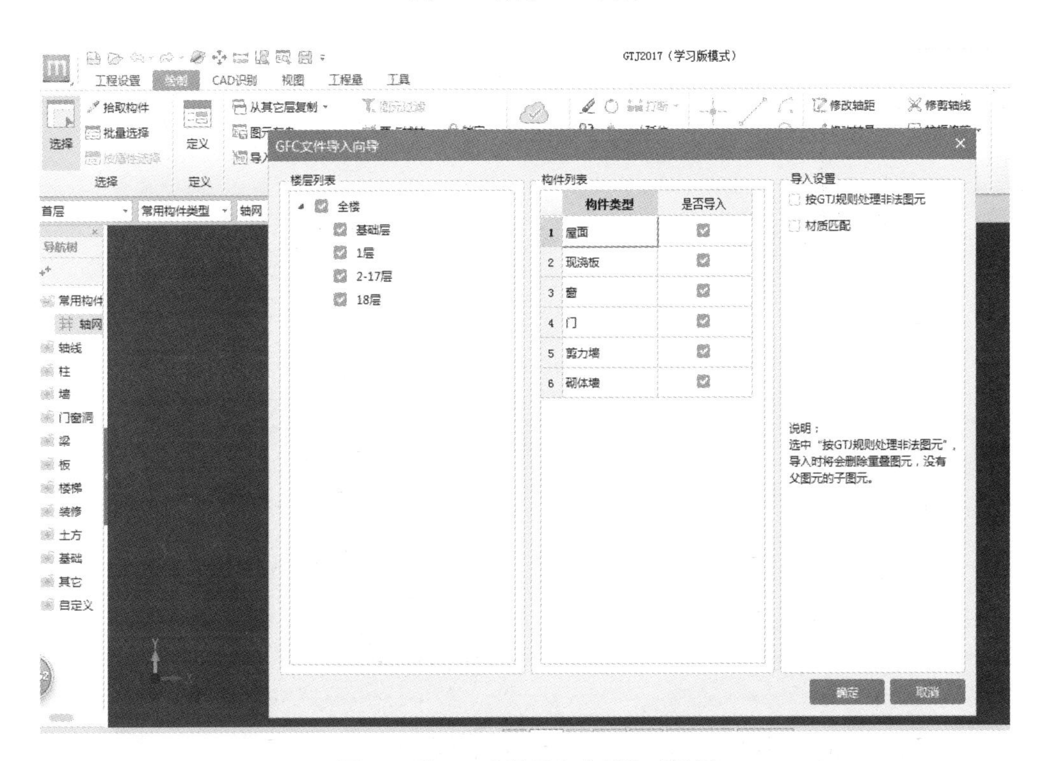

图 4-6　“GFC 文件导入向导”对话框

（6）点击【完成】按钮，如图 4-7 所示。

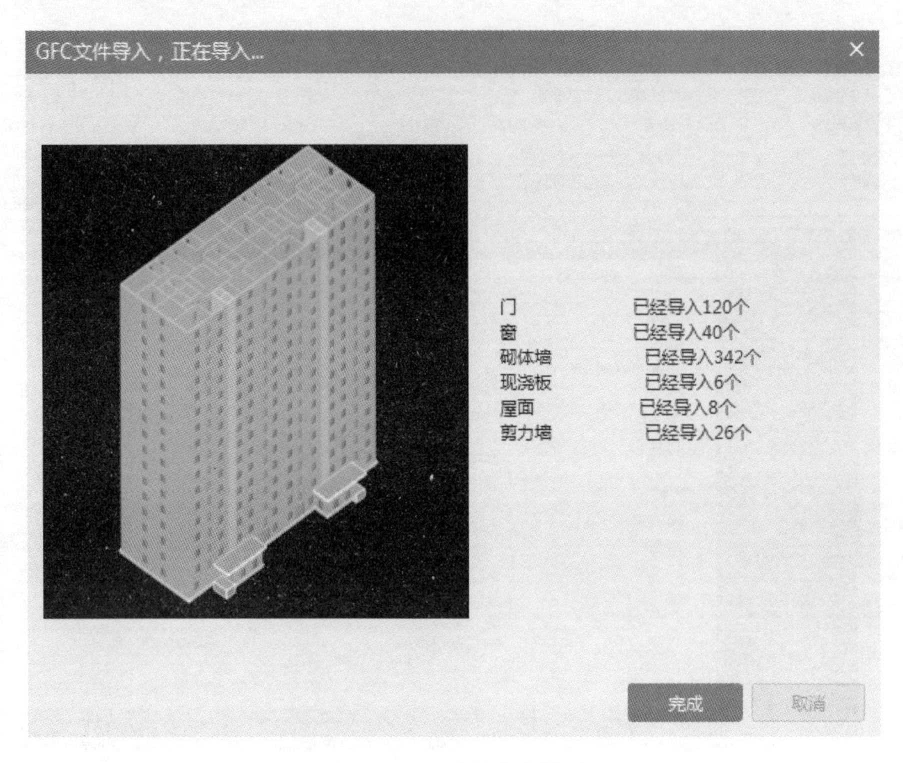

图 4-7 导入建筑信息模型

（7）导入完成效果如图 4-8 所示。

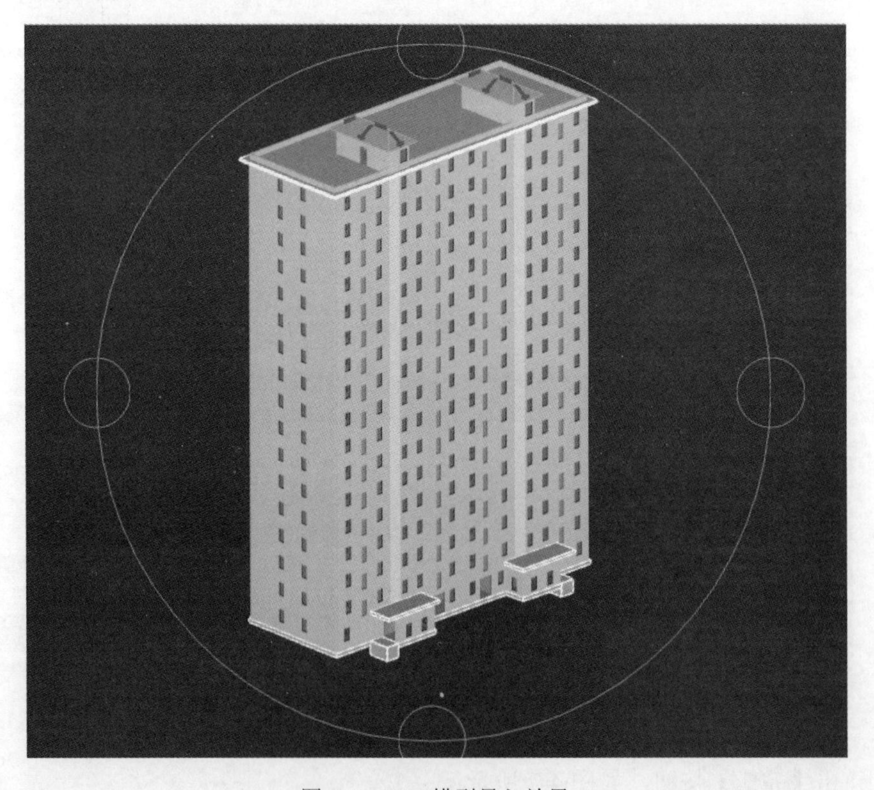

图 4-8 BIM 模型导入效果

参 考 文 献

［1］ GB/T 50001—2010 房屋建筑制图统一标准.

［2］ 郭大州，姚艳红．建筑 CAD．第 2 版．北京：水利水电出版社，2012.

［3］ 刘吉新．建筑 CAD．哈尔滨：哈尔滨工业大学出版社，2012.

［4］ 巩宁平等．建筑 CAD．第 4 版．北京：机械工业出版社，2013.